U0806202

全国高等职业教育机电类“十二五”规划教材

电气控制与 PLC 应用

主　编　王文立　郭继红
副主编　张雪艳　王林生

黄河水利出版社
·郑州·

内 容 提 要

本书共分六章，主要内容包括常用低压电器、电气控制电路、可编程控制器基础、S7－200 系列 PLC 的基本指令、S7－200 系列 PLC 功能指令、PLC 的通信与网络等。本书编写时，在注重基础理论教育的同时，突出实践性教学环节，着重培养学生分析和设计电气控制线路的能力，使学生掌握 PLC 编程指令和 PLC 程序设计方法，具备在实际工程中应用 PLC 控制系统的能力。

本书可作为高职高专院校电气工程及其自动化、应用电子、机电一体化及其他有关专业的教材，亦可供从事相关领域工作的工程技术人员参考和作为培训教材使用，也可为 S7－200 系列 PLC 用户提供指导及参考。

图书在版编目（CIP）数据

电气控制与 PLC 应用/王文立，郭继红主编，—郑州：黄河水利出版社，2011.11

全国高等职业教育机电类“十二五”规划教材

ISBN 978－7－5509－0048－6

Ⅰ.①电… Ⅱ.①王…②郭… Ⅲ.①电气控制－高等职业教育－教材②可编程序控制器－高等职业教育－教材 Ⅳ.①TM571.2②TM571.6

中国版本图书馆 CIP 数据核字（2011）第 235880 号

组稿编辑：王文科　　电话：0371－66028027　　E-mail：wwk5257@163.com

出 版 社：黄河水利出版社

地址：河南省郑州市顺河路黄委会综合楼 14 层　　邮政编码：450003

发行单位：黄河水利出版社

发行部电话：0371－66026940、66020550、66028024、66022620（传真）

E-mail：hhslcbs@126.com

承印单位：黄河水利委员会印刷厂

开本：787 mm×1 092 mm　1/16

印张：12.75

字数：310 千字　　印数：1—4 000

版次：2011 年 11 月第 1 版　　印次：2011 年 11 月第 1 次印刷

定价：25.00 元

前　言

电气控制技术广泛应用于生产过程控制、科学研究和其他领域，特别是在机械设备的控制中，应用更为普遍。随着计算机技术的发展，以可编程控制器、变频器调速为主体的新型电气控制系统已经逐渐取代传统的继电接触器控制系统，并且可以进行复杂的过程控制等。电气控制与PLC应用技术是综合了继电接触器控制技术、计算机技术、自动控制技术和通信技术的新兴技术，应用十分广泛。高职高专院校开设了此课程，它是机电类专业的核心专业课程。

目前，PLC主流产品大致可分为欧美、日本等系列。在PLC选型时，经过反复比较，编者选中了目前流行的、有较高性价比的西门子S7-200系列小型PLC。该型号PLC指令丰富、功能强大，并采用类似继电器逻辑的过程操作语言，使用十分方便，备受电气工程技术人员的欢迎，且占有率在国内市场正处于上升趋势。因此，了解和学习以S7-200系列为主体的PLC应用技术对机电类专业的学生来说是不可或缺的。

本书根据高职高专教育的培养目标，按照“理论为基础、实践为主导、教学做一体”的编写思路，充分考虑到电气控制技术的实际运用和发展情况，以西门子S7-200系列PLC为主要对象，详细介绍了常用低压电器、电气控制电路、可编程控制器基础、S7-200系列PLC的基本指令、S7-200系列PLC功能指令、PLC的通信与网络等知识。

在编写过程中，我们以培养综合型、实用型人才为目标，在注重基础理论教育的同时，突出实践性教学环节，力图做到深入浅出、层次分明、详略得当，力争做到通俗、简明、易懂。

本书适于作为高职高专院校电气工程及其自动化、应用电子、机电一体化及其他有关专业的教材，可供从事相关领域工作的工程技术人员参考和作为培训教材使用，也可为S7-200系列PLC用户提供指导及参考。

本书由王文立、郭继红担任主编，张雪艳、王林生担任副主编。其中第一章、第三章由王林生编写，第二章由张雪艳编写，第五章、第六章由郭继红编写，其余章节由王文立编写。

在本书的编写过程中，周口职业技术学院副教授严胜利和有关教师提出了宝贵意见，同时参考了有关资料（见参考文献），在此一并表示衷心的感谢。

由于编者水平有限，书中疏漏之处在所难免，恳请读者批评指正。

编　者

2011年5月

目　录

第一章 常用低压电器

本章主要内容

本章主要介绍了低压电器的分类、型号、主要技术参数,常用的低压电器,如电磁装置、接触器、继电器、主令电器、开关电器、熔断器等的结构、工作原理及主要技术参数等。学生学习本章后,能够了解常用低压电器的参数及工作性能,掌握常用低压电器的选用和使用方法。

第一节 低压电器的分类、型号、主要技术参数概述

控制电器按工作电压的高低,以交流 1 200 V、直流 1 500 V 为界,可划分为高压控制电器和低压控制电器两大类。低压电器是一种能根据外界的信号和要求,手动或自动接通、断开电路,实现对电路或非电对象的切换、控制、保护、检测、变换和调节的元件或设备。在工业、农业、交通、国防以及人们日常用电中,大多数采用低压电器供电。

一、低压电器的分类

低压电器种类繁多,功能、构造各异,用途广泛,工作原理各不相同,常用低压电器的分类方法也很多。

(一)按用途或控制对象分类

(1)配电电器:主要用于低压配电系统中。要求系统发生故障时在规定条件下具有相应的动稳定性与热稳定性,使电器不会被损坏。常用的配电电器有刀开关、转换开关、熔断器、断路器等。

(2)控制电器:主要用于电气传动系统中。要求寿命长、体积小、质量轻,且动作迅速、准确、可靠。常用的控制电器有接触器、继电器、启动器、主令电器等。

(二)按动作方式分类

(1)自动电器:依靠自身参数的变化或外来信号的作用,自动完成接通或分断等动作,如接触器、继电器等。

(2)手动电器:用手动操作来进行切换的电器,如刀开关、转换开关、按钮等。

(三)按触点类型分类

(1)有触点电器:利用触点的接通和断开来切换电路,如接触器、刀开关、按钮等。

(2)无触点电器:利用电子元件的开关效应,即导通和截止来实现电路的通、断控制,如接近开关、霍尔开关、电子式时间继电器、固态继电器等。

(四)按工作原理分类

(1)电磁式电器:根据电磁感应原理动作的电器,如接触器、继电器等。

(2)非电量控制电器:依靠外力或非电量信号(如速度、压力、温度等)的变化而动作的

电器,如转换开关、行程开关、速度继电器、压力继电器、温度继电器等。

二、低压电器的型号

低压电器的型号是识别和选择低压电器产品品种与规格的基本标示,对低压电器产品的生产使用、配套协作和维修都具有重要的作用。我国对各种低压电器都按《低压电器产品型号编制方法》(JB/T 2930—91) 规定编制型号,即由类别代号、组别代号、设计代号、基本规格代号和辅助规格代号几部分构成低压电器的全型号。每一级代号后面可根据需要加设派生代号。

低压电器全型号各部分必须使用规定的符号或数字表示,含义如下:

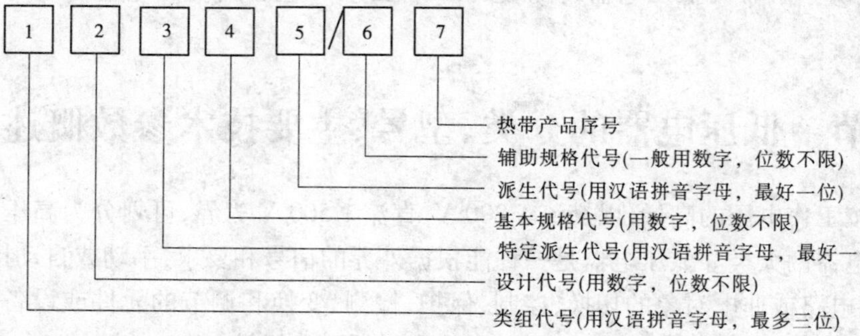

类组代号——包括类别代号和组别代号,用汉语拼音字母表示,代表低压电器元件所属的类别,以及在同一类电器中所属的组别。

设计代号——用数字表示,表示同类低压电器元件的不同设计序列。

基本规格代号——用数字表示,表示同一系列产品中不同的规格品种。

辅助规格代号——用数字表示,表示同一系列、同一规格产品中有某种区别的不同产品。

其中,类组代号与设计代号的组合表示产品的系列,一般称为电器的系列号。同一系列的电器元件的用途、工作原理和结构基本相同,而规格、容量则根据需要可以有许多种。例如:JR16 是热继电器的系列号,同属这一系列的热继电器的结构、工作原理都相同,但热元件的额定电流从十分之几安到几十安,有十几种规格。其中辅助规格代号为 3D 的带有三相热元件,装有差动式断相保护装置,因此对三相异步电动机有过载和断相保护功能。在选用低压电器时常根据型号来进行。

三、低压电器的主要技术参数

为保证电器设备安全可靠地工作,国家对低压电器的设计、制造规定了严格的标准,合格的电器产品具有国家标准规定的技术要求。在使用电器元件时,必须按照产品说明书中规定的技术条件选用。低压电器的主要技术指标有以下几项。

(一)额定工作频率

额定工作频率是用于设计电器且与其他特性值有关的电源频率。

(二)额定工作电压

额定工作电压是与额定工作电流组合共同确定电器用途,保证电器正常工作的电压值,它与相应的试验和使用类别有关。对于单极电器,额定工作电压一般规定为跨极两端电压。

对于多极电器,额定工作电压规定为相间电压。

(三)额定绝缘电压

额定绝缘电压是与电气间隙和爬电距离有关的电压值,在任何情况下最大的额定工作电压值不应超过额定绝缘电压值。

(四)额定冲击耐受电压

额定冲击耐受电压是在规定的条件下,电器能够耐受而不击穿的具有规定形状和极性的冲击电压峰值,该值与电气间隙有关。电器的额定冲击耐受电压应等于或大于该电器所处的电路中可能产生的瞬态过电压规定值。

(五)额定工作电流

额定工作电流由制造厂规定,是保证电器正常工作的电流值。额定工作电流的确定应考虑到额定工作电压、额定频率、额定工作制和使用类别等。

(六)额定不间断电流

额定不间断电流由制造厂规定,是在不间断工作制下承载的电流值。

(七)额定短时耐受电流

额定短时耐受电流是在有关产品标准规定的试验条件下,电器能够无损地承载的短时耐受电流值。该值由制造厂规定。

(八)额定短路接通能力

额定短路接通能力是在额定工作电压、额定频率、规定的功率因数(交流)或时间常数(直流)下,由制造厂对电器所规定的短路接通能力电流值。在规定的条件下,它用最大预期峰值电流表示。

(九)额定短路分断能力

额定短路分断能力是在额定工作电压、额定频率和规定的功率因数(交流)或时间常数(直流)下,由制造厂对电器所规定的短路分断能力电流值。在规定的条件下,它用预期分断电流值(对于交流,为交流分量有效值)表示。

(十)额定限制短路电流

额定限制短路电流是在有关产品标准规定的试验条件下,由制造厂指定的短路保护电器进行保护的电器,在短路保护电器动作时间内能够良好地承受的预期短路电流值,该值由制造厂规定。

(十一)绝缘强度

绝缘强度指电器元件的触点处于分断状态时,动、静触点之间耐受的电压值(无击穿或闪络现象)。

(十二)耐潮湿性能

耐潮湿性能指保证电器可靠工作的允许环境潮湿条件。

(十三)极限允许温升

极限允许温升指为防止过度氧化和烧熔而规定的最高温升值(温升值 = 测得的实际温度 – 环境温度)。

(十四)操作频率

操作频率指电器元件在单位时间(1 h)内允许操作的最高次数。

（十五）寿命

寿命包括电气寿命和机械寿命两项指标。电气寿命指电器元件的触点在规定的电路条件下，正常操作额定负荷电流的总次数；机械寿命指电器元件在规定使用条件下正常操作的总次数。

第二节　电磁装置

在结构上，电器一般都具有两个基本组成结构，即检测部分和执行部分。检测部分接收外界输入的信号，通过转换、放大与判断，做出一定的反应，使执行部分动作，输出相应的指令，实现控制的目的。对于有触点的电磁式电器，检测部分是电磁机构，执行部分是触点系统。

一、电磁机构

电磁机构由吸引线圈、铁芯和衔铁组成，其结构形式按衔铁的运动方式可分为直动式和拍合式。图 1-1 是直动式和拍合式电磁机构的常用结构形式，其中（a）所示为衔铁沿棱角转动拍合式电磁机构，（b）所示为衔铁沿轴转动的拍合式电磁机构，（c）所示为衔铁直线运动的双 E 形直动式电磁机构。

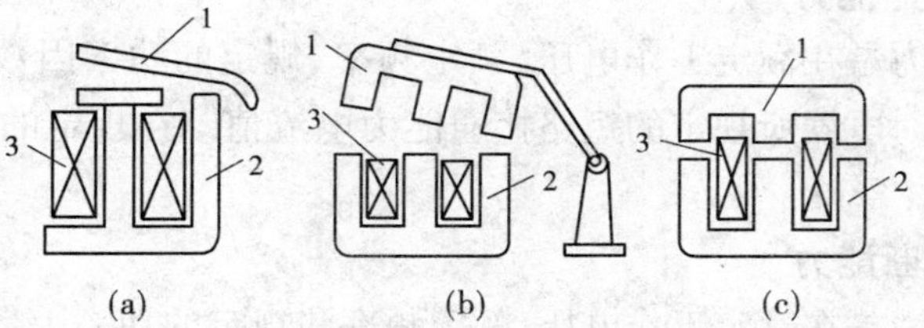

1—衔铁；2—铁芯；3—吸引线圈

图 1-1　常见的电磁机构

吸引线圈的作用是将电能转换为磁能，即产生磁通，衔铁在电磁吸力作用下产生机械位移，使铁芯吸合。根据在电路中的连接方式，线圈可分为串联线圈（电流线圈）和并联线圈（电压线圈）。串联（电流）线圈串接在线路中，流过的电流大，为减小对电路的影响，线圈的导线粗、匝数少，线圈的阻抗较小；并联（电压）线圈并联在线路上，为减小分流作用，降低对原电路的影响，需要较大的阻抗，因此线圈的导线细且匝数多。

（一）直流电磁铁和交流电磁铁

按吸引线圈所通电流性质的不同，电磁铁可分为直流电磁铁和交流电磁铁。

直流电磁铁由于通入的是直流电，铁芯不发热，只有线圈发热。因此，线圈与铁芯接触以利于散热，线圈做成无骨架、高而薄的瘦高型，以改善线圈自身的散热功能。铁芯和衔铁由软钢和工程纯铁制成。

交流电磁铁由于通入的是交流电，铁芯中存在磁滞损耗和涡流损耗，线圈和铁芯都发热，所以交流电磁铁的吸引线圈设有骨架，使铁芯与线圈隔离，并将线圈制成短而厚的矮胖型，以利于铁芯和线圈的散热。铁芯用硅钢片叠加而成，以减小涡流损耗。

电磁铁工作时，线圈产生的磁通作用于衔铁，产生电磁吸力，并使衔铁产生机械位移。

衔铁在复位弹簧的作用下复位，回到原位。因此，作用在衔铁上的力有两个：电磁吸力与反力。电磁吸力由电磁机构产生，反力则由复位弹簧和触头弹簧产生。铁芯吸合时要求电磁吸力大于反力，即衔铁位移的方向与电磁吸力方向相同；衔铁复位时要求反力大于电磁吸力。

（二）短路环

为了消除交流电磁铁产生的振动和噪声，在铁芯的端面开一个小槽，在槽内嵌入铜制短路环，如图 1-2 所示。加上短路环后，磁通被分成大小相近、相位相差约 90°电角度的两相磁通 ϕ_1 和 ϕ_2，因此两相磁通不会同时为零。由于电磁吸力与磁通的平方成正比，所以由两相磁通产生的合成电磁吸力较为平坦，在电磁铁通电期间电磁吸力始终大于反力，使铁芯牢牢吸合，这样就消除了振动和噪声。

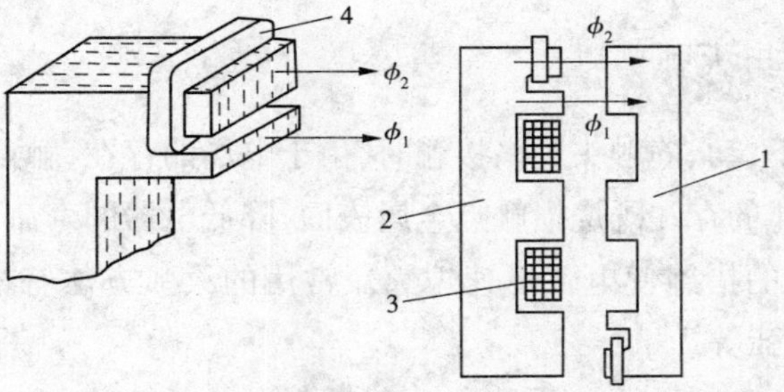

1—衔铁；2—铁芯；3—线圈；4—短路环

图 1-2　交流电磁铁的短路环

二、触头系统

触头是电磁式电器的执行部分，电器就是通过触头的动作来分合被控制的电路的。触头在闭合状态下动、静触点完全接触，并有工作电流通过时，称为电接触。电接触的情况将影响触头的工作可靠性和使用寿命。影响电接触工作情况的主要因素是触头的接触电阻，接触电阻大，易使触头发热而温度升高，从而使触头产生熔焊现象，这样既影响了工作可靠性，又降低了触头的寿命。触头的接触电阻不仅与触头的接触形式有关，而且还与接触压力、触头材料及表面状况有关。

触头主要有两种结构形式，如图 1-3 所示，其中(a)、(b)为桥式触头，(c)为指形触头。

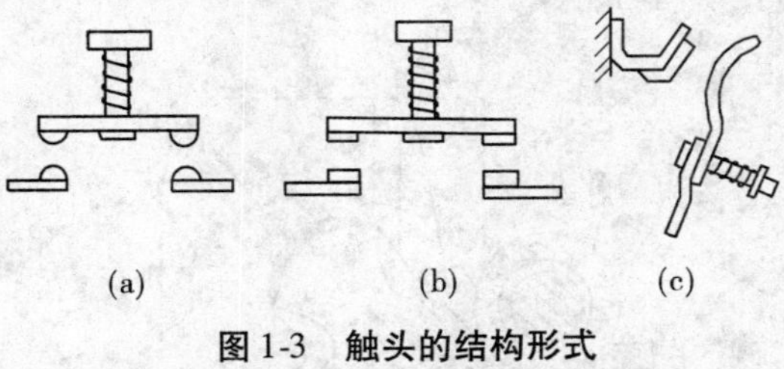

(a)　　(b)　　(c)

图 1-3　触头的结构形式

触头的接触形式有点接触、线接触和面接触三种，如图 1-4 所示。

当动、静触头闭合后，不可能是全部紧密地接触，从微观来看，只是在一些突出的凸起点存在着有效接触，从而形成了从一个导体到另外一个导体的过渡区域。在过渡区域里，电流只通过一些相接触的凸起点，因而使这个区域的电流密度大大增加。另外，由于只是一些凸

图 1-4　触头的接触形式

起点相接触,有效导电面积减小,因此该区域的电阻远远大于金属导体的电阻。这种由于动、静触头闭合时在过渡区域所形成的电阻,称为接触电阻。接触电阻的存在,不仅会造成一定的电压损失,还会使铜耗增加,造成触点温升超过允许值。这样,触点在较高的温度下很容易产生熔焊现象而使触点工作不可靠。因此,在实际中,应采取相应措施来减小接触电阻,限制触头的温升。

三、电弧的产生与灭弧方法

触头在通电状态下,动、静触头脱离接触时,由于电场的存在,触点表面的自由电子大量溢出而产生电弧。电弧的存在既烧损触点金属表面,降低电器的寿命,又延长了电路的分断时间,所以须采取一定的措施使电弧迅速熄灭。常用的灭弧方法有增大电弧长度、冷却弧柱、把电弧分成若干短弧等。

(一)电动力吹弧

电动力吹弧如图 1-5 所示。桥式触点在分断时本身就具有电动力吹弧功能,不用任何附加装置,便可使电弧迅速熄灭。这种灭弧方法多用于小容量交流接触器中。

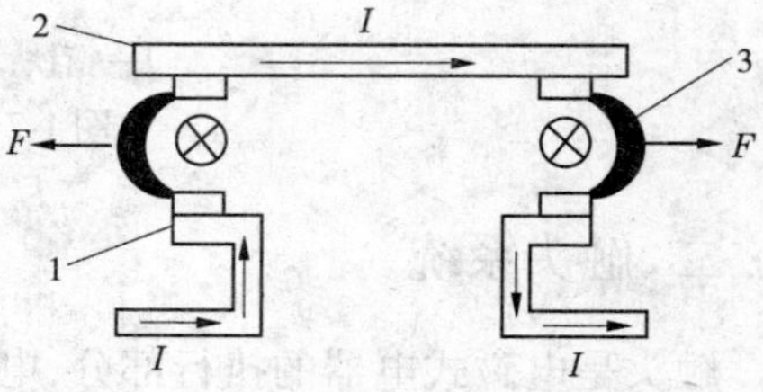

1—静触点;2—动触点;3—电弧

图 1-5　电动力吹弧示意图

(二)磁吹灭弧

在触点电路中串入吹弧线圈,如图 1-6 所示,该线圈产生的磁场由导磁夹板引向触点周围,其方向由右手定则确定。这两个磁场在弧柱下方方向相同(叠加),在弧柱上方方向相反(相减),所以弧柱下方的磁场强于上方的磁场。在下方磁场作用下,电弧受力的方向为 F 所指的方向,在 F 的作用下,电弧被吹离触点,经引弧角引进灭弧罩,从而使电弧熄灭。

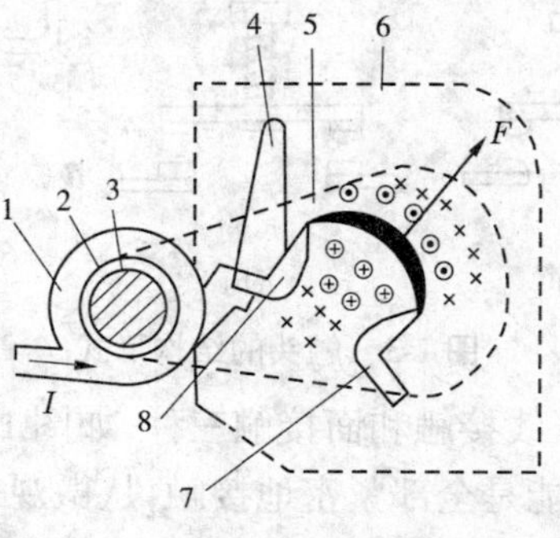

1—磁吹线圈;2—绝缘套;3—铁芯;4—引弧角;5—导磁夹板;6—灭弧罩;7—动触点;8—静触点

图 1-6　磁吹灭弧示意图

(三)栅片灭弧

灭弧栅是一组薄铜片,它们彼此间相互绝缘,如图1-7所示。当电弧进入栅片后被分割成一段串联的短弧,而栅片就是这些短弧的电极。每两片灭弧栅片之间都有150~250 V的绝缘强度,使整个灭弧栅的绝缘强度大大加强,以致外加电压无法维持,电弧迅速熄灭。此外,栅片还能吸收电弧热量,使电弧迅速冷却。基于上述原因,电弧进入栅片后就会很快熄灭。由于栅片灭弧装置的灭弧效果在交流时要比直流时强得多,因此在交流电器中常采用栅片灭弧。

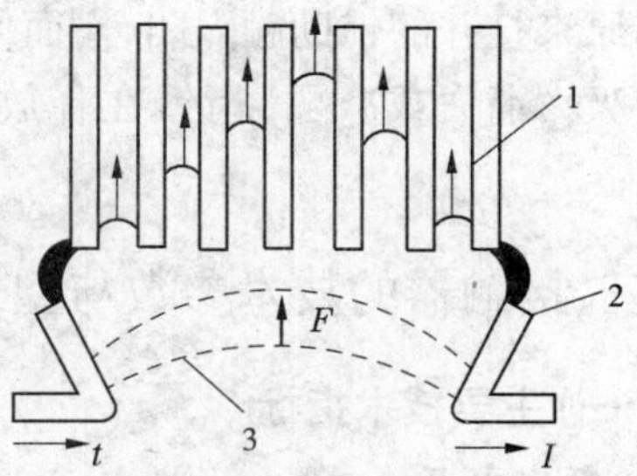

1—灭弧栅片;2—触点;3—电弧

图1-7　栅片灭弧示意图

第三节　接触器

接触器是一种用来自动地接通或断开大电流电路的电器。大多数情况下,其控制对象是电动机,也可用于其他电力负载,如电热器、电焊机、电炉变压器等。接触器不仅能自动接通或断开电路,还具有控制容量大、低电压释放保护、寿命长、能远距离控制等优点,在电气控制系统中应用十分广泛。

接触器的触点系统可以用电磁铁、压缩空气或液体压力等驱动,因而可分为电磁式接触器、气动式接触器和液压式接触器,其中以电磁式接触器应用最为广泛。根据接触器主触点通过电流的种类,可分为交流接触器和直流接触器。

图1-8　电磁式接触器

一、接触器的结构

电磁式接触器如图1-8所示,主要结构有:

(1)电磁机构。由线圈、铁芯和衔铁组成。

(2)主触点和熄弧系统。根据主触点的容量大小,可分为桥式触点和指形触点;直流接触器和电流20 A以上的交流接触器均装有熄弧罩,有的还带有栅片或磁吹熄弧装置。

(3)辅助触点。有常开辅助触点和常闭辅助触点,在结构上它们均为桥式双断点。辅助触点的容量较小。在接触器上安装辅助触点的目的是使它在控制电路中起联动作用。辅助触点不装设灭弧装置,所以它不能用来分合主电路。

(4)反力装置。由释放弹簧和触点弹簧组成,且均不能进行弹簧松紧的调节。

(5)支架和底座。用于接触器的固定和安装。

二、接触器的工作原理

当接触器线圈通电后,在铁芯中产生磁通,由此在衔铁气隙处产生吸力,使衔铁产生闭合动作,主触点在衔铁的带动下也闭合,于是接通了主电路。同时衔铁还带动辅助触点动作，使原来打开的辅助触点闭合，而使原来闭合的辅助触点打开。当线圈断电或电压显著降低时，吸力消失或减弱，衔铁在释放弹簧作用下打开，主触点、辅助触点又恢复到原来的状态。

三、接触器的技术参数与型号

（一）主要技术指标

1. 额定电压

接触器铭牌上标注的额定电压是指主触点的额定电压。交流接触器常用的额定电压等级为 220 V、380 V、660 V，直流接触器常用的额定电压等级为 220 V、440 V、660 V。

2. 额定电流

接触器铭牌上标注的额定电流是指主触点的额定电流。它的值是接触器安装在敞开式控制屏上、触点工作不超过额定温升、负荷为间断－长期工作制时的电流值。交流接触器常用的额定电流等级为 10 A、20 A、40 A、60 A、100 A、150 A、250 A、400 A、600 A，直流接触器常用的额定电流等级为 40 A、80 A、100 A、150 A、250 A、400 A、600 A。

3. 线圈的额定电压

线圈的额定电压指接触器电磁线圈正常工作的电压值。常用的交流线圈额定电压等级为 110 V、220 V、380 V，常用的直流线圈额定电压等级为 110 V、220 V、440 V。

4. 接通和分断能力

主触点在规定条件下能可靠地接通和分断的电流值反映了接触器的接通和分断能力。在此电流值下，接通时主触点不应发生熔焊，分断时主触点不应发生长时间燃弧。若超出此电流值，其分断则是熔断器、自动开关等保护电器的任务。

5. 额定操作频率

额定操作频率是指每小时的操作次数。交流接触器最高为 600 次/h，而直流接触器最高为 1 200 次/h。操作频率直接影响到接触器的电气寿命和灭弧罩的工作条件，对于交流接触器还影响到线圈的温升。

6. 机械寿命和电气寿命

机械寿命是指接触器在需要修理或更换机械零件前所能承受的无载操作循环次数；电气寿命是在规定的正常工作条件下，接触器不需修理或更换零件的负载操作循环次数。

常见接触器有 CJ10 系列、CJ20 系列、CJX1 系列和 CJX2 系列。其中 CJ20 系列是较新的产品，CJX1 系列是从德国西门子公司引进技术制造的新型接触器，性能等同于西门子公司 3TB、3TF 系列产品。CJX1 系列接触器适用于交流 50 Hz 或 60 Hz、电压至 660 V、额定电流至 630 A 的电路中，供远距离接通及分断电路用，并适用于频繁启动及控制交流电动机。经加装机械联锁机构后组成的 CJX1 系列可逆接触器，可控制电动机的启动、停止及反转。

CJX2 系列交流接触器是参照法国 TE 公司的 LC1－D 产品开发制造的，其结构先进，外形美观，性能优良，组合方便，安全可靠。本产品主要用于交流 50 Hz（或 60 Hz）660 V 以下的电路中，在 AC3 使用类别下适用于额定工作电压为 380 V，额定工作电流至 95 A 的电路中，供远距离接通和分断电路用，可用于频繁地启动和控制交流电动机。也能在适当降低控制容量及操作频率后用于 AC4 使用类别。

(二)型号意义

接触器的型号及电气符号如图 1-9 所示。

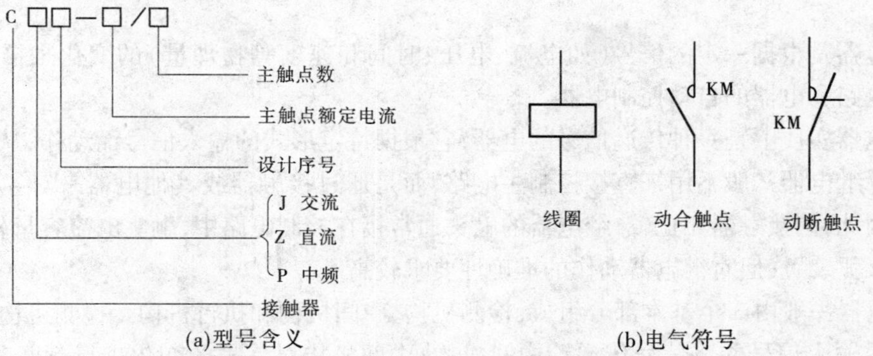

图 1-9　接触器型号意义和电气符号

四、接触器的选用

(一)接触器类型选择

接触器的类型应根据负载电流的类型和负载的轻重来选择,即看它是交流负载还是直流负载,是轻负载、一般负载还是重负载。

(二)主触点额定电流的选择

接触器主触点的额定电流应大于或等于被控回路的额定电流。对于电动机负载可根据下列经验公式计算

$$I_C = P_N / KU_N$$

式中　I_C——接触器主触头电流,A;

P_N——电动机的额定功率,W;

U_N——电动机的额定电压,V;

K——经验系数,一般取 1 ~ 1.4。

若接触器控制的电动机启动、制动或正反转频繁,一般将接触器主触点的额定电流降一级使用。

(三)额定电压的选择

接触器主触点的额定电压应大于或等于负载回路的电压。

(四)吸引线圈额定电压的选择

吸引线圈额定电压不一定等于主触点的额定电压,当线路简单、使用电器少时,可直接选用 380 V 或 220 V 的电压,若线路复杂,使用电器超过 5 个,可用 24 V、48 V 或 110 V 电压(1964 年国标规定为 36 V、110 V 或 127 V)。吸引线圈允许在额定电压的 80% ~105% 使用。

(五)接触器的触点数量、种类选择

接触器的触点数量和种类应满足主电路和控制线路的要求。各种类型的接触器触点数目不同。交流接触器的主触点有 3 对(常开触点);辅助触点一般有 4 对(2 对常开、2 对常闭),最多可达到 6 对(3 对常开、3 对常闭)。直流接触器的主触点一般有 2 对(常开触点),辅助触点有 4 对(2 对常开、2 对常闭)。

第四节 继电器

继电器是根据一定的信号(如电流、电压、时间和速度等物理量)的变化来接通或分断小电流电路和电器的自动控制电器。

继电器实质上是一种传递信号的电器,它根据特定形式的输入信号而动作,从而达到控制目的。继电器一般不用来直接控制主电路,而是通过接触器或其他电器来对主电路进行控制。因此,同接触器相比较,继电器的触头通常接在控制电路中,触头电流容量较小,一般不需要灭弧装置,但对继电器动作的准确性要求较高。

继电器一般由3个基本部分组成:检测机构、中间机构和执行机构。检测机构的作用是接收外界输入信号并将信号传递给中间机构;中间机构对信号的变化进行判断、物理量转换、放大等;当输入信号变化到一定值时,执行机构(一般是触头)动作,从而使它所控制的电路状态发生变化,接通或断开某部分电路,达到控制或保护的目的。

继电器种类很多,按输入信号可分为电压继电器、电流继电器、功率继电器、速度继电器、压力继电器、温度继电器等,按工作原理可分为电磁式继电器、感应式继电器、电动式继电器、电子式继电器、热继电器等,按用途可分为控制继电器与保护继电器,按输出形式可分为有触点继电器和无触点继电器。

一、电磁式继电器

在控制电路中用的继电器大多数是电磁式继电器。电磁式继电器具有结构简单,价格低廉,使用维护方便,触点容量小(一般在5 A以下),触点数量多且无主、辅之分,无灭弧装置,体积小,动作迅速、准确,控制灵敏、可靠等特点,广泛应用于低压控制系统中。常用的电磁式继电器有电流继电器和电压继电器。

(一)继电器的结构

电磁式继电器的结构和工作原理与电磁式接触器相似,也是由电磁机构、触点系统和释放弹簧等部分组成的。电磁式继电器的结构如图1-10所示。

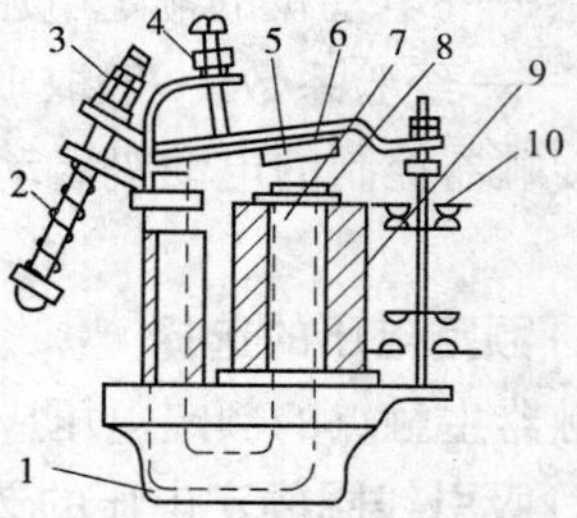

1—底座;2—反力弹簧;3、4—调节螺钉;
5—非磁性垫片;6—衔铁;7—铁芯;8—极靴;
9—电磁线圈;10—触点系统

图1-10 电磁式继电器的典型结构

1.电磁机构

直流继电器的电磁机构形式为U形拍合式。铁芯和衔铁均由电工软铁制成。为了增加闭合后的气隙,在衔铁的内侧面上装有非磁性垫片,铁芯铸在铝基座上。交流继电器的电磁机构形式有U形拍合式、E形直动式、空心或装甲螺管式等结构形式。U形拍合式和E形直动式的铁芯及衔铁均由硅钢片叠成,且在铁芯柱端上面装有分磁环。

2.触点系统

交、直流继电器的触点由于均接在控制电路上,且电流小,故不装设灭弧装置。触点一般都为桥式触点,有常开和常闭两种形式。

另外，为了实现继电器动作参数的改变，继电器一般还具有改变释放弹簧松紧及改变衔铁打开气隙大小的调节装置，例如调节螺母。

（二）电压继电器

电压继电器用于电力拖动系统的电压保护和控制。线圈并联接入主电路，感测主电路的线路电压；触点接于控制电路，为执行元件。按吸合电压的大小，电压继电器可分为过电压继电器和欠电压继电器，图 1-11 为三相四线欠/过电压继电器。

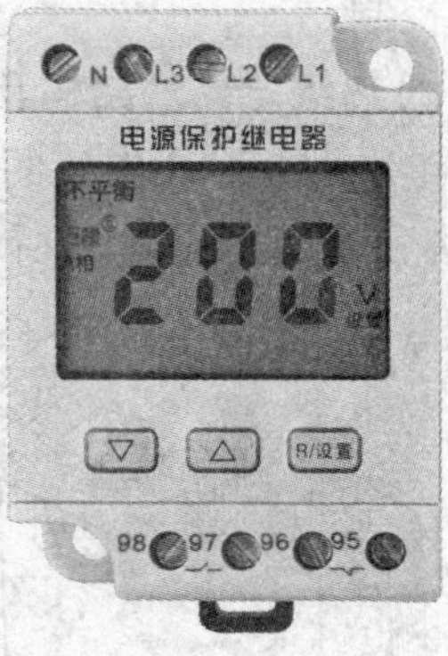

图 1-11　三相四线欠/过电压继电器

过电压继电器（FV）用于线路的过电压保护，它的吸合整定值为被保护线路额定电压的 1.05 ~ 1.2 倍。当被保护的线路电压正常时，衔铁不动作；当被保护线路的电压高于额定值，达到过电压继电器的整定值时，衔铁吸合，触点机构动作，控制电路失电，控制接触器及时分断被保护电路。

欠电压继电器（KV）用于线路的欠电压保护，它的释放整定值为线路额定电压的 0.1 ~ 0.6 倍。当被保护线路电压正常时，衔铁可靠吸合；当被保护线路电压降至欠电压继电器的释放整定值时，衔铁释放，触点机构复位，控制接触器及时分断被保护电路。

零电压继电器是当电路电压降低到 5% ~ 25% U_N（额定电压）时释放，对电路实现零电压保护。零电压继电器用于线路的失压保护。

中间继电器实质上是一种电压继电器。它的特点是触点数目较多，电流容量可增大，起到中间放大（触点数目和电流容量）的作用。

（三）电流继电器

电流继电器用于电力拖动系统的电流保护和控制。电流继电器的线圈串联接入主电路，用来感测主电路的线路电流；触点接于控制电路，为执行元件。电流继电器反映的是电流信号。常用的电流继电器有欠电流继电器和过电流继电器两种，图 1-12 为电子式过/欠电流继电器。

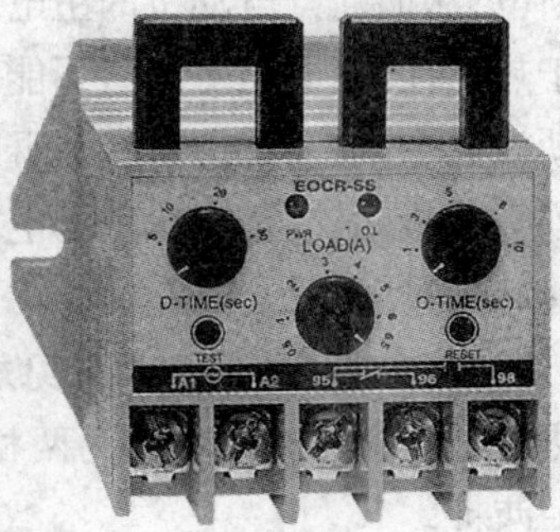

图 1-12　电子式过/欠电流继电器

欠电流继电器（KA）用于电路的欠电流保护，吸合电流为线圈额定电流的 30% ~ 65%，释放电流为额定电流的 10% ~ 20%。因此，在电路正常工作时，衔铁是吸合的，只有当电流降低到某一整定值时，继电器释放，控制电路失电，从而控制接触器及时分断电路。

过电流继电器（FA）在电路正常工作时不动作，整定范围通常为额定电流的 1.1 ~ 4 倍。当被保护线路的电流高于额定值，达到过电流继电器的整定值时，衔铁吸合，触点机构动作，控制电路失电，从而控制接触器及时分断电路。它对电路起过流保护作用。

二、热继电器

热继电器是电流通过热元件产生热量，使检测元件受热弯曲而推动机构动作的一种继电器。由于热继电器中热元件的发热惯性，在电路中不能做瞬时过载保护和短路保护。它主要用于电动机的过载保护、断相保护和三相电流不平衡运行的保护及其他电气设备发热状态的控制。

（一）热继电器的结构及工作原理

热继电器是利用电流的热效应原理来保护设备的，使之免受长期过载的危害，它的外形、结构和原理如图 1-13 所示。

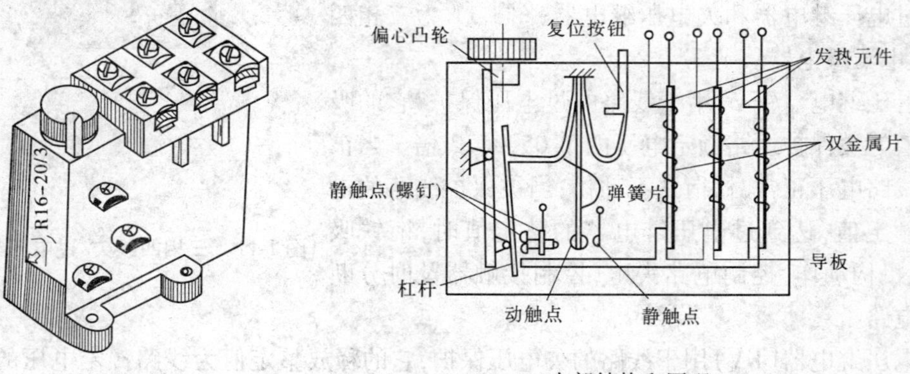

(a)外形　　(b)内部结构和原理

图 1-13　热继电器的外形、结构和原理

热继电器主要由热元件、双金属片和触点三部分组成。当电动机过载时，流过热元件的电流增大，热元件产生的热量使双金属片向上弯曲，经过一定时间后，弯曲位移增大，推动导板将常闭触点断开。常闭触点是串接在电动机的控制电路中的，控制电路断开使接触器的线圈断电，从而断开电动机的主电路。若要使热继电器复位，则按下复位按钮即可。热继电器由于热惯性，当电路短路时不能立即动作使电路立即断开，因此不能作短路保护。同理，在电动机启动或短时过载时，热继电器也不会动作，这可避免电动机不必要的停车。每一种电流等级的热元件，都有一定的电流调节范围，一般应调节到与电动机额定电流相等，以便更好地起到过载保护作用。

（二）热继电器的分类及常见规格

热继电器按热元件数分为两相结构和三相结构。三相结构中又有带断相保护和不带断相保护两种。

目前，国内生产的热继电器品种很多，常用的有 JR20、JRS1、JRS2、JRS5、JR16B 和 T 系列等。其中 JRS1 为引进法国 TE 公司的 LR1－D 系列，JRS2 为引进德国西门子公司的 3UA 系列，JRS5 为引进日本三菱公司的 TH－K 系列，T 系列为引进德国 ABB 公司的产品。JR20 系列热继电器采用立体布置式结构，除具有过载保护、断相保护、温度补偿以及手动和自动复位功能外，还具有动作脱扣灵活、动作脱扣指示以及断开检验按钮等功能装置。

热继电器的型号含义及电气符号如图 1-14 所示。

（三）热继电器的使用与选择

选用热继电器时，必须了解被保护对象的工作环境、启动情况、负载性质、工作制及电动机允许的过载能力。原则是热继电器的安秒特性位于电动机过载特性之下，并尽可能接近。

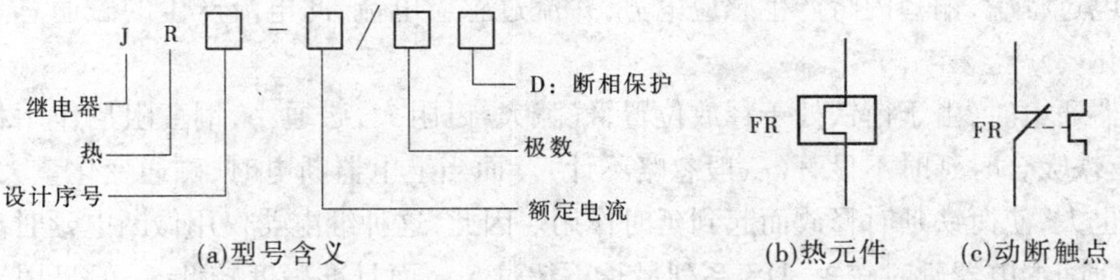

图 1-14　热继电器的型号含义及电气符号

1. 热继电器的类型选择

若用热继电器作电动机缺相保护，应考虑电动机的接法。对于 Y 形接法的电动机，当某相断线时，其余未断相绕组的电流与流过热继电器电流的增加比例相同。一般的三相式热继电器，只要整定电流调节合理，是可以对 Y 形接法的电动机实现断相保护的。对于△形接法的电动机，某相断线时，流过未断相绕组的电流与流过热继电器的电流增加比例则不同，也就是说，流过热继电器的电流不能反映断相后绕组的过载电流。因此，一般的热继电器，即使是三相式也不能为△形接法的三相异步电动机的断相运行提供充分保护。此时，应选用三相带断相保护的热继电器。带断相保护的热继电器的型号后面有 D、T 或 3UA 字样。

2. 热元件的额定电流选择

应按照被保护电动机额定电流的 1.1～1.15 倍选取热元件的额定电流。

3. 热元件的整定电流选择

一般将热继电器的整定电流调整到等于电动机的额定电流；对过载能力差的电动机，可将热元件的整定电流值调整到电动机额定电流的 0.6～0.8 倍；对启动时间较长、拖动冲击性负载或不允许停车的电动机，热元件的整定电流应调整到电动机额定电流的 1.1～1.15 倍。

三、时间继电器

时间继电器是一种利用电磁原理或机械动作原理实现触点延时接通或断开的自动控制电器。它的种类很多，常用的有直流电磁式、空气阻尼式和电子式等，一般常见的时间继电器如图 1-15 所示。

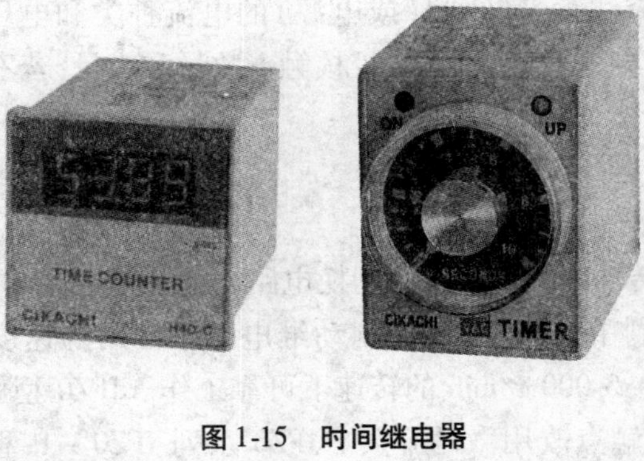

图 1-15　时间继电器

（一）直流电磁式时间继电器

直流电磁式时间继电器利用电磁阻尼原理产生延时。由电磁感应定律可知，在继电器线圈通断电过程中,铜套内将产生感应电势,并流过感应电流,此电流产生的磁通总是反对原磁通变化。

继电器通电时,由于衔铁处于释放位置,气隙大,磁阻大,磁通小,铜套阻尼作用相对也小,因此衔铁吸合时延时不显著(一般忽略不计)。而当继电器断电时,磁通变化量大,铜套阻尼作用也大,使衔铁延时释放而起到延时作用。因此,这种继电器仅用做断电延时。

这种时间继电器延时较短,JT3 系列最长不超过 5 s,而且准确度较低,一般只用于要求不高的场合。

(二)空气阻尼式时间继电器

利用空气阻尼原理获得延时,既具有由空气室中的气动机构带动的延时触点,也具有由电磁机构直接带动的瞬动触点,可以做成通电延时型,也可以做成断电延时型。电磁机构可以是直流的,也可以是交流的。

(三)电子式时间继电器

电子式时间继电器在时间继电器中已成为主流产品,电子式时间继电器是由晶体管或集成电路和电子元件等构成的。目前已有采用单片机控制的时间继电器。电子式时间继电器具有延时范围广、精度高、体积小、耐冲击和耐振动、调节方便及寿命长等优点,所以发展很快,应用广泛。

近年来,随着微电子技术的发展,采用集成电路、功率电路和单片机等电子元件构成的新型时间继电器大量面市,例如 DHC6 多制式单片机控制时间继电器。

DHC6 多制式时间继电器采用单片机控制,LCD 显示,具有 9 种工作制式、正计时和倒计时任意设定,8 种延时时段、延时范围从 0.01 s ~ 999.9 h 任意设定、键盘设定等功能,设定完成之后可以锁定按键,防止误操作。可按要求任意选择控制模式,使控制线路最简单可靠。

DHC6 多制式单片机控制时间继电器是为适应工业自动化控制水平越来越高的要求而生产的。多制式时间继电器可使用户根据需要选择最合适的制式,使用简便方法便能达到以往需要较复杂接线才能达到的控制功能,这样既节省了中间控制环节,又大大提高了电气控制的可靠性。

(四)时间继电器的选用

选用时间继电器时应注意:其线圈(或电源)的电流种类和电压等级应与控制电路相同;按控制要求选择延时方式和触点形式;校核触点数量和容量,若不够,可用中间继电器进行扩展。

四、速度继电器

速度继电器是利用转轴的一定转速来切换电路自动控制电器的。它主要用于鼠笼式异步电动机的反接制动控制中,故称为反接制动继电器。常用的速度大小继电器有 JY1 和 JFZ0 系列。JY1 系列能在 3 000 r/min 的转速下可靠工作。JFZ0 型触点动作速度大小不受定子柄偏转快慢的影响,触点改用微动开关。JFZ0 系列 JFZ0 - 1 型适用于 300 ~ 1 000 r/min,JFZ0 - 2 型适用于 1 000 ~ 3 000 r/min。速度继电器有两对常开、常闭触点,分别对应于被控电动机的正、反转运行。一般情况下,速度继电器的触点,在转速达 120 r/min 时能动作,100 r/min 左右时能恢复正常位置。一般常见的速度继电器如图 1-16 所示。

如图 1-17 所示为速度继电器的结构原理示意图。它主要由转子、定子和触点三部分组成。

图 1-16　速度继电器

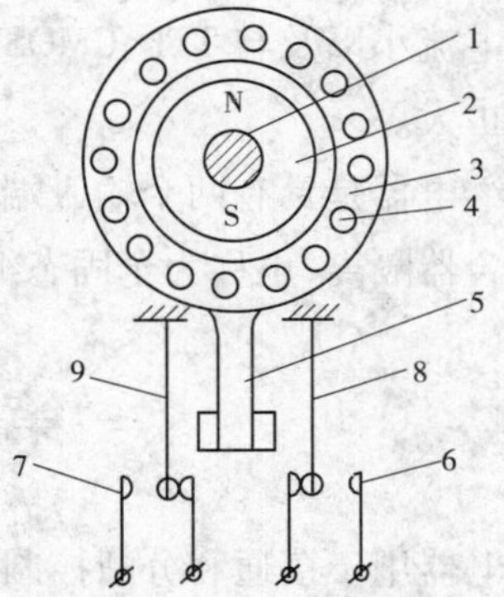

1—转轴;2—转子;3—定子;4—绕组;
5—摆锤;6、7—静触点;8、9—动触点

图 1-17　速度继电器的结构原理示意图

转子是一个圆柱形永久磁铁,定子是一个笼形空心圆环,由硅钢片叠成,并装有笼形的绕组。速度继电器与电动机同轴相连,当电动机旋转时,速度继电器的转子随之转动。在空间产生旋转磁场,切割定子绕组,在定子绕组中感应出电流。此电流又在旋转的转子磁场作用下产生转矩,使定子随转子转动方向旋转,和定子装在一起的摆锤推动动触点动作,使常开触点闭合,常闭触点断开。当电动机速度低于某一值时,动作产生的转矩减小,动触点复位。

常用的速度继电器有 YJ1 型和 JFZ0 – 2 型。速度继电器的电气符号如图 1-18 所示。

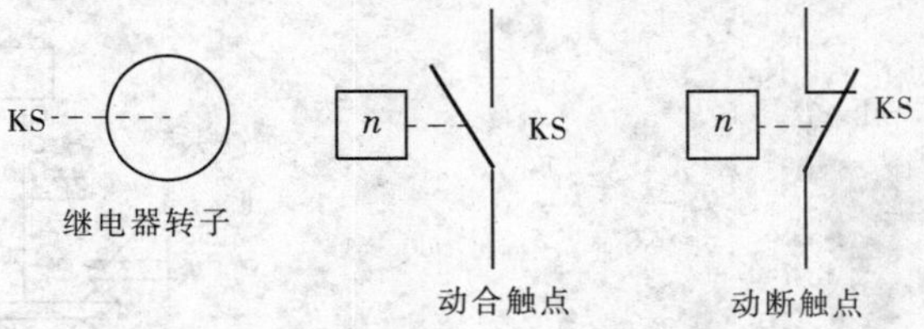

图 1-18　速度继电器的电气符号

五、其他继电器

(一)压力继电器

压力继电器主要用于对液体或气体压力的高低进行检测并发出开关量信号,以控制电磁阀、液压泵等设备对压力的高低进行控制。它主要由压力传送装置和微动开关等组成,液体或气体压力经压力入口推动橡皮膜和滑杆,使其克服弹簧反力向上运动,当压力达到给定压力时,触动微动开关,发出控制信号,旋转调压螺母可以改变给定压力。一般常见的压力继电器如图 1-19 所示。

图 1-19　压力继电器

(二)固态继电器

固态继电器(Solid State Relay 简称 SSR),是 20 世纪 70 年代中后期发展起来的一种新型无触点继电器。由于具有可靠性高、开关速度快和工作频率高、使用寿命长、便于小型化、输入控制电流小以及与 TTL、CMOS 等集成电路有较好的兼容性等一系列优点,其应用领域正在不断扩大。

固态继电器是具有两个输入端和两个输出端的一种四端器件,输入与输出之间通常采用光电耦合器隔离,也称为全固态继电器。

第五节　主令电器

主令电器用于接通和分断控制回路,在控制电路中以开关接点的通断形式来发布控制命令,使控制电路执行对应的控制任务。主令电器应用广泛,种类繁多,主要类型有控制按钮、行程开关、接近开关、万能转换开关、主令控制器等。

一、控制按钮

控制按钮主要用于远距离控制接触器、电磁启动器、继电器的线圈及其他电气控制线路,也可用于电气联锁线路等,一般常见的控制按钮如图 1-20 所示。

控制按钮由按钮帽、复位弹簧、桥式触点和外壳等组成,通常做成复合式,即具有常开触点和常闭触点,结构示意图见图 1-21。

图 1-20　**控制按钮**

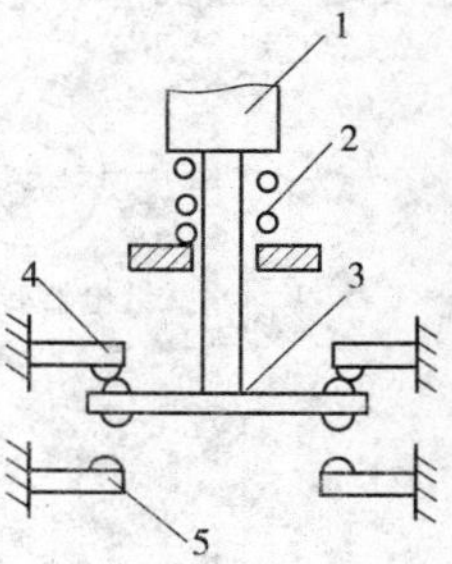

1—按钮帽;2—复位弹簧;
3—动触点;4—常闭触点;5—常开触点

图 1-21　**控制按钮结构示意图**

指示灯式按钮内可装入信号灯显示信号;紧急式按钮装有蘑菇形按钮帽,以便于紧急操作;旋钮式按钮可扭动旋钮来进行操作。

常见按钮有 LA 系列和 LAY1 系列。LA 系列控制按钮的额定电压为交流 500 V、直流 440 V,额定电流为 5 A;LAY1 系列控制按钮的额定电压为交流 380 V、直流 220 V,额定电流为 5 A。按钮帽有红、绿、黄、白等颜色,一般红色用做停止按钮,绿色用做启动按钮。按钮主要根据所需要的触点数、使用场合及颜色来选择。控制按钮颜色的含义如表 1-1 所示。

表 1-1　控制按钮颜色的含义

颜色	颜色含义	典型应用
红	紧急情况出现时动作停止或断开	急停 ①总停； ②停止一台或几台电动机； ③停止机床的一部分； ④停止循环（如果操作者在循环期间按此按钮，机床在有关循环完成后停止）； ⑤断开开关装置； ⑥兼有停止作用的复位
黄	干预	排除反常情况或避免不希望的变化，当循环尚未完成，把机床部件返回到循环起始点按压黄色按钮可以超越预选的其他功能
绿	启动或接通	①总启动； ②开动一台或几台电动机； ③开动机床的一部分； ④开动辅助功能； ⑤闭合开关装置； ⑥接通控制电路
蓝	红、黄、绿三种颜色未包含的任何特定含义	①红、黄、绿含义未包括的特殊情况，可以用蓝色； ②蓝色：复位
黑、灰、白		除专用“停止”功能按钮外，可用于任何功能，如：黑色为点动，白色为控制与工作循环无直接关系的辅助功能

二、行程开关

行程开关又称位置开关或限位开关。它的作用与控制按钮相同，只是触点的动作不是靠手动操作的，而是利用生产机械某些运动部件上的挡铁碰撞其滚轮使触头动作来实现接通或分断电路的。常见的行程开关如图 1-22 所示。

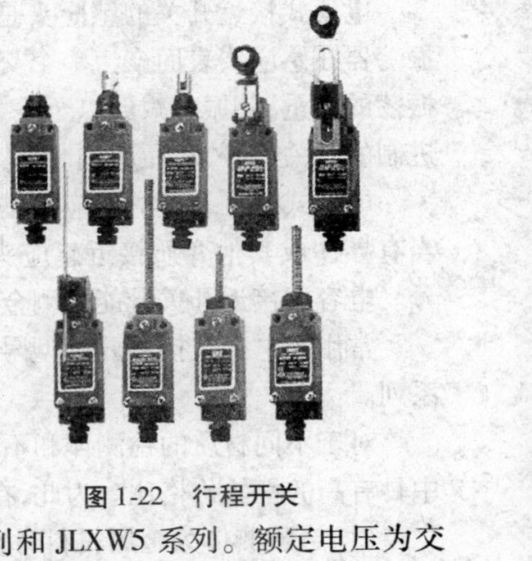

图 1-22　行程开关

行程开关的结构包括三个部分：操作机构、触头系统和外壳。行程开关分为单滚轮、双滚轮及径向传动杆等形式。其中，单滚轮和径向传动杆行程开关可自动复位，双滚轮为碰撞复位。

常见的行程开关有 LX19 系列、LX22 系列、JLXK1 系列和 JLXW5 系列。额定电压为交流 500 V、380 V，直流 440 V、220 V；额定电流为 20 A、5 A 和 3 A。

在选用行程开关时，主要根据机械位置对开关形式的要求，控制线路对触头数量和触头性质的要求，闭合类型（限位保护或行程控制）和可靠性以及电压、电流等级确定型号。

行程开关的型号含义和电气符号如图 1-23 所示。

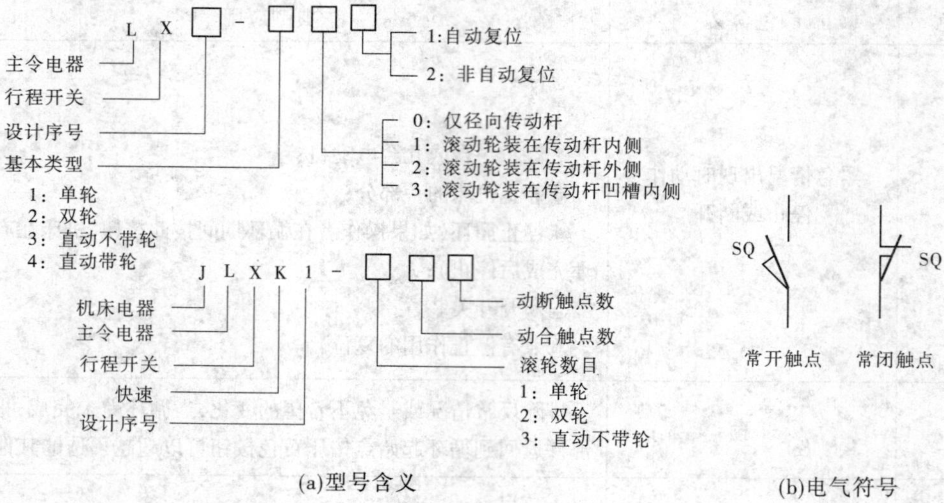

图 1-23 行程开关的型号含义和电气符号

三、接近开关

接近开关是一种无需与运动部件进行机械接触而可操作的位置开关，当物体接近开关的感应面达到动作距离时，不需要机械接触及施加任何压力即可使开关动作，从而驱动交流或直流电器或给计算机装置提供控制指令。接近开关是一种开关型传感器（即无触点开关），它既有行程开关所具备的行程控制及限位保护特性，同时又可用于高速计数、检测金属体的存在、测速、液位控制、检测零件尺寸以及用做无触点式按钮等。

接近开关的动作可靠，性能稳定，频率响应快，使用寿命长，抗干扰能力强，并具有防水、防震、耐腐蚀等特点。接近开关分为电感式和电容式两种。

电感式接近开关的感应头是一个具有铁氧体磁心的电感线圈，只能用于检测金属体。振荡器在感应头表面产生一个交变磁场，当金属块接近感应头时，金属中产生的涡流吸收了振荡的能量，使振荡减弱以至停振，因而产生振荡和停振两种信号，经整形放大器转换成二进制的开关信号，从而起到“开”、“关”的控制作用。

电容式接近开关的感应头是一个圆形平板电极，与振荡电路的地线形成一个分布电容，当有导体或其他介质接近感应头时，电容量增大而使振荡器停振，经整形放大器输出电信号。电容式接近开关既能检测金属，又能检测非金属及液体。

常用的电感式接近开关型号有 LJ1、LJ2 等系列，电容式接近开关型号有 LXJ15、TC 等系列。

对于不同材质的检测体和不同的检测距离，应选用不同类型的接近开关，以使其在系统中具有高的性能价格比。为此，在选型中应遵循以下原则：

(1)当检测体为金属材料时，应选用高频振荡型接近开关，该类型接近开关对铁镍、A3钢类检测体检测最灵敏。对铝、黄铜和不锈钢类检测体，检测灵敏度就低。

(2)当检测体为非金属材料时，如木材、纸张、塑料、玻璃和水等，应选用电容式接近开关。

(3)金属体和非金属要进行远距离检测和控制时，应选用光电型接近开关或超声波型接近开关。

(4)当检测体为金属时，若检测灵敏度要求不高，可选用价格低廉的磁性接近开关或霍尔式接近开关。

接近开关的电气符号如图 1-24 所示。

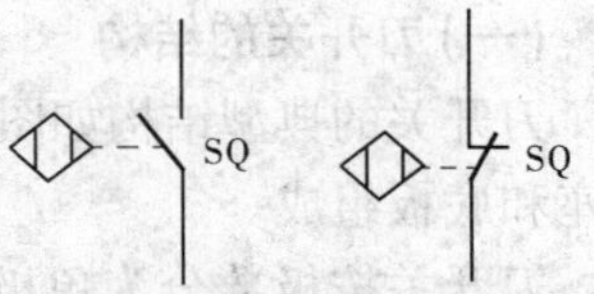

图 1-24　接近开关的电气符号

四、万能转换开关

万能转换开关是一种多挡式、控制多回路的主令电器，一般可作为多种配电装置的远距离控制，也可作为电压表、电流表的换相开关，还可作为小容量电动机的启动、制动、调速及正反向转换的控制。由于它的触头挡数多、换接线路多、用途广泛，故有“万能”之称。

万能转换开关主要由操作机构、面板、手柄及数个触点座等部件组成，用螺栓组装成为整体。触点座可有 1 ~ 10 层，每层均可装 3 对触点，并由其中的凸轮进行控制。由于每层凸轮可做成不同的形状，因此当手柄转到不同位置时，通过凸轮的作用，可使各对触点按需要的规律接通和分断。

常见的万能转换开关的型号为 LW5 系列和 LW6 系列。选用万能转换开关时，可从以下几方面入手：若用于控制电动机，首先，应知道电动机的内部接线方式，根据内部接线方式、接线指示牌以及所需要的转换开关断合次序表，画出电动机的接线图，只要电动机的接线图与转换开关的实际接法相符即可。其次，需要考虑额定电流是否满足要求。若用于控制其他电路，则只需考虑额定电流、额定电压和触头对数。一般常见的万能转换开关如图 1-25 所示。

图 1-25　万能转换开关

第六节　开关电器

开关电器是在控制电路中用于不频繁地接通或断开电路的开关，或用于机床电路电源的引入开关。

一、刀开关

刀开关是低压配电电器中结构最简单、应用最广泛的电器，主要用在低压成套配电装置中，用来不频繁地手动接通和分断交直流电路或作隔离开关用，也可以用于不频繁地接通与分断额定电流以下的负载，如小型电动机等。

(一)刀开关的结构

刀开关的典型结构如图 1-26 所示,它由手柄、触刀、静插座和底板组成。

刀开关按极数分为单极、双极和三极,按操作方式分为直接手柄操作式、杠杆操作机构式和电动操作机构式,按转换方向分为单投和双投等。

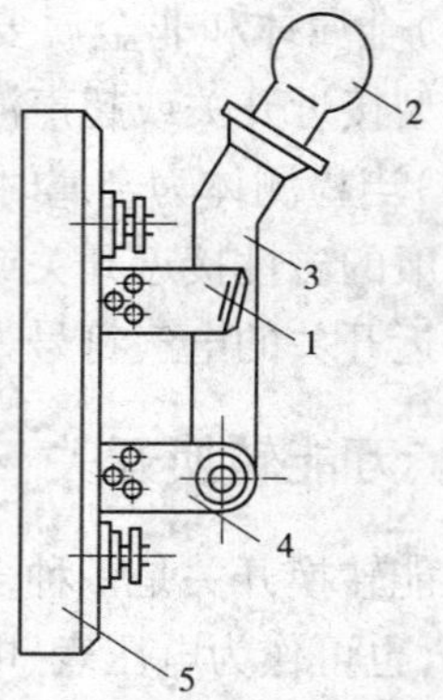

1—静插座;2—手柄;3—触刀;
4—铰链支座;5—绝缘底板

图 1-26　**刀开关的典型结构**

(二)常用的刀开关

刀开关的型号及含义如图 1-27 所示。

目前常用的刀开关型号有 HD(单投)和 HS(双投)等系列。其中 HD 系列刀开关按现行新标准应该称 HD 系列刀形隔离器,而 HS 系列为双投刀形转换开关。在 HD 系列中,HD11、HD12、HD13、HD14 为老型号,HD17 系列为新型号,产品结构基本相同,功能相同。

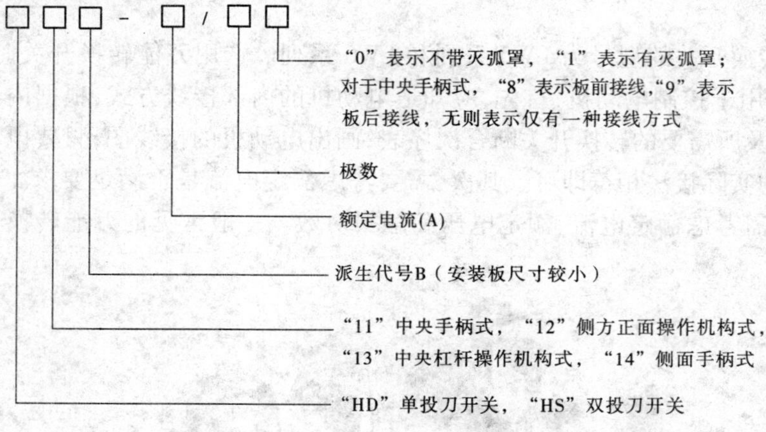

图 1-27　**刀开关的型号及含义**

HD 为单投开关,HS 为双投开关,它们用于交流 50 Hz、额定电压 380 V,直流额定电压 440 V,额定电流 1 500 A 及以下低压成套配电装置中,作为不频繁地手动接通和分断交直流电路或作隔离开关用,是电力网路中必不可少的电器元件,常用于各种低压配电柜、配电箱、照明箱中。当电源一进入首先是接刀开关,之后再接熔断器、断路器、接触器等其他电器元件,以满足各种配电柜、配电箱的功能要求。当其以下的电器元件或线路中出现故障,切断隔离电源就靠它来实现,以便对设备、电器元件的修理更换。HS 刀形转换开关,主要用于转换电源,即当一路电源不能供电,需要另一路电源供电时就由它来进行转换,当转换开关处于中间位置时,可以起隔离作用。

一般常见的 HD 和 HS 开关如图 1-28 所示。

(三)HK 胶盖瓷座闸刀开关

一般作电灯、电热、电阻等回路的控制开关用,也可作为分支线路的控制开关用。三极开关在适当降低容量使用时,也可以作为异步电动机的不频繁直接启动和停止用。一般常见的胶盖瓷座闸刀开关如图 1-29 所示。

图 1-28　HD 和 HS 系列刀开关

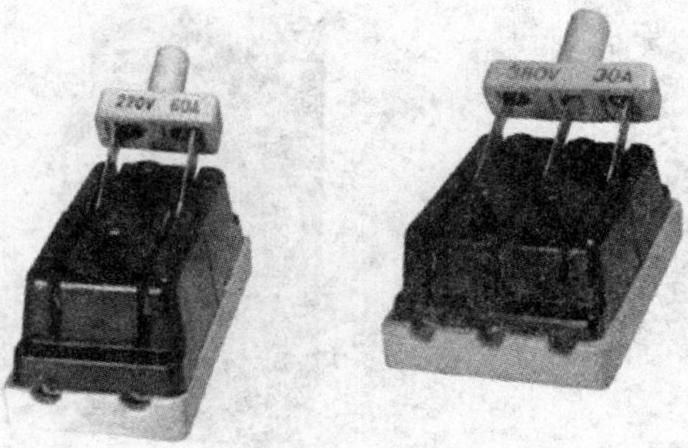

图 1-29　HK 系列胶盖瓷座闸刀开关

（四）HH 系列铁壳开关

HH 系列铁壳开关适用于工矿企业、农村电力灌溉和电热、照明等各种配电设备中，供不频繁手动接通和分断负载电路使用，具有短路保护作用，也可作为交流异步电动机的不频繁启动和停止用。一般常见的 HH 系列铁壳开关如图 1-30 所示。

（五）HZ 系列组合开关

组合开关又称转换开关，控制容量比较小，结构紧凑，常用于空间比较狭小的场所，如机床和配电箱等。组合开关一般用于电气设备的非频繁操作、切换电源和负载以及控制小容量感应电动机和小型电器。一般常见的 HZ 系列组合开关如图 1-31 所示。

图 1-30　HH 系列铁壳开关

图 1-31　HZ 系列组合开关

二、低压断路器

低压断路器又称自动空气开关或自动空气断路器，主要用于低压动力线路中。它相当于刀开关、熔断器、热继电器和欠压继电器的组合，不仅可以接通和分断正常负荷电流和过负荷电流，还可以分断短路电流。低压断路器可以手动直接操作和电动操作，也可以远方遥控操作。常见的低压断路器如图 1-32 所示。

（一）低压断路器的工作原理

低压断路器主要由触点系统、操作机构和保护元件三部分组成。主触点由耐弧合金制成，采用灭弧栅片灭弧。操作机构较复杂，通断可用操作手柄操作，也可用电磁机构操作，故障时自动脱扣，触点通断瞬时动作与手柄操作速度无关。低压断路器结构图如图 1-33 所示。

低压断路器的主触点 2 是靠操作机构手动或电动合闸的，并由自动脱扣机构将主触点

图 1-32 低压断路器

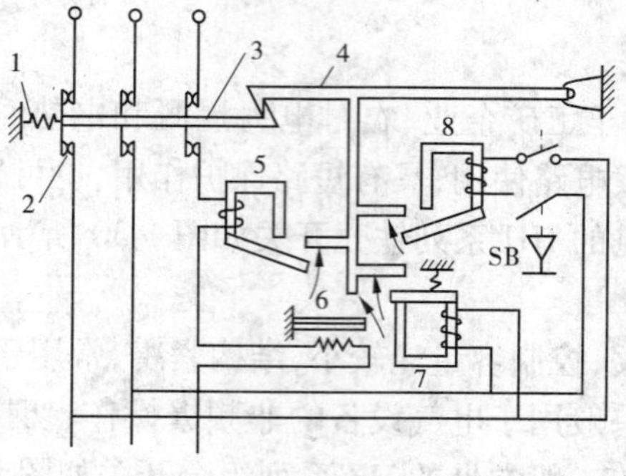

1—分闸弹簧;2—主触点;3—传动杆;4—锁扣;5—过电流脱扣器;
6—过载脱扣器;7—失压脱扣器;8—分励脱扣器

图 1-33 低压断路器结构图

锁在合闸位置上。如果电路发生故障,自动脱扣机构在有关脱扣器的推动下动作,使钩子脱开,于是主触点在弹簧的作用下迅速分断。过电流脱扣器 5 的线圈和过载脱扣器 6 的线圈与主电路串联,失压脱扣器 7 的线圈与主电路并联。当电路发生短路或严重过载时,过电流脱扣器的衔铁被吸合,使自动脱扣机构动作;当电路过载时,过载脱扣器的热元件产生的热量增加,使双金属片向上弯曲,推动自动脱扣机构动作;当电路失压时,失压脱扣器的衔铁释放,也使自动脱扣机构动作。分励脱扣器 8 则作为远距离分断电路使用,根据操作人员的命令或其他信号使线圈通电,从而使低压断路器跳闸。低压断路器根据不同用途可配备不同的脱扣器。

(二)低压断路器的主要技术参数和典型产品介绍

1. 低压断路器的主要技术参数

1)额定电压

低压断路器的额定工作电压在数值上取决于电网的额定电压等级,我国电网标准规定为 AC 220 V、380 V、660 V 及 1 140 V,DC 220 V、440 V 等。应该指出,同一低压断路器可以规定在几种额定工作电压下使用,但相应的通断能力并不相同。

2)额定电流

低压断路器的额定电流就是过电流脱扣器的额定电流,一般是指低压断路器的额定持续电流。

3)通断能力

通断能力是指开关电器在规定的条件下(电压、频率及交流电路的功率因数和直流电路的时间常数),能在给定的电压下接通和分断的最大电流值,也称为额定短路通断能力。

4)分断时间

分断时间指切断故障电流所需的时间,它包括固有的断开时间和燃弧时间。

2.低压断路器典型产品介绍

低压断路器按结构特点可分为框架式低压断路器和塑料外壳式低压断路器两大类。

1)框架式低压断路器

框架式低压断路器又叫万能式低压断路器,主要用于 40 ~ 100 kW 电动机回路的不频繁全压启动,并起短路、过载、失压保护作用。它的操作方式有手动、杠杆、电磁铁和电动机操作四种。额定电压一般为 380 V,额定电流有 200 ~ 4 000 A 若干种。常见的框架式低压断路器有 DW 系列等。

2)塑料外壳式低压断路器

塑料外壳式低压断路器又称装置式低压断路器或塑壳式低压断路器。一般用做配电线路的保护开关,以及电动机和照明线路的控制开关等。它也有较高的分断能力和动稳定性以及比较完善的选择性保护功能。我国目前生产的塑壳式低压断路器有 DZ5、DZ10_、DZX10、DZ12、DZ15、DZX19、DZ20 及 DZ108 等系列产品,DZ108 为引进德国西门子公司 3VE 系列塑壳式断路器技术而生产的产品。

常见的 DZ20 系列塑壳式低压断路器型号意义及技术参数如图 1-34 所示。

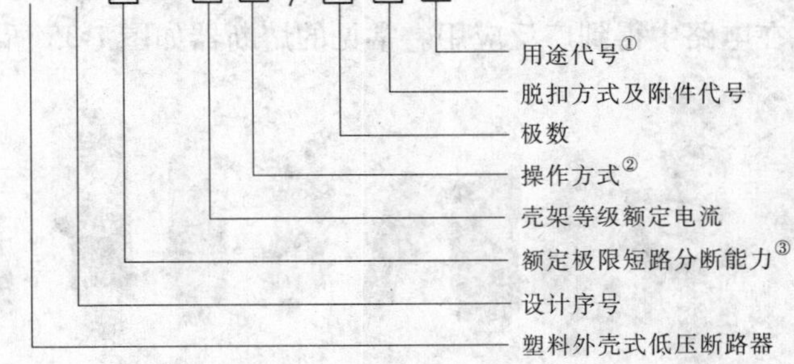

注:①配电用无代号,保护电机用“2”表示。

②手柄直接操作无代号,电动机操作用“P”表示,转动手柄用“Z”表示。

③按额定极限短路分断能力高低分为:Y—一般型;G—最高型;S—四极型;J—较高型;C—经济型。

图 1-34 塑壳式低压断路器型号意义及技术参数

低压断路器具有多种保护功能(过载、短路、欠电压保护等)、动作值可调、分断能力高、操作方便、安全等优点,所以目前被广泛应用。

(三)低压断路器的选用原则

(1)根据线路对保护的要求确定低压断路器的类型和保护形式——确定选用框架式、装置式或限流式等。

(2)低压断路器的额定电压应等于或大于被保护线路的额定电压。

(3)低压断路器欠压脱扣器额定电压应等于被保护线路的额定电压。

(4)低压断路器额定电流及过流脱扣器的额定电流应大于或等于被保护线路的计算电流。

(5)低压断路器的极限分断能力应大于线路的最大短路电流的有效值。

(6)配电线路中的上、下级低压断路器的保护特性应协调配合，下级的保护特性应位于上级保护特性的下方且与它不相交。

(7)低压断路器的长延时脱扣电流应小于导线允许的持续电流。

三、漏电保护断路器

漏电保护断路器用于在电路或设备出现对地漏电或人身触电事故时，迅速自动断开电路，从而有效地保证人身和线路安全。漏电保护断路器是一种安全保护电器，在电路中作触电和漏电保护用。漏电保护断路器有单相式和三相式两种：单相式主要产品有 DZL18－20型，三相式主要产品有 DZ15L、DZ47L、DS250M 型等。漏电保护断路器的额定漏电动作电流为 30～100 mA，漏电脱扣动作时间小于 0.1 s。

此外，我国引进的国外产品有德国的 ME 系列，西门子公司的 3VE1 系列，日本的 AE、AH、TG 系列，法国的 C45、S060 系列，美国的 H 系列等。

第七节　熔断器

熔断器在电路中主要起短路保护作用，用于保护线路。熔断器的熔体串接于被保护的电路中，熔断器以其自身产生的热量使熔体熔断，从而自动切断电路，实现短路保护及过载保护。熔断器具有结构简单、体积小、质量轻、使用维护方便、价格低廉、通断能力较高、限流能力良好等优点，因此在电路中得到广泛应用。常见的熔断器如图 1-35 所示。

图 1-35　常见的熔断器

熔断器的结构一般包括熔体座和熔体等部分。熔断器是串联连接在被保护电路中的，当电路电流超过一定值时，熔体因发热而熔断，使电路被切断，从而起到保护作用。熔体的热量与通过熔体电流的平方及持续通电时间成正比。当电路短路时，电流很大，熔体急剧升温，立即熔断；当电路中电流值等于熔体额定电流时，熔体不会熔断。所以，熔断器可用于短路保护。由于熔体在用电设备过载时所通过的过载电流能积累热量，当用电设备连续过载一定时间后熔体积累的热量也能使其熔断，所以熔断器也用于过载保护。

一、熔断器的分类

熔断器的类型很多，按结构形式可分为瓷插式熔断器、螺旋式熔断器、封闭管式熔断器、快速熔断器和自复式熔断器等。

(一)瓷插式熔断器

常用的瓷插式熔断器有 RC1A 系列，结构如图 1-36 所示。它由瓷盖、瓷座、触点和熔体 4 部分组成。由于结构简单、价格便宜、更换熔体方便，因此广泛应用于 380 V 及以下的配电线路末端作为电力、照明负荷的短路保护。

(二)螺旋式熔断器

常用的螺旋式熔断器是RL1系列,外形与结构如图1-37所示,由底座、瓷帽和熔断管组成。熔断管上有一个标有颜色的熔断指示器,当熔体熔断时熔断指示器会自动脱落,显示熔丝已熔断。

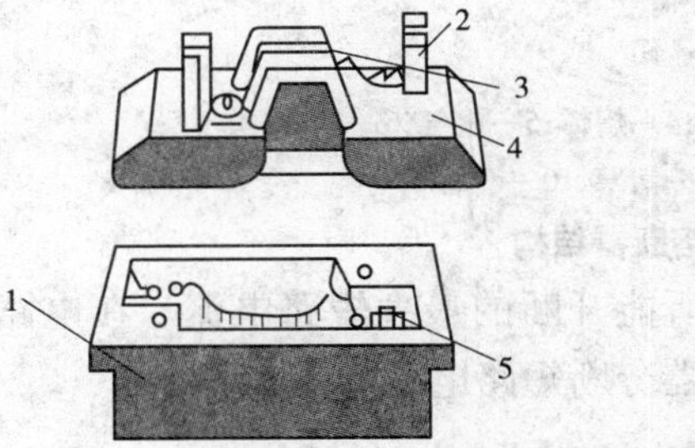

1—瓷座;2—动触点;3—熔体;4—瓷插件;5—静触点

图1-36 瓷插式熔断器

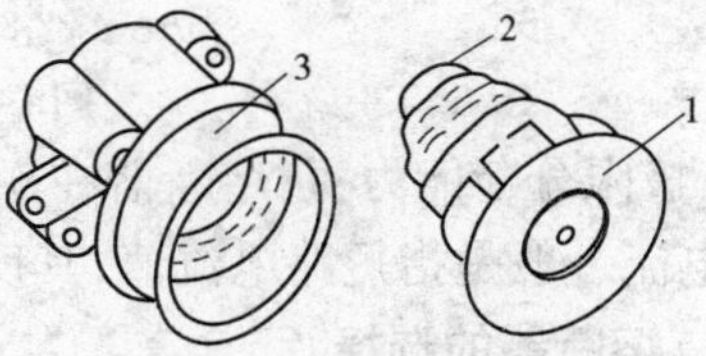

1—瓷帽;2—熔心;3—底座

图1-37 螺旋式熔断器

在装接使用时,电源线应接在下接线座,负载线应接在上接线座,这样在更换熔断管时(旋出瓷帽),金属螺纹壳的上接线座便不会带电,保证维修者安全。它多用于机床配线中作短路保护。

(三)封闭管式熔断器

封闭管式熔断器主要用于负载电流较大的电力网络或配电系统中。熔体采用封闭式结构,一是可防止电弧的飞出和熔化金属的滴出;二是在熔断过程中,封闭管内将产生大量的气体,使管内压力升高,从而使电弧因受到剧烈压缩而很快熄灭。封闭管式熔断器有无填料式和有填料式两种,常用的型号有RM10系列、RT0系列。

(四)快速熔断器

快速熔断器是在RL1系列螺旋式熔断器的基础上,为保护可控硅半导体元件而设计的,它的结构与RL1完全相同。常用的型号有RLS系列、RS0系列等,RLS系列主要用于小容量可控硅元件及其成套装置的短路保护,RS0系列主要用于大容量晶闸管元件的短路保护。

(五)自复式熔断器

RZ1型自复式熔断器是一种新型熔断器,结构如图1-38所示,它采用金属钠作熔体。在常温下,钠的电阻很小,允许通过正常工作电流。当电路发生短路时,短路电流产生高温使钠迅速汽化,气态钠电阻变得很高,从而限制了短路电流。当故障消除时,温度下降,气态钠又变为固态钠,恢复良好的导电性。它的优点是动作快,能重复使用,无需备用熔体;缺点是它不能真正分断电路,只能利用高阻闭塞电路,故常与自动开关串联使用,以提高组合分断性能。

二、熔断器技术参数与选用

(一)熔断器的主要技术参数

(1)额定电压:指保证熔断器能长期正常工作的电压。

(2)熔体额定电流:指熔体长期通过而不会熔断的电流。

(3)熔断器额定电流:指保证熔断器能长期正常工作的电流。

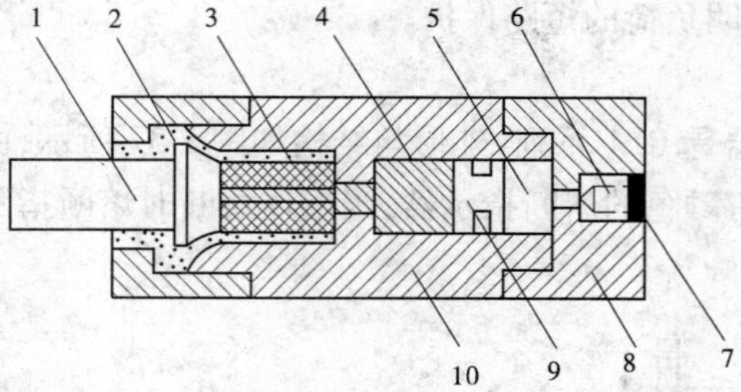

1—进线端子;2—特殊玻璃;3—瓷心;4—熔体;5—氩气;6—螺钉;
7—软铅;8—出线端子;9—活塞;10—套管

图 1-38 自复式熔断器结构

(4)极限分断能力:指熔断器在额定电压下所能开断的最大短路电流。在电路中出现的最大电流一般是指短路电流值,其反映了熔断器分断短路电流的能力。

(二)熔断器的选择

在选用熔断器时,应根据被保护电路的需要,首先确定熔断器的类型,然后选择熔体的规格,再根据熔体确定熔断器的规格。

(1)熔断器类型的选择:选择熔断器的类型时,主要根据线路要求、使用场合、安装条件、负载要求的保护特性和短路电流的大小等来进行。电网配电一般用管式熔断器,电动机保护一般用螺旋式熔断器,照明电路一般用瓷插式熔断器,保护可控硅元件则应选择快速式熔断器。

(2)熔断器额定电压的选择:熔断器的额定电压大于或等于线路的工作电压。

(3)熔断器熔体额定电流的选择:对于变压器、电炉和照明等负载,熔体的额定电流 I_{fN} 应略大于或等于负载电流 I。

三、熔断器型号的含义和电气符号

熔断器型号的含义和电气符号如图 1-39 所示。

(a)型号含义　　(b)电气符号

图 1-39 熔断器型号的含义和电气符号

实训一 低压电器

一、实训目的

(1)了解低压电器的种类,认识常见的低压电器。

(2)掌握低压电器的检修方法及检修工艺。

二、实训设备

闸刀开关、组合开关、熔断器、按钮、接触器、时间继电器、热继电器。

三、实训过程

(一)闸刀开关

(1)用途:不频繁地接通与分断电源。

(2)分类:按极数分为单极、双极和三极。

(3)选择:①根据额定电压选择。用于照明电路时,应选用额定电压为 220 V 或 250 V 的二极开关;用于三相负载电动机的直接启动时,应选用额定电压为 380 V 的三极开关。②根据额定电流选择。用于照明电路时,选用的开关额定电流应等于或大于电路中各负载额定电流的总和;若用于电动机负载,根据经验,开关的额定电流应是电动机额定电流的 3 倍。

(二)组合开关

(1)用途:接通或分断电路,换接电源或负载,测量电压及控制小容量电动机的正反转。

(2)分类:按极数分为单极、双极和三极,按层数分为三层、六层等。

(3)选择:组合开关一般用于电热、照明电路中,额定电流应等于或大于被控制电路中各负载电流的总和。若控制小容量电动机不频繁地全压启动,应取电动机额定电流的 1.5 ~ 2.5 倍。

(三)熔断器

(1)用途:短路保护。

(2)分类:按结构形式可分为开启式、半封闭式和封闭式,按外壳内有无填料可分为有填料式和无填料式,按熔体的替换和装拆情况可分为可拆式和不可拆式。

(3)选择:用于输配电线路时,熔体的额定电流应等于或小于线路的安全电流。用于一台电动机负载的短路保护时应按下式选用:

$$I_{NP} \geqslant KI_{NM}$$

式中 I_{NP}——熔体的额定电流;

K——系数,若电动机长期工作,K 取 1.5 ~ 2.5,若电动机频繁启动,K 取 3 ~ 3.5;

I_{NM}——电动机额定电流。

用于多台电动机负载的短路保护时应按下式选用:

$$I_{NP} \geqslant KI_{NMax} + \sum I_{NM}$$

式中 I_{NMax}——容量最大的一台电动机的启动电流;

$\sum I_{NM}$——其余电动机额定电流之和;

K——系数,取 1.5 ~ 2.5。

(四)控制按钮

(1)用途:发出改变电力拖动的控制动作的命令,如启动、停止等。

(2)分类:分开启式、防护式、钥匙式等。

(3)选择:可根据使用场合、操作需要的触头数目及区别的颜色来选择适合的按钮。

（五）接触器

（1）用途：频繁地远距离接通和分断主电路或控制大容量电路。

（2）分类：接触器分为直流接触器和交流接触器。

（3）交流接触器的选择：①交流接触器的额定电压应大于或等于负载的额定电压。②若交流接触器主要用于电力拖动中异步电动机的启动，额定电流应大于或等于电动机的额定电流。如作电动机频繁启动或反接制动的控制，应将交流接触器的额定电流降一级使用。③交流接触器如用做通断电流较大及通断频率过高的控制，应选用额定电流大一级的使用。④交流接触器线圈额定电压的选择：当线路简单、使用电器较少时，可选用 380 V 或 220 V 的电压线圈；当线路复杂、使用电器较多时，可选用 36 V、110 V 或 127 V 的电压线圈。

（六）时间继电器

（1）用途：在线圈得电或失电后，触头能延时动作，从而实现延时控制。

（2）分类：根据原理不同可分为空气阻尼式、电动式和电子式等，根据控制要求不同可分为通电延时和断电延时。

（3）选择：①根据控制线路的要求来选择通电延时型和断电延时型。②根据控制线路电压来选择时间继电器吸引线圈的电压。③对延时要求精确度不高的场合，可选用较便宜的空气阻尼式继电器；对延时要求精确度较高的设备，应选用电动式继电器。

（七）热继电器

（1）用途：用于电动机及电气设备的过载保护。

（2）分类：热继电器一般可分为普通双金属片式热继电器和带差动式断相保护的热继电器。根据热元件的相数，可分为两相结构和三相结构。

（3）选择：①对于一般轻载启动、长期工作的电动机或间断长期工作的电动机，可选择两相结构的热继电器；当电源电压平衡性较差、工作环境恶劣或很少有人看管时，可选择三相结构的热继电器；对于三角形接线的电动机，可选择带断相保护装置的热继电器。②热继电器的额定电流应大于电动机的额定电流。一般电动机启动电流为额定电流的 6 倍，启动时间不超过 5 s 时，热元件整定电流要调节到等于电动机的额定电流。如电动机的启动时间较长或启动冲击负载时，热元件整定电流可调节到电动机额定电流的 1.1 ~ 1.15 倍。

四、注意事项

（一）拆装原则和方法

（1）熟练掌握各种低压电器的结构。

（2）按拆卸顺序将元器件排列整齐。

（3）安装时按反顺序进行。

（4）参照原物组装。

（5）注意掌握螺丝的松紧程度。

（二）低压电器的检修与测量

（1）外壳断裂，可补焊或胶粘。

（2）触点用酒精或汽油进行擦拭。

（3）毛刺不能用砂纸或锉刀打磨，应该用电工刀刮掉。

（4）线圈烧毁应重新缠绕。

(5)设备检修以后,应用万用表和摇表测量通断电流和绝缘强度。

思考题与习题

1-1　什么是低压电器？常用的低压电器有哪些？

1-2　电磁式低压电器由哪几部分组成？说明各部分的作用。

1-3　灭弧的基本原理是什么？低压电器常用的灭弧方法有哪几种？

1-4　熔断器有哪些用途？一般应如何选用？在电路中应如何连接？

1-5　什么是继电器？它与接触器的主要区别是什么？在什么情况下可用中间继电器代替接触器启动电动机？

1-6　空气阻尼式时间继电器是利用什么原理达到延时目的的？如何调整延时时间的长短？

1-7　热继电器有何作用？如何选用热继电器？在实际使用中应注意哪些问题？

1-8　什么是速度继电器？它的作用是什么？速度继电器内部的转子有什么特点？若触头过早动作,应如何调整？

1-9　常用电子电器有哪些特点？主要由哪几部分组成？主要参数有哪些？

第二章　电气控制电路

本章主要内容

本章主要介绍绘制电气控制线路所使用的电器元件符号，电气控制线路的绘制和分析，什么是电器元件布置图、电气安装接线图、电气原理图，电气控制线路的典型环节，电动机控制常用的连接电路、保护环节以及常用机床控制电路等。使学生学习本章内容后，能够利用基本控制方法设计简单的电气控制过程；能够分析常见电路的故障，并排障。

第一节　电气控制系统图的基本知识

一、图形符号和文字符号

在电气控制系统图中，电器元件符号必须使用国家统一规定的图形符号和文字符号。国家规定从 1990 年 1 月 1 日起，电气控制系统图中的图形符号和文字符号必须符合最新的国家标准。当前推行的最新标准是国家标准局颁布的《电气简图用图形符号》(GB/T 4728—1996 ~ 2000)、《电气技术文件的编制》(GB/T 6988. 1 ~ 4—2002)、《控制系统功能图表的绘制》(GB/T 6988. 6—1993)、《电气技术中的文字符号制定通则》(GB/T 7159—1987)。

(一) 图形符号

在电气控制系统图中，用来表示电气设备、电器元件或概念的图形、标记称为图形符号。它包括符号要素、一般符号和限定符号。常用图形符号见表 2-1。

(1) 符号要素是一种具有确定意义的简单图形，必须同图形结合起来才能构成一个设备或概念的完整符号。如接触器主触点的符号就是由接触器触点功能符号和常开触点符号组合而成的。

(2) 一般符号是用来表示一类产品和此类产品特征的一种简单符号。如电动机可用一个圆圈表示。

(3) 限定符号是一种加在其他符号上提供附加信息的符号。

运用图形符号绘制电气图时应注意：

(1) 符号尺寸、线条粗细依国家标准可放大与缩小，但在同一张图样中，同一符号的尺寸应保持一致，各符号之间及符号本身比例应保持不变。

(2) 标准中列出的符号方位，在不改变符号含义的前提下，可根据图面布置的需要进行旋转，或成镜像位置，但是文字和指示方向不得倒置。

(3) 大多数符号可以附加上补充说明标记。对标准中没有规定的符号，选取《电气图常用图形符号》(GB/T 4728—1996 ~ 2000) 中给定的符号要素、一般符号和限定符号，按其中规定的原则进行组合。

表 2-1　电气工程图常用图形符号

名称		图形符号	文字符号
三相电源开关			QS
按钮	启动	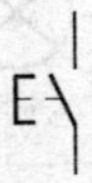	SB
按钮	停止		SB
按钮	复合	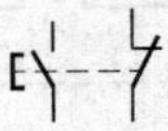	SB
接触点	线圈	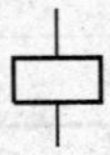	KM
接触点	常开触点	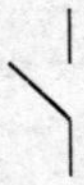	KM
接触点	常闭触点		KM
熔断器			FU
直流发电机			G
三相笼型异步电动机			M

名称		图形符号	文字符号
速度继电器	常开触点	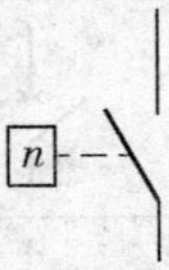	KS
速度继电器	常闭触点	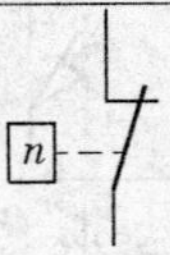	KS
组合开关		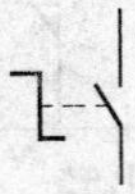	SA
交流电动机			M
三相绕线式异步电动机			M
时间继电器	通电延时线圈	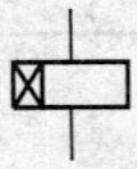	KT
时间继电器	断电延时线圈		KT
时间继电器	延时闭合常开触点	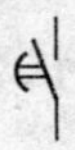 或 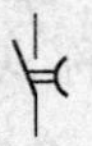	KT
时间继电器	延时断开常闭触点	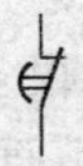 或 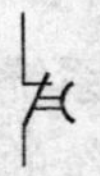	KT
时间继电器	延时断开常开触点	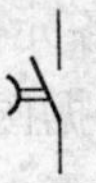 或 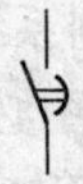	KT
时间继电器	延时闭合常闭触点	 或 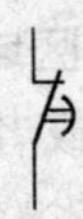	KT

续表 2-1

名称		图形符号	文字符号	名称		图形符号	文字符号
低压断路器			QF	电抗器			L
行程开关	常开触点		SQ	信号灯		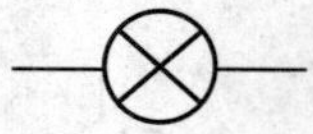	HL
				照明灯			EL
	常闭触点	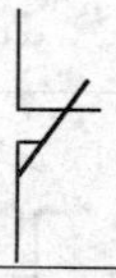		继电器	中间继电器	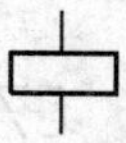	KA
	复合触点	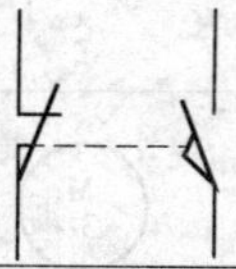			过(欠)电压继电器	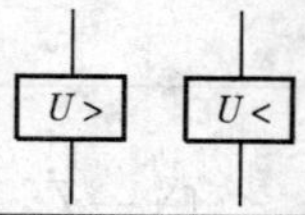	KV
热继电器	热元件	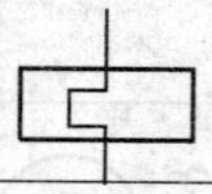	FR		过(欠)电流继电器		KA
	常闭触点	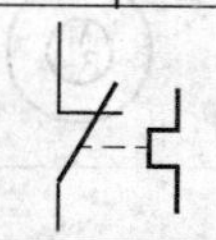		电阻			R

(二)文字符号

在电路图中用来区分不同的电气设备、电器元件或区分同类设备、电器元件时，在相对应的图形、标记旁标注的文字称为文字符号。文字符号分为基本文字符号和辅助文字符号。文字符号适用于电气技术领域中技术文件的编制，也可在电气设备、装置和元件上或其近旁标明它们的名称、功能、状态和特征。常用文字符号见表 2-1。

二、电气控制系统图绘制原则

电气控制系统是由很多电器元件和导线按照一定的要求连接而成的。为了表达生产机械电气控制系统的结构、原理等设计意图，同时也为了便于电器元件的安装、接线、运行、维护，将电气控制系统中各元件的连接用一定的图形表示出来，这种图就是电气控制系统图。电气控制系统图必须根据国家标准，用统一的文字符号、图形符号及画法来表示，以便于设计人员的绘图及现场技术人员、维修人员的识读，如图 2-1 所示。

(一)图面区域的划分

图纸上方或者下方从左到右的 1,2,3,… 数字是图区的编号，竖边用拉丁字母表示(简单的电路可以省略)，这是为了便于检索电气电路，方便阅读分析，避免遗漏，如图 2-1 所示。图区编号上方的文字标明它对应的下方元件或电路的功能，使读者清楚地知道某个元件或某部分电路的功能，以利于理解全部电路的工作原理。

(二)符号位置的索引

符号位置的索引采用图号、页次和图区编号的组合索引法,索引代号的组成如下:

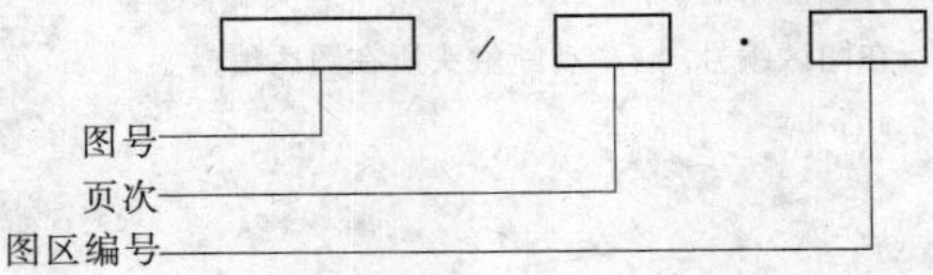

图号是指当某设备的电气原理图按功能多册装订时每册的编号,一般用数字表示。当某一元件相关的各符号元素出现在不同图号的图纸上,而每个图号仅有一页图纸时,索引代号中可省略“页次”及分隔符“·”。当某一元件相关的各符号元素出现在同一图号的图纸上,而该图号有几张图纸时,可省略“图号”和分隔符“/”。

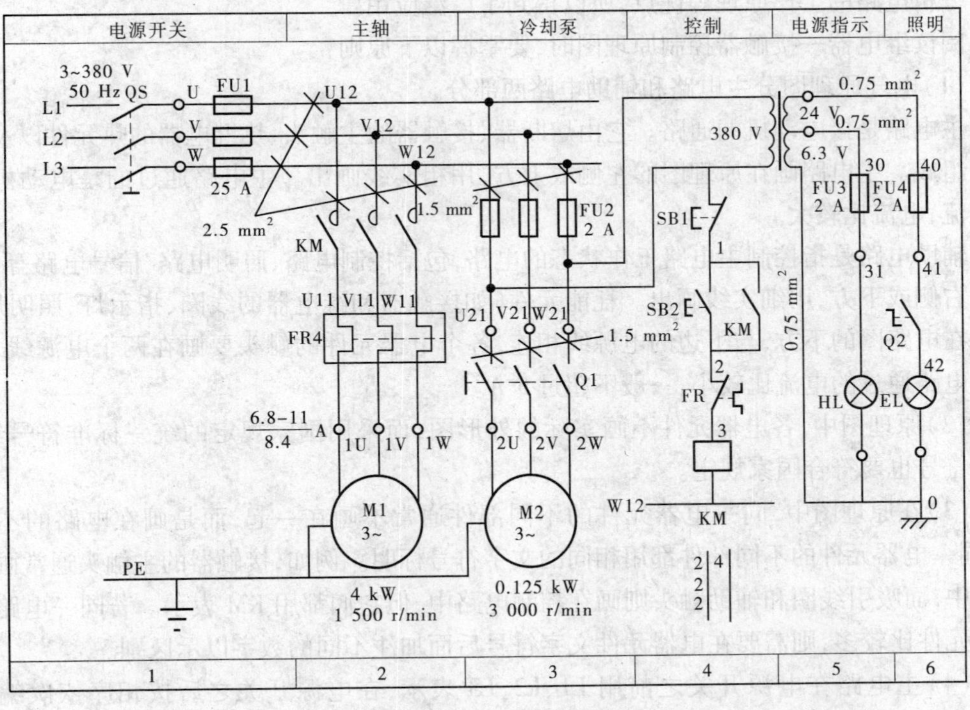

图 2-1 电气控制系统图

在电气控制系统图中,接触器和继电器线圈与触头的从属关系应用以下方法表示,即在原理图中相应线圈的下方,给出触头的图形符号,并在它下面注明相应触头的索引代号,对未使用的触头用“×”表明,如下所示。

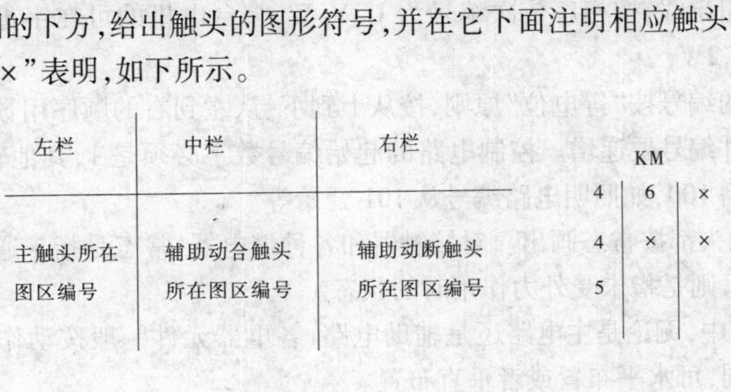

左栏	右栏
动合触头所在图区编号	动断触头所在图区编号

KA	
9	×
13	×
×	×
×	×

三、电气原理图

电气原理图是根据生产机械运动形式对电气控制系统的要求,采用国家统一规定的电气图形符号和文字符号,按照电气设备和电器元件的工作顺序排列,为便于阅读与分析电路绘制而成的。电气原理图表达的是电气设备和电器元件的用途,具有结构简单、层次分明、适于分析电路的工作原理等优点,所以得到了广泛应用。

阅读继电器—接触器控制原理图时,要掌握以下原则:

(1)电气原理图分主电路和辅助电路两部分。

主电路是接电动机的通路。它由熔断器、接触器的主触头、热继电器的热元件以及电动机等组成。主电路画在原理图的左侧或上方,用粗实线画出。主电路通过的是电动机的工作电流,电流比较大。

辅助电路是指控制主电路工作状态的电路,包括控制电路、照明电路、信号电路等,画在图的右侧或下方,用细实线画出。耗能元件(如接触器和继电器的线圈、指示灯、照明灯等)要画在电路图的下方,与下边的电源线相连,各个电器元件的触头要画在两个电源线之间。辅助电路通过的电流比较小,一般不超过 5 A。

(2)原理图中,各电器元件不画实际的外形图,而采用国家规定的统一标准符号绘制,文字符号也要符合国家规定。

(3)在原理图中,同一电器元件的不同部件通常不画在一起,而是画在电路的不同地方,同一电器元件的不同部件都用相同的文字符号标明。例如,接触器的主触头通常画在主电路中,而吸引线圈和辅助触头则画在控制电路中,但它们都用 KM 表示。若同一电路中相同的元件比较多,则需要在电器元件文字符号后面加注不同的数字以示区别。

(4)主电路在电源开关之前用 L1、L2、L3 表示,在电源开关之后按相序依次编号为 U11、V11、W11,然后按从上到下、从左到右的顺序,每经过一个电器元件后,编号要递增。有支路的情况下,第一条支路用 U21、V21、W21 表示,再增加支路,依次类推。单台三相交流电机的三根引出线,按相序依次编号为 U、V、W,多台电机的可在字母前加编号,如 1U,1V,1W,2U,2V,2W,…

辅助电路的编号按“等电位”原则,按从上到下、从左到右的顺序用数字依次编号,每经过一个电器元件编号要递增。控制电路的起始编号数字必须是 1,其他辅助电路编号的起始数字依次递增 100,如照明电路编号从 101 开始等。

(5)全部触头都按常态画出。对接触器和各种继电器,常态是指未通电时的状态;对按钮、行程开关等,则是指未受外力作用时的状态。

(6)原理图中,无论是主电路还是辅助电路,各电器元件一般按动作顺序从上到下、从左到右依次排列,可水平布置或者垂直布置。

四、电器元件布置图

电器元件布置图用来表明电气设备上所有电机与电器的实际位置，为生产机械电气控制设备的制造、安装、维修提供必要的资料。以机床电器布置图为例，它主要由机床电气设备布置图、控制柜及控制板电气设备布置图、操纵台及悬挂操纵箱电气设备布置图等组成，如图 2-2 所示。

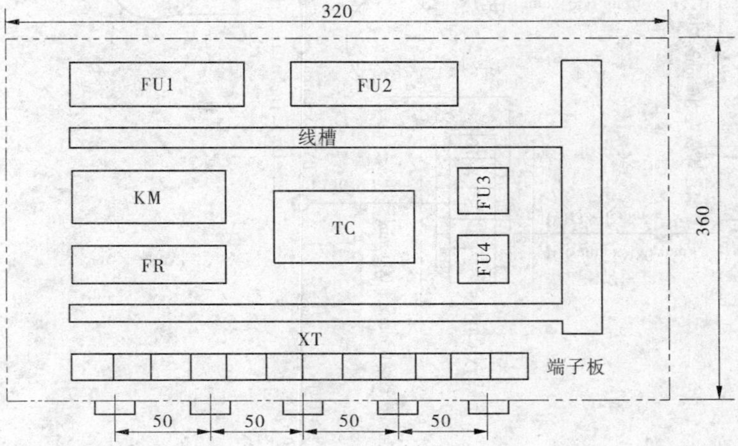

图 2-2　电器元件布置图

电器元件布置图的绘制原则：

(1)绘制电器元件布置图时，机床的轮廓线用细实线或双点画线表示，电器元件均用粗实线绘制出简单的外形轮廓。

(2)绘制电器元件布置图时，电动机要和被拖动的机械装置画在一起；行程开关应画在获取信息的地方；按钮、操作手柄等应画在便于操作的地方；体积大的和较重的电器元件应安装在电气安装板下面；发热元件应安装在电气安装板的上面，散热孔朝上；经常要维护、检修、调整的电器元件安装位置不宜过高或过低。

(3)绘制电器元件布置图时，各电器元件之间，上、下、左、右应保持一定的间距，以确保各元件之间的电气距离，并且应考虑器件的发热和散热因素，应便于布线、接线和检修。如果是硬线布线，要根据电气控制线路的布局，在各个电器元件之间留有足够宽度。如果是软线布线，要根据实际情况考虑线槽的位置和走向。

五、电气安装接线图

电气安装接线图是为安装电气设备和电器元件进行配线或检修电器故障服务的。电气安装接线图中可显示出电气设备中各元件的空间位置和接线情况，在安装或检修时对照原理图一起使用。它是根据电器位置布置，依合理、经济等原则安排的，表示机床电气设备各个单元之间的接线关系，并标注出外部接线所需的数据。对某些较为复杂的电气设备，电气安装板上元件较多时，还可画出安装板的接线图；对于简单设备，仅画出接线图就可以了，如图 2-3、图 2-4 所示。

电气安装接线图的绘制原则如下：

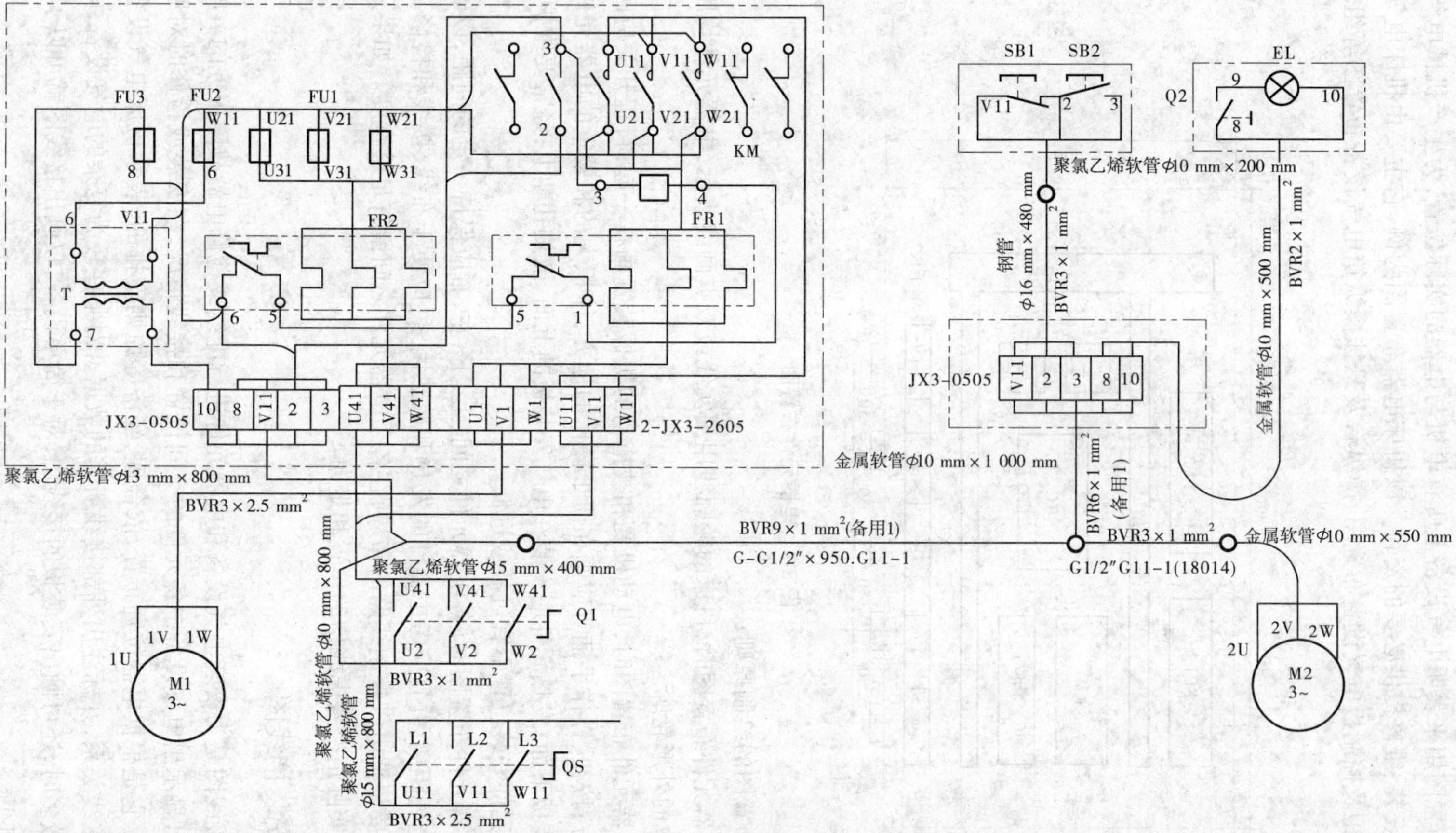
FU3
FU2
FU1
W11
U21
V21
W21
U31
V31
W31
U11
V11
W11
U21
V21
W21
KM
FR1
FR2
T
V11
JX3-0505
2-JX3-2605
10 8 V11 2 3 U41 V41 W41 U1 V1 W1 U11 V11 W11
聚氯乙烯软管Φ13 mm×800 mm
BVR3×2.5 mm²
金属软管Φ10 mm×1 000 mm
聚氯乙烯软管Φ15 mm×400 mm
聚氯乙烯软管Φ10 mm×800 mm
聚氯乙烯软管Φ15 mm×800 mm
BVR9×1 mm²(备用1)
G-G1/2″×950.G11-1
BVR3×1 mm²
G1/2″G11-1(18014)
金属软管Φ10 mm×550 mm
U41 V41 W41
Q1
U2 V2 W2
BVR3×1 mm²
L1 L2 L3
QS
U11 V11 W11
BVR3×2.5 mm²
M1
3~
1U 1V 1W
M2
3~
2U 2V 2W
SB1 SB2
V11 2 3
EL
Q2
9 8 10
聚氯乙烯软管Φ10 mm×200 mm
钢管
Φ16 mm×480 mm
BVR3×1 mm²
金属软管Φ10 mm×500 mm
BVR2×1 mm²
JX3-0505
V11 2 3 8 10
BVR6×1 mm²
(备用1)

图 2-3　电气安装接线图

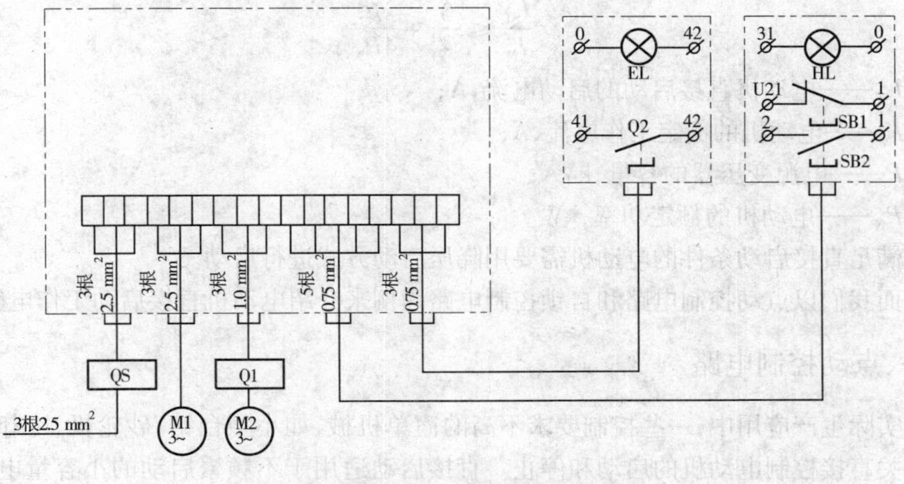

图 2-4　CW6132 型车床电气互连图

(1)绘图时,各电器元件均按在安装底板中的实际位置绘出。电器元件所占图面按实际尺寸以统一比例绘制。

(2)一个元件的所有部件绘在一起,并用双点画线框起来,有时将多个电器元件用双点画线框起来,表示它们是安装在同一安装底板上的。

(3)安装底板内外的电器元件之间的连线通过接线端子板进行连接,安装板上有几条接至外电路的引线,端子板上就应绘出几个线的接点。

(4)走向相同的相邻导线可以绘成一股线,在线的旁边标注清楚导线的规格、根数、颜色等。

第二节　三相笼型异步电动机直接启动控制电路

三相笼型异步电动机的直接启动(又称全压启动)控制是不采用任何启动降压的方法进行的启动。降压启动是利用启动设备将电压适当降低后加到电机定子绕组上进行启动的,待电机运转速度接近额定转速时,再将电压恢复为额定电压。在变压器容量允许的情况下,电动机应尽可能地采用直接启动,这样,控制线路相对简单,提高了线路运行的可靠性,减小了电气维修工作量。但全压启动时的启动电流值可达到额定电流的 4 ~7 倍,当电机的容量相对较大时,该启动电流会引起电网电压的急剧下降,影响同电网工作的其他设备的正常运行。电动机的启动方式如下所述:

电动机的启动方式
- 全压启动
- 降压启动
  - 星形－三角形降压启动
  - 自耦变压器降压启动
  - 软启动
  - 延边三角形降压启动
  - 定子绕组串电阻降压启动

判定一台电机能否直接启动,可以用下面的经验公式来确定:

$$\frac{I_{ST}}{I_N} \leqslant \frac{3}{4} + \frac{P}{4P_N}$$

式中 I_{ST}——电动机直接启动的启动电流,A;

I_N——电动机的额定工作电流,A;

P——电源变压器的容量,kVA;

P_N——电动机的额定功率,kW。

不满足直接启动条件的电动机需要用降压启动方式进行启动。

下面我们以点动控制电路和自锁控制电路为例来介绍电动机直接启动工作电路。

一、点动控制电路

在实际生产应用中,一些控制要求不高的简单机械,如小型台钻、砂轮机、冷却泵等,常采用开关直接控制电动机的启动和停止。直接启动适用于不频繁启动的小容量电动机,不能远距离控制和自动控制。

如图 2-5 所示,点动控制电路的工作原理如下。

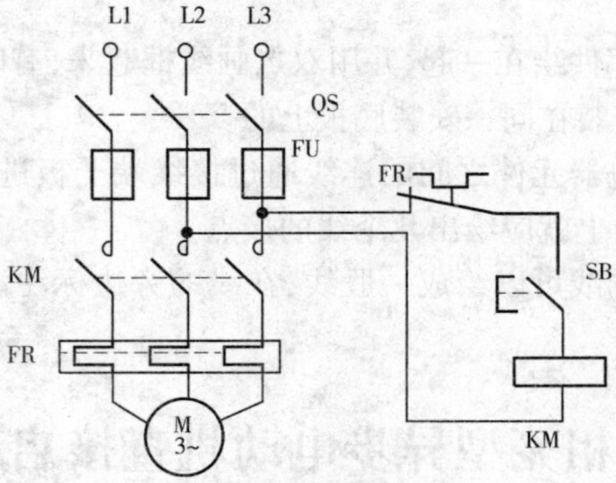

图 2-5 点动控制电路

启动:将开关 QS 闭合。按下按钮 SB,接触器线圈得电,吸合衔铁,同时带动接触器的三对主触点吸合,电动机的电源接通,电动机启动并运转。

停止:松开 SB 按钮,接触器线圈断电,衔铁在复位弹簧的作用下复位,带动接触器的主触点断开,电动机失电停转。

按下 SB 按钮电动机工作,而松开 SB 按钮电动机停转,这种控制方式叫点动控制。点动控制在生产中可以实现位置的调整,如机床刀架、横梁、立柱等的快速移动、对刀调整等。

二、自锁控制电路

在很多正常工作的情况下,电机启动后需要长时间运行,只有点动控制是不行的,所以需要在启动按钮的并联支路上设置接触器的常开辅助触点,如图 2-6 所示。

图 2-6 所示自锁控制电路的工作原理如下。

启动:将开关 QS 闭合。按下按钮 SB2,接触器线圈得电,衔铁吸合,带动接触器的三对主触点吸合,同时与 SB2 并联的接触器的常开辅助触点也闭合,电动机的电源接通,电动机启动并运转。松开 SB2 按钮,电流通过它旁侧接 KM 常开触点的支路导通,并不影响电动机正常运行。

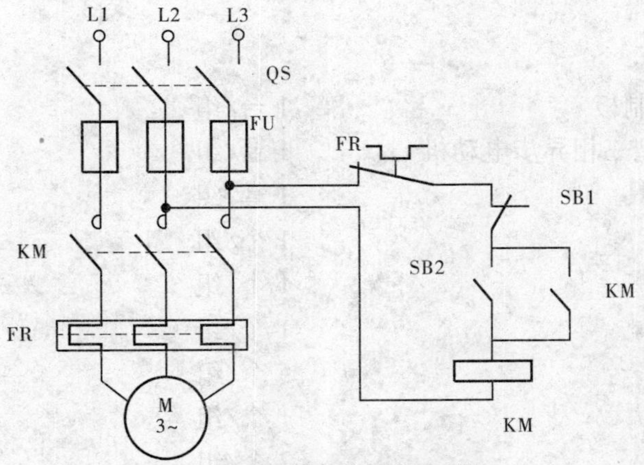

图 2-6　自锁控制电路原理图

停止:按下 SB1 按钮,接触器线圈断电,衔铁在复位弹簧的作用下复位,带动接触器的主触点断开,电动机失电停转。

该控制电路的特点是:按下启动按钮电动机旋转,松开按钮电动机仍然正常运行,这种控制方式叫自锁控制,起自锁控制作用接触器的常开辅助触点常又被称为自锁触头。

自锁控制应用在多种需要连续工作的过程中,是一种应用广泛的控制方法。此电路可以实现短路保护、过载保护、欠压保护和失压保护等。

在生产实践中,某些生产机械常要求既能实现位置调整的点动工作,又能实现连续运行,而且两者之间能便捷切换。如图 2-7 所示,(a)、(b)均能实现电动机的点动控制和自锁控制。

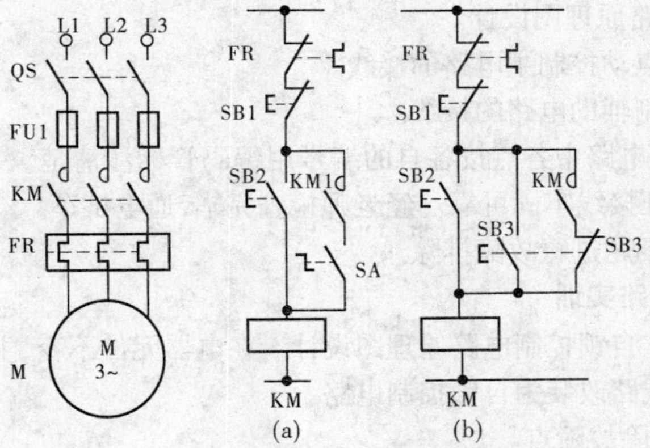

图 2-7　点动与自锁运转双功能的控制电路

实训二　电动机的直接启动和停止控制

一、实训目的

(1)了解三相异步电动机直接启动控制电路的构成。

(2)熟悉低压电器元件的工作方法及其在直接启动控制线路中的连接方式。

(3)熟悉三相异步电动机直接启动的方法,实现点动控制和自锁控制的工作特点。

(4)学习各种简单电路中出现的故障判断方法和处理方法。

二、实训设备

(1)电工实训控制板	1台/组
(2)Y112M-4型三相异步电动机	1台/组
(3)常用电工工具	1套/组
(4)万用表	1个/组
(5)转换开关	1个/组
(6)交流接触器	1个/组
(7)熔断器	5个/组
(8)热继电器	1个/组
(9)按钮	2个/组
(10)紧固体和编码管	若干
(11)接线端子排	1个/组

(12)(黑色)主电路塑铜线(BV 1.5mm^{2}和BVR 1.5 mm^2)若干、(红色)控制线路塑铜线(BV 1.0 mm^2)若干、(红色)按钮塑铜线(BVR 0.75 mm^2)若干、(黄绿双色)接地塑铜线(BVR 1.5 mm^2)若干。

三、实训步骤

(一)点动控制线路实训

(1)根据自行设计的电路安装图、元件布置图的布局方法,安装好各个低压元件。可参照图2-5点动控制电路原理图设计。

(2)完成电动机点动控制主电路的接线。

(3)完成点动控制辅助电路的接线。

(4)主电路、辅助电路中各点按各自的编号用编码管标注清楚。在每个接点上,接线尽量不超过两根,以保证接线牢固可靠。经老师检查完毕,通电试车。

(5)根据出现的问题进行故障排除。

(二)自锁控制线路实训

(1)可参照图2-6自锁控制电路原理图设计。在电器元件不变、主电路连接方法不变的情况下,把点动控制线路改装为自锁控制电路。

(2)通电试车,排除故障点。

四、注意事项

(1)禁止带电接线、拆线。合闸后,不要用手触摸裸露的接线端。禁止用手触摸电动机的旋转体部分。

(2)电路连接完毕,请指导教师检查后方能合闸通电。

(3)注意接入按钮和电动机的导线、引入的电源线要经过接线端子排。

第三节　三相笼型异步电动机降压启动控制

较大容量(大于10 kW)的电动机直接启动时,启动电流大,为4~7倍的额定电流。过大的启动电流，会对电网产生很大冲击，影响同一电网中其他设备的正常工作，所以一般需要采用降压方式启动。电动机降压启动可以减小启动电流和线路电压，但电动机的电磁转矩与定子端电压的平方成正比，所以降压启动使得电动机启动转矩相应减小，故降压启动适用于空载或轻载下启动的电动机。

三相笼型异步电动机常用的降压启动方法有定子绕组串电阻降压启动、星形－三角形降压启动、软启动、延边三角形降压启动和自耦变压器降压启动等。

一、定子绕组串电阻降压启动控制电路

电动机定子绕组串电阻降压启动控制是指启动时在三相定子绕组电路中串接电阻，使加在电动机定子绕组上的电压降低，启动完成后转接入额定电压，使电动机在正常电压下继续运行，如图 2-8、图 2-9 所示。

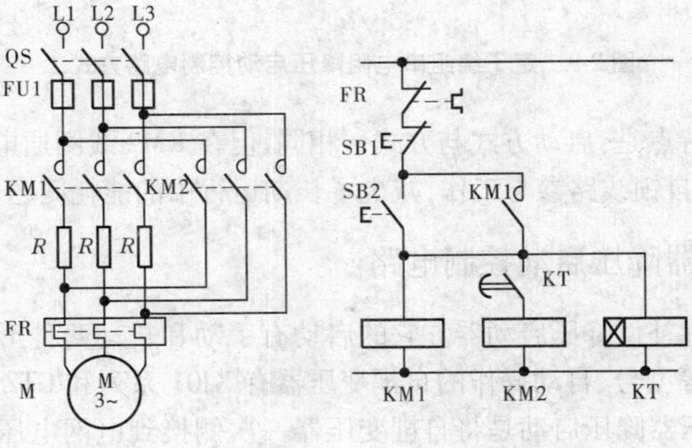

图 2-8　定子绕组串电阻降压启动控制电路方式一

(一)定子绕组串电阻降压启动方式一

图 2-8 所示线路的主电路由两部分并联组成：一部分是串电阻的降压启动线路，另一部分是全压运行线路。

该控制电路的工作原理是：按下 SB2 启动按钮，KM1 线圈通电吸合衔铁，并与 KM1 常开触点形成自锁电路，同时，KM1 主触点闭合，电机在串电阻的状态下降压启动。KT 线圈通电延时，到了设定延时时间，KT 延时闭合常开触点闭合，KM2 线圈通电吸合衔铁，KM2 主触点闭合，将串电阻电路短接，进入全压运行状态。

此控制电路的工作特点是：线路结构简单，但在降压运行时，控制电路中两个接触器的线圈、时间继电器的线圈一直处于电源接通状态，能耗较大。

(二)定子绕组串电阻降压启动方式二

此电路的主电路与定子绕组串电阻降压启动方式一一样，控制电路工作方式与方式一相比有所改变，如图 2-9 所示。

该控制电路的工作原理是：按下 SB2 启动按钮，KM1 线圈通电吸合衔铁，与 KM1 常开触点形成自锁电路，同时，KM1 主触点闭合，电动机在串电阻的状态下降压启动。KT 线圈通电延时，到了设定延时时间，KT 延时闭合常开触点闭合，KM2 线圈通电吸合衔铁，KM2 的常闭触点断开，切断由 KM1 线圈与 KT 线圈组成的并联支路，即切断了主电路中的串电阻

降压启动电路，KM2 主触点闭合，KM2 自锁触点也闭合，电机全压运行。

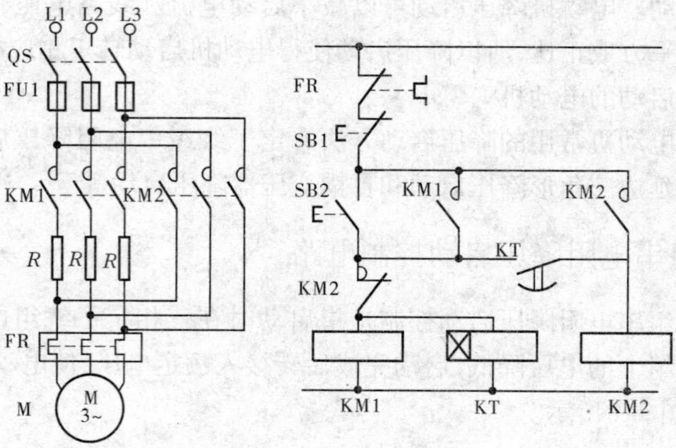

图 2-9　定子绕组串电阻降压启动控制电路方式二

此线路的工作特点是：启动方式与方式一相同，但在 KM2 线圈通电全压运行状态下，只有连续运行的 KM2 自锁线路参与工作，减少了长期运行中的能耗问题。

二、自耦变压器降压启动控制电路

自耦变压器又称补偿降压启动器。它的启动有手动和自动两种形式，手动操作的自耦变压器有 QJ3、QJ5 等型号，自动操作的自耦变压器有 XJ01 系列和 CTZ 系列等。

电动机自耦变压器降压启动是将自耦变压器一次侧接到电网电压上，定子绕组接在自耦变压器二次侧上。启动时定子绕组接二次侧低电压，待电动机转速接近额定转速时，切断自耦变压器电路，把额定电压直接加在电动机的定子绕组上，电动机进入全压运行。自耦变压器降压启动一般适用于负载容量较大，正常运行时定子绕组接成星形而不能采用星形－三角形降压启动方式的笼型异步电动机，但这种启动方式需要的设备费用大，通常用于启动大型的和特殊用途的电动机。XJ01 系列自耦变压器降压启动电路如图 2-10 所示。

工作原理如下：合上开关 QS，信号回路中的 HL1 指示灯亮，表示机床加电。按下启动按钮 SB2，5 号线路中接触器 KM1 线圈通电吸合衔铁，KM1 主触点闭合，6 号线路中 KM1 自锁触点形成自锁，电动机定子绕组串入自耦变压器降压启动。9 号线路的 KM1 常闭触点断开，切断全压运行线路。此时信号回路中 13 号线路的 KM1 常开触点闭合，HL2 灯亮，表示主电路降压启动。

在 KM1 线圈通电吸合的同时，6 号线路中时间继电器 KT 线圈得电延时，KT 延时时间到，7 号线路中其延时闭合的常开触点闭合，使得中间继电器 KA 线圈得电，4 号线路中的 KA 常闭触点断开，接触器 KM1 线圈失电，自耦变压器从电网切除。此时，信号回路中 10 线路的 KA 触点断开，信号指示灯 HL1 和 HL2 电路被切断。3 号线路中 KA 的两个常开触点都闭合，一个形成自锁，另一个 KA 触点闭合时，KM2 线圈通电吸合，电动机直接接到电网上进入全电压正常运行。同时，信号回路中的 KM2 常开触点闭合，HL3 指示灯亮，表示电机全压运行。

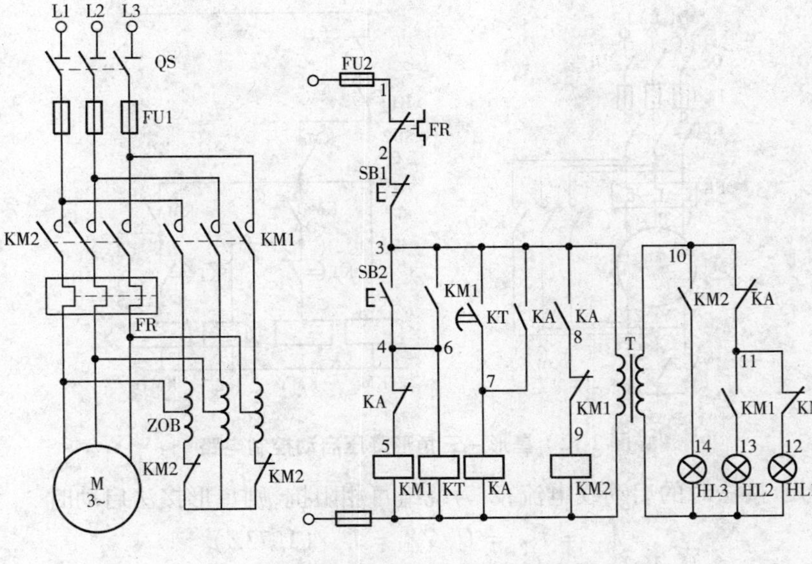

图 2-10　XJ01 系列自耦变压器降压启动电路

三、星形－三角形降压启动控制电路

正常运行时定子绕组接成三角形的笼型异步电动机，可以采用星形－三角形降压启动方式来限制启动电流。启动时电机定子绕组接成星形，待接近额定转速时转接成三角形，电动机进入全压运行。一般情况下，功率在 4 kW 以上的三相笼型异步电动机定子绕组，如果在正常工作时为三角形连接，这种电动机就可以采用星形－三角形启动控制。星形－三角形连接绕组转换及降压启动控制电路如图 2-11、图 2-12 所示。

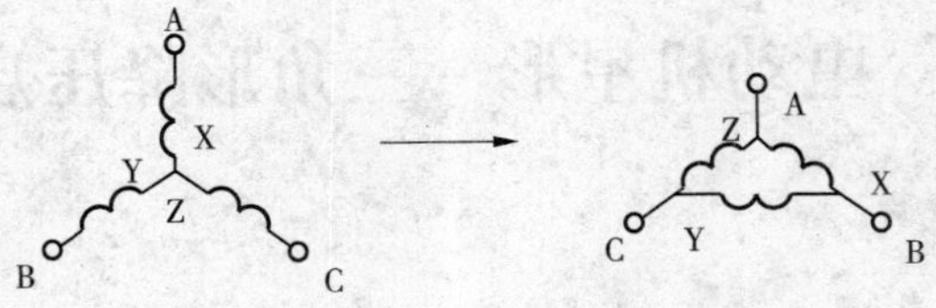

图 2-11　星形－三角形连接绕组转换

图 2-12 所示线路工作过程如下。

闭合开关 QS，按下启动按钮 SB2，接触器 KM 线圈、KMY 线圈，时间继电器 KT 线圈同时得电。KM、KMY 主触点闭合，KM 自锁触点闭合，将电动机接成星形降压启动。KT 延时时间到，KT 延时断开的常闭触点断开，KMY 线圈失电，KMY 主触点断开，星形降压启动主电路断开。KMY 常闭触点恢复闭合。KT 延时闭合的常开触点闭合，KMD 线圈得电吸合衔铁，KMD 常闭触点断开，切断星形启动电路。KMD 主触点闭合，KMD 自锁触点闭合，电动机主回路接成三角形，电动机进入全压运行状态。

下面来分析此线路星形－三角形降压启动时的启动电流，并与全压启动相比较。

设 U_N 为电网的线电压，U_{YP} 为定子绕组 Y 接法时的相电压，$U_{\triangle P}$ 为定子绕组△接法时的相电压，I_{YP} 为 Y 接法时的启动相电流，$I_{\triangle P}$ 为△接法时的启动相电流，I_{YL} 为 Y 接法时的启动

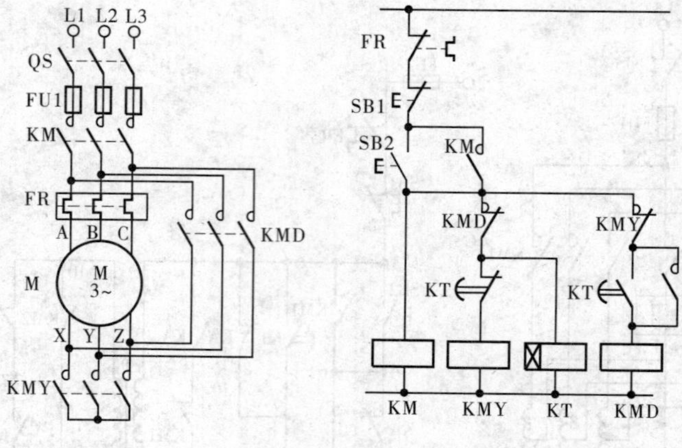

图 2-12　星形－三角形降压启动控制电路

线电流，$I_{\triangle L}$为△接法时的启动线电流，Z 为绕组每相阻抗，则星形接法启动时

$$I_{YL} = I_{YP} = U_{YP}/Z = U_N/(1.73Z) \tag{2-1}$$

三角形接法启动时

$$I_{\triangle P} = U_{\triangle P}/Z = U_N/Z$$

$$I_{\triangle L} = 1.73I_{\triangle P} = 1.73U_N/Z \tag{2-2}$$

式(2-1)除以式(2-2)，得

$$I_{YL}/I_{\triangle L} = 1/3$$

可见，由星形接成三角形，启动电流为三角形接法的 1/3，相应的启动转矩也是三角形连接时的 1/3，启动时加在定子绕组上的启动电压只有三角形接法的 $1/\sqrt{3}$。

其他的电动机降压启动方法本书中不再介绍。

实训三　电动机星形－三角形降压启动控制

一、实训目的

(1)进一步熟悉低压元件的结构和工作原理。

(2)明确三相异步电动机降压启动的目的，熟悉三相异步电动机星形－三角形降压启动控制电路的构成，理解星形－三角形降压启动的工作原理。

二、实训设备

(1)电工实训控制板	1 台/组
(2)Y112M－4 三相异步电动机	1 台/组
(3)热继电器	1 个/组
(4)按钮	3 个/组
(5)三相刀开关	1 个/组
(6)交流接触器	3 个/组

(7)熔断器 5个/组

(8)时间继电器 1个/组

(9)常用电工工具 1套/组

(10)紧固体和编码管 若干

(11)接线端子排 1个/组

(12)万用表 1个/组

(13)(黑色)主电路塑铜线(BV 1.5 mm^2和BVR 1.5 mm^2)若干、(红色)控制线路塑铜线(BV 1.0 mm^2)若干、(红色)按钮塑铜线(BVR 0.75mm^2)若干、(黄绿双色)接地塑铜线(BVR 1.5 mm^2)若干。

三、实训步骤

(1)按照图2-12所示星形-三角形降压启动控制电路图接主电路和控制电路。

(2)检测线路可能存在的故障。

(3)通电试验,排除故障。

四、注意事项

(1)禁止带电接线、拆线。合闸后,不要用手触摸裸露的接线端。

(2)电路连接完毕,请指导教师检查后才能合闸通电。

(3)禁止用手触摸电动机的旋转部分。

(4)注意按钮、电动机的导线和引入的电源线要经过接线端子排。

第四节 三相异步电动机制动控制电路

电动机在工作过程结束、工作过程中出现故障或出现人身事故需要快速停车时,可以采取有效的制动措施以达到迅速停车的目的。同时,有效的制动措施也是机械加工过程中准确定位的方法之一。

制动控制的方法有两大类:机械制动和电气制动。机械制动是采用机械装置产生外加机械力来强迫电动机迅速停车。电气制动是使电动机产生的电磁转矩方向与电动机旋转方向相反,起制动作用。常用的电气制动有反接制动、能耗制动、再生制动以及派生的电容制动等,这里我们主要介绍反接制动和能耗制动控制的工作原理。

一、反接制动控制

反接制动是通过调整异步电动机定子绕组中三相电源的任意两相相序,使旋转磁场反向,转子受到与原旋转方向相反的制动力矩而迅速停转的一种制动方法。

在上述制动过程中,当制动到转子转速接近零时,如不及时切断电源,则电动机将会反向启动。因此,必须采取一定的措施保证当电动机的转速被制动降低到零时迅速切断电源,防止反向启动。在一般的反接制动控制电路中可以利用速度继电器来控制,当电动机转速为 120～3 000 r/min 时，速度继电器的触点动作，当转速低于 100 r/min 时，触点恢复原位，如图 2-13、图 2-14 所示。

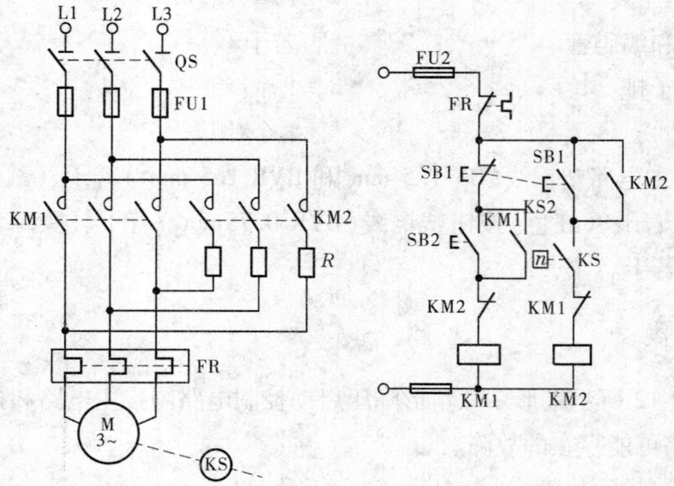

图 2-13　电动机单向反接制动控制电路

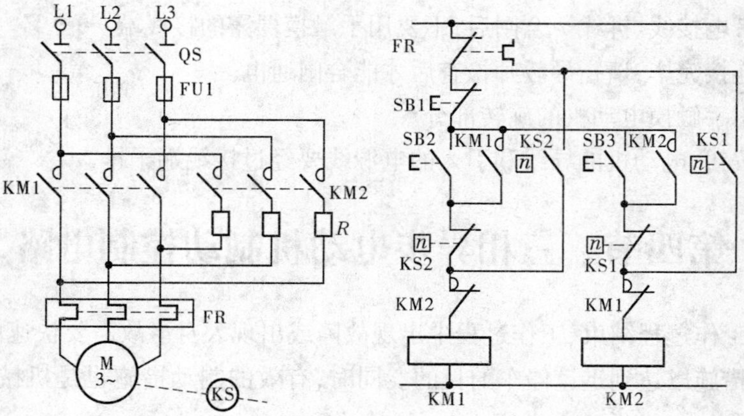

图 2-14　电动机可逆运行反接制动控制电路

图 2-13 所示电动机单向反接制动控制电路工作过程如下。

启动：合上开关 QS。按下启动按钮 SB2，接触器 KM1 线圈通电吸合衔铁，KM1 主触点闭合，KM1 自锁触点闭合，电动机正向启动并连续运行。同时，KM1 常闭触点断开，切断反转电路。当电动机转速超过 120 r/min 时，速度继电器 KS 的常开触点闭合，为反转制动接触器 KM2 线圈通电做准备。

停止：按下停止按钮 SB1，SB1 常闭触点断开，接触器 KM1 线圈失电，切断电动机正向运行的三相电源。同时，SB1 常开触点闭合，KM1 常闭触点恢复闭合，而这时电动机的转速仍然很高，KS 的常开触点仍处于闭合状态，接触器 KM2 线圈得电吸合衔铁，KM2 主触点闭合，KM2 自锁触点闭合，定子绕组得到相反相序的电源，电动机串制动电阻 *R* 接入反接制动电路。当电动机转子的惯性转速接近于 100 r/min 时，速度继电器 KS 的常开触点恢复断开，接触器 KM2 线圈失电，KM2 主触点断开，切断反转电源，制动结束。

图 2-14 所示电动机可逆运行反接制动控制电路工作过程如下。

正转：合上开关 QS。按下启动按钮 SB2，接触器 KM1 线圈通电吸合衔铁，KM1 主触点闭合，KM1 自锁触点闭合，电动机正向启动并连续运行，KM1 常闭触点断开，切断反转电路。当电动机转速超过 120 r/min 时，速度继电器 KS1 的常开触点闭合，为反转制动做好准备，但此时 KM1 常闭触点仍处于断开状态，反转不能接通。

正转停止：按下 SB1，KM1 线圈断电释放，KM1 主触点断开，电动机正转电源切断，自锁触点断开，KM1 常闭辅助触点恢复闭合。此时，由于电动机转速仍很高，KS1 常闭触点处于接通状态，所以电动机进入反接制动状态。当电动机转速降低到 100 r/min 以下时，KS1 常闭触点断开，电动机停止转动。

反转：当按下按钮 SB3 时，接触器 KM2 线圈通电，KM2 常闭触点断开，接触器 KM1 线圈不能通电。接触器 KM2 线圈得电吸合衔铁，KM2 主触点闭合，电动机串制动电阻 R 接入反接制动电路，同时 KM2 自锁触点闭合。当电动机转子的惯性转速接近于 100 r/min 时，速度继电器 KS2 常开触点闭合，为正转制动做准备。

反转停止：按下 SB1，KM2 线圈断电释放，KM2 主触点断开，电动机反转电源切断，自锁触点断开，KM2 常闭辅助触点恢复闭合。此时，由于电动机转速仍很高，KS2 常闭触点处于接通状态，所以电动机进入正接制动状态。当电动机转速降低到 100 r/min 以下时，KS2 常闭触点断开，电动机停止转动。

在反接制动时，转子与定子旋转磁场的相对速度接近于两倍同步转速，所以定子绕组中的反接制动电流相当于全压启动时电流的两倍。为避免对电动机及机械传动系统产生过大电流冲击，一般在 10 kW 以上电动机的定子电路中串接电阻以限制制动力矩和制动电流，这个电阻称为反接制动电阻。

图 2-15 所示电路的设计与工作原理，请大家自行分析。

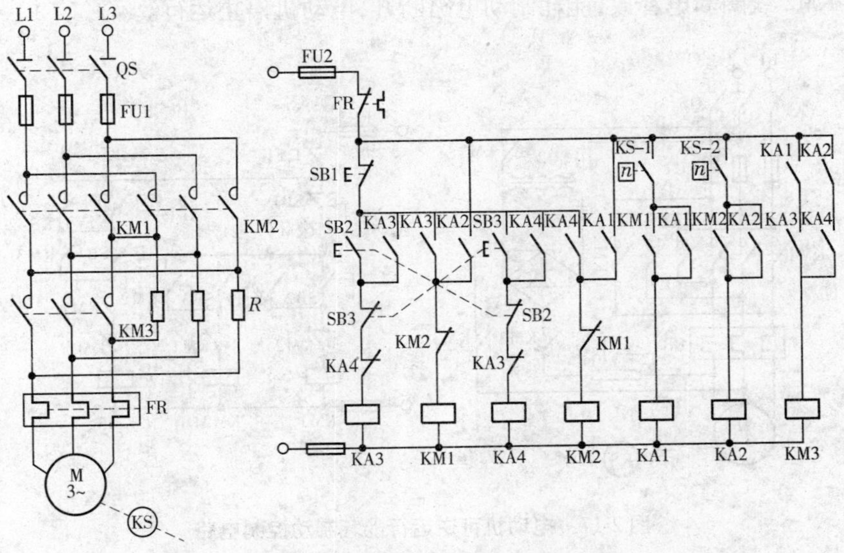

图 2-15　电动机可逆运行反接制动控制电路

二、能耗制动控制

所谓能耗制动，就是在电动机脱离三相电源以后，在定子绕组上加入直流电源，产生静止的磁场，利用转子感应电流与该静止磁场的作用，产生反向电磁制动转矩来达到制动的目的，如图 2-16、图 2-17 所示。

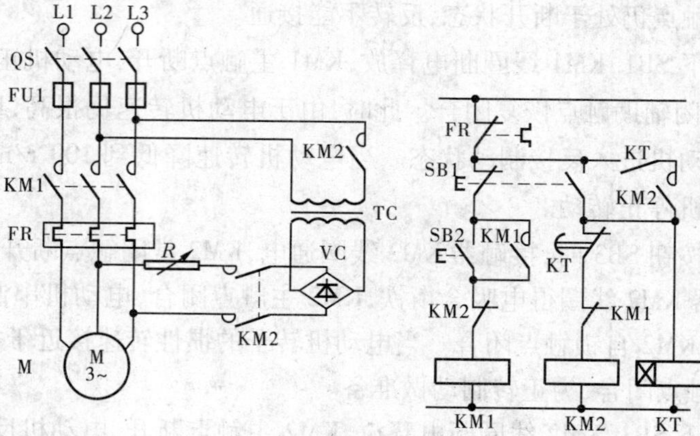

图 2-16　电动机单向运行能耗制动控制电路

图 2-16 所示电路工作原理如下。

启动：闭合 QS 开关。按下启动按钮 SB2，接触器 KM1 线圈通电吸合衔铁，KM1 主触点闭合，KM1 自锁触点闭合，电动机启动并连续运行，KM1 常闭触点断开。

停止：按下 SB1 复合按钮，SB1 的常闭触点断开，SB1 的常开触点闭合，KM1 断电释放，KM1 主触点释放，自锁触点断开，电机切断电源，但在惯性的作用下继续高速转动。此时，KM1 常闭触点恢复闭合，KM2 线圈通电吸合衔铁，KT 线圈通电，KM2 主触头闭合，KT 瞬时触点闭合，KM2 自锁触点闭合，能耗制动电路接通。时间继电器 KT 的延时时间到，KT 延时触点断开，KM2 线圈断电释放，能耗制动电路断开，电动机停止运行。

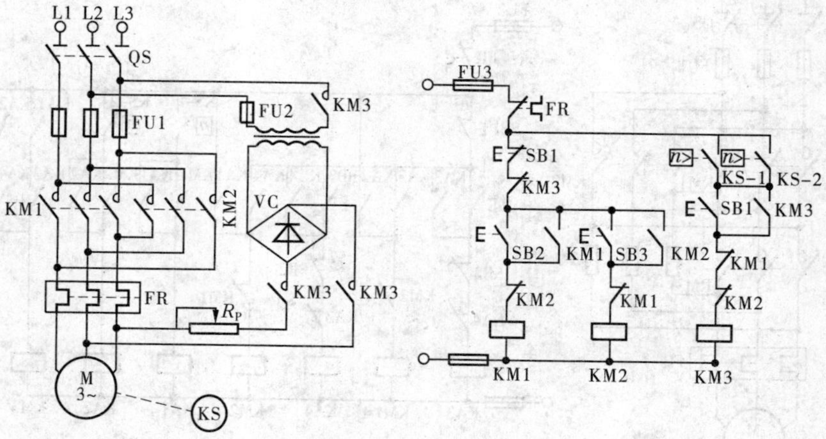

图 2-17　电动机可逆运行能耗制动控制电路

图 2-17 所示电动机可逆运行能耗制动控制电路的工作原理如下。

正转启动:闭合 QS 开关。按下启动按钮 SB2,接触器 KM1 线圈通电吸合衔铁,KM1 主触点闭合,KM1 自锁触点闭合,电动机启动并连续运行,KM1 两个常闭触点断开。

当电机的正转速度达到 120 r/min 时,KS-1 触点闭合,为制动做准备。

正转停车:按下复合按钮 SB1,接触器 KM1 线圈失电释放,KM1 主触点断开,电动机脱离正转三相电源,KM1 两个常闭触点恢复闭合,同时 SB1 常开复合触点闭合。由于电动机转速比较高,KS-1 常开触点仍然处于闭合状态,KM3 线圈通电吸合,并形成自锁电路,KM3 主触点闭合,接通制动电路,电动机进入能耗制动状态。当转子的转速接近于 100 r/min 时,KS-1 触点断开,反向制动结束。

反转启动:按下启动按钮 SB3,接触器 KM2 线圈通电吸合衔铁,KM2 主触点闭合,KM2 自锁触点闭合,电动机启动并连续运行,KM2 的两个常闭触点断开。

当电动机的反转速度达到 120 r/min 时,KS-2 触点闭合,为制动做准备。

反转停车:按下复合按钮 SB1,接触器 KM2 线圈失电释放,KM2 主触点断开,电动机脱离反转三相电源,KM2 两个常闭触点恢复闭合,同时 SB1 常开复合触点闭合。由于电动机转速比较高,KS-2 常开触点仍然处于闭合状态,KM3 线圈通电吸合,并形成自锁电路,KM3 主触点闭合,接通制动电路,电动机进入能耗制动状态。当转子的转速接近于零(低于 100 r/min)时,KS-2 触点断开,正向制动结束。

实训四　电动机的能耗制动控制

一、实训目的

(1)掌握三相异步电动机能耗制动的工作原理和方法。

(2)掌握三相异步电动机能耗制动的接线及调试方法,学会排除故障,了解能耗制动的效果。

二、实训设备

(1)电工实训控制板	1 台/组
(2)Y112M-4 三相异步电动机	1 台/组
(3)热继电器	1 个/组
(4)按钮	3 个/组
(5)三相刀开关	1 个/组
(6)交流接触器	3 个/组
(7)熔断器	5 个/组
(8)时间继电器	1 个/组
(9)速度继电器	1 个/组
(10)常用电工工具	1 套/组
(11)紧固体和编码管	若干
(12)接线端子排	1 个/组
(13)二极管	4 个/组

(14)滑动变阻器　　　　　　　　　　　　　　1 个/组

(15)万用表　　　　　　　　　　　　　　　　1 个/组

(16)控制电路电源变压器　　　　　　　　　　1 个/组

(17)(黑色)主电路塑铜线(BV 1.5 mm^2 和 BVR 1.5 mm^2)若干、(红色)控制线路塑铜线(BV 1.0 mm^2)若干、(红色)按钮塑铜线(BVR 0.75 mm^2)若干、(黄绿双色)接地塑铜线(BVR 1.5 mm^2)若干。

三、实训步骤

(1)熟悉线路中各个元器件及它们的工作原理。

(2)按图 2-16 所示电动机单向运行能耗制动控制电路图接好主电路和控制电路。

(3)调整滑动变阻器 R,改变电动机两绕组之间的直流电压的大小,经老师查看后通电,将实训观察到的情况做好记录。

(4)观察实训过程中出现的情况,以及改变阻值 R 时电动机制动的状况。

四、注意事项

(1)不允许带电接线、拆线。合闸后,不要用手触摸裸露的接线端。不允许用手触摸电动机的旋转部分。

(2)电路连接完毕,请指导教师检查后才能合闸通电。

(3)注意在出现故障和其他问题时及时切断电源,并在查出故障后继续实训。

(4)注意控制变压器的连接必须正确。

第五节　电动机的其他基本控制电路

一、三相笼型异步电动机正反转控制电路

在实际工作中,常需要生产机械的运动部件进行相反方向的运行,这就要求电动机能够实现可逆运行,如机床工作台的前进和后退、铣床主轴的正反转等。

根据电机学原理,三相交流异步电动机可通过改变定子绕组任意两相的相序来改变电动机的旋转方向,即可实现电动机的可逆运行,如图 2-18 所示。

图 2-18 控制电路中,电动机正反转的工作原理如下。

正转:闭合开关 QS。按下按钮 SB2,接触器 KM1 的线圈通电,使衔铁吸合,带动接触器 KM1 的三个主触点闭合,KM1 自锁触点也闭合,电动机电源接通,启动并正向运转。

正转停止:按下 SB1,接触器 KM1 的线圈断电,衔铁在复位弹簧的作用下复位,带动 KM1 接触器的主触点断开。同时,KM1 自锁触点也恢复断开,电动机失电停止正转。

反转:按下 SB3,接触器 KM2 的线圈通电,使衔铁吸合,带动 KM2 的三个主触点吸合,KM2 的自锁触点也闭合,电动机反向电源接通,启动并反向运转。

反转停止:与正转的停止原理相同。

图 2-19 所示为电动机由接触器联锁控制正反转电路,工作原理如下。

正转:闭合开关 QS。按下按钮 SB2,接触器 KM1 的线圈通电,使衔铁吸合,带动接触器

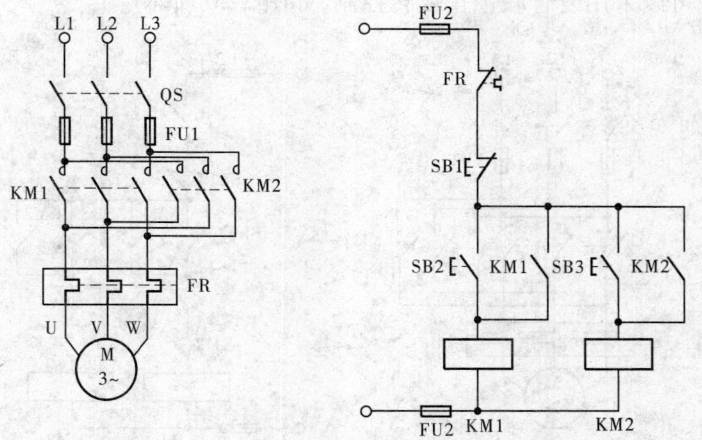

图 2-18　电动机正反转控制电路

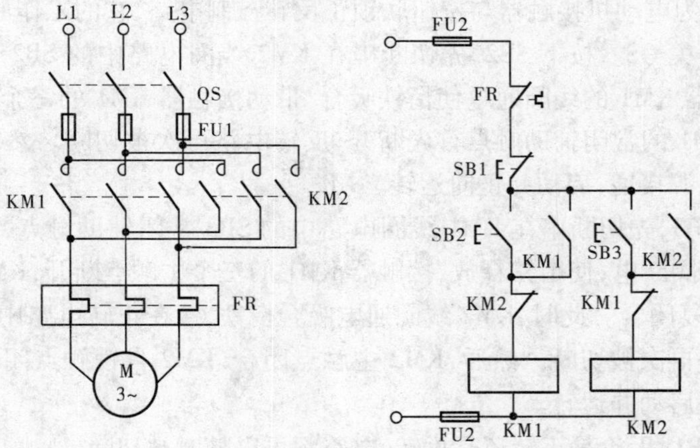

图 2-19　接触器联锁控制电动机正反转电路

KM1 的三个主触点闭合，接在反转电路中的 KM1 的常闭辅助触点首先断开，反转电路被切断。KM1 自锁触点闭合，电动机的电源接通，电动机启动并正向运转。

正转停止：按下 SB1，KM1 线圈断电释放，KM1 主触点和自锁触点断开，电动机正向运行逐步停止，KM1 常闭辅助触点恢复闭合。

反转：按下 SB3，接触器 KM2 的线圈通电，使衔铁吸合，带动 KM2 三个主触点闭合，接在反转电路中的 KM2 的常闭辅助触点首先断开，正转电路被切断。然后，KM2 自锁触点闭合，电动机调相后的电源接通，电动机启动并反向运转。

反转停止：按下 SB1，KM2 线圈断电释放，KM2 主触点和自锁触点断开，电机反向运行逐步停止。

此电路的工作特点是：两个接触器的常闭辅助触点接在对方的线路中，一旦一种工作状态即将开始运行，首先切断另外一种工作状态，防止因误操作造成的短路事件。所以，具有这种功能的触点，如 KM1 和 KM2 常闭辅助触点，又称为互锁触点或者联锁触点。

但此电路也存在一些问题：当接触器互锁时，如果触点出现熔焊，则会发生短路事故。

要解决这个问题可以采用复合联锁正反转控制,如图 2-20 所示。

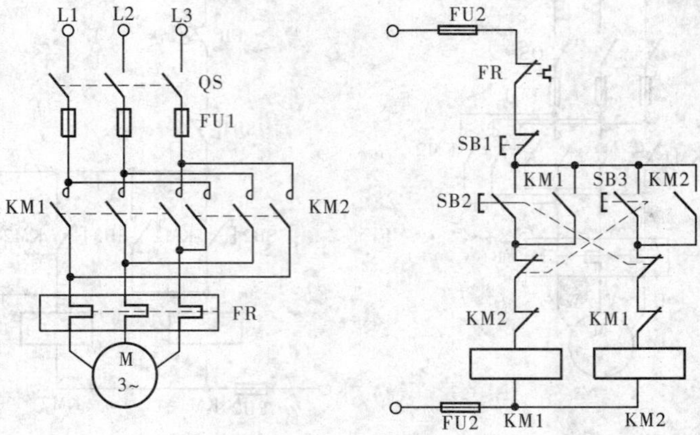

图 2-20　接触器和按钮联锁正反转控制电路

图 2-20 所示为电动机接触器与按钮联锁正反转控制电路,它的工作原理如下。

正转:闭合开关 QS。按下 SB2,先切断串在 KM2 线圈电路中的 SB2 常闭触点,即切断反转电路。接触器 KM1 的线圈通电使衔铁吸合,带动接触器 KM1 的三个主触点闭合,接在反转电路中的 KM1 的常闭辅助触点首先断开,反转电路再次被切断。然后,KM1 自锁触点闭合,电动机的电源接通,启动并正向运转。

反转:按下 SB3,先切断串在 KM1 线圈电路中的 SB3 常闭辅助触点,即切断正转电路。接触器 KM1 的线圈断电,使衔铁释放,接触器 KM1 的三个主触点断开,KM1 自锁触点断开,KM1 互锁触点恢复闭合。此时,KM2 线圈通电吸合衔铁,接在正转电路中的 KM2 联锁触点先断开,正转电路再次被切断。然后,KM2 主触点闭合,KM2 自锁触点闭合,电动机的电源接通,电动机反向启动并运转。

停止:按下 SB1,无论是正转还是反转,电路都可以随时被切断。

二、三相笼型异步电动机顺序控制电路

在多机拖动控制系统中,各电动机所起的作用不同,有时需要按一定的顺序启动,才能保证操作过程的合理性和工作的安全可靠。

图 2-21 所示电路是顺序启动、逆序停止的工作方式,即要求 M1 先启动后 M2 才允许启动,M2 先停止后 M1 才允许停止。此线路是多机工作,此处设计为每台电机都有短路保护和过载保护。

图 2-21 所示电路的工作原理如下。

M1 的启动:闭合 QS 开关。按下 SB2 按钮,接触器 KM1 的线圈通电,使衔铁吸合,KM1 的三个主触点闭合,KM1 自锁触点也闭合,电动机 M1 的电源接通启动。接在 KM2 控制电路中的 KM1 常开辅助触点闭合,为电动机 M2 的启动做准备。

M2 的启动:按下 SB4 按钮,接触器 KM2 的线圈通电,使衔铁吸合,带动接触器 KM2 的三个主触点闭合,与 SB4 并联的自锁触点 KM2 也闭合,电动机 M2 的电源接通,启动并运行。

接在 KM1 控制电路中的 KM2 常开辅助触点闭合,这就限制了电动机 M1 不能先停止,

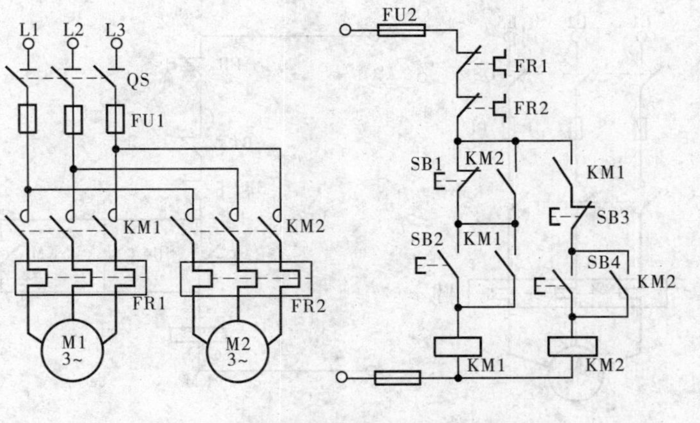

图 2-21　顺序启动、逆序停止控制电路

只有电动机 M2 停止后,电动机 M1 线路才有可能切断。

停止:先按下 SB3,电动机 M2 停止。再按下 SB1,电动机 M1 停止。

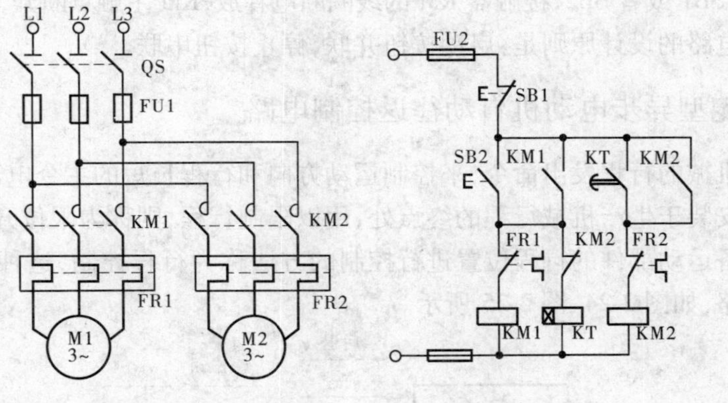

图 2-22　利用时间继电器控制的顺序启动电路

图 2-22 所示为利用时间继电器控制的顺序启动电路。电动机 M1、M2 顺序启动,M1、M2 同时停止,其工作原理如下。

M1 的启动:闭合 QS 开关。按下 SB2 按钮,接触器 KM1 的线圈通电,使衔铁吸合,带动接触器 KM1 的三个主触点闭合,KM1 自锁触点闭合,电动机 M1 启动并运行。

M2 的启动:在 SB2 接通的同时,时间继电器 KT 的线圈也通电延时,KT 延时时间到,KT 延时闭合触点闭合,KM2 线圈通电吸合衔铁,KM2 主触点闭合,KM2 自锁触点闭合,电动机 M2 启动并运行。

停止:按下 SB1,电动机 M1、M2 均停止。

三、三相笼型异步电动机多地控制电路

在大型生产设备上,为方便操作人员在不同位置进行启、停操作,可组成多地控制电路。其实现方法很简单,各启停按钮分别安装在不同的位置,即可进行多地操作。如图 2-23 所示电路,SB3、SB4 均为启动按钮,SB1、SB2 均为停止按钮。

图 2-23 所示电路的工作原理如下。

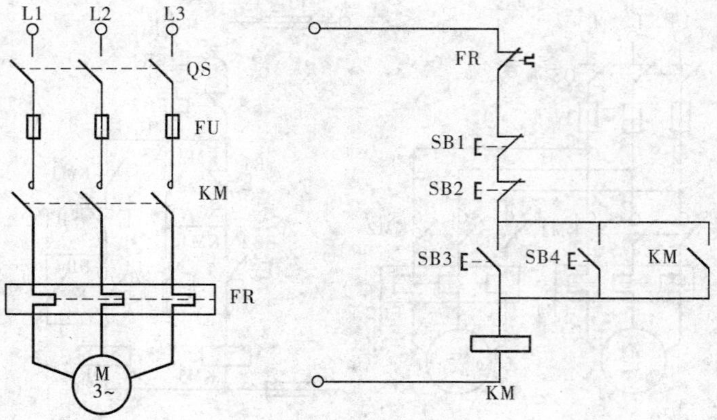

图 2-23　多地控制电路

启动:按下 SB3 或者 SB4,接触器 KM 的线圈通电吸合衔铁,KM 主触点与自锁触点闭合,电动机启动并运行。

停止:按下 SB1 或者 SB2,接触器 KM 的线圈断电释放,KM 主触点断开,电机动停止运行。

多地控制电路的设计原则是:启动按钮并联,停止按钮串联。

四、三相笼型异步电动机自动往返控制电路

根据生产机械的行程发出命令,来控制运动方向和行程长短的主令电器称为行程开关。若将行程开关安装于生产机械行程的终点处,用以限制行程,则称为限位开关。利用行程开关按照机械设备运动部件的行程位置进行控制的方法称为行程控制,这种控制经常用于自动往返控制电路,如图 2-24、图 2-25 所示。

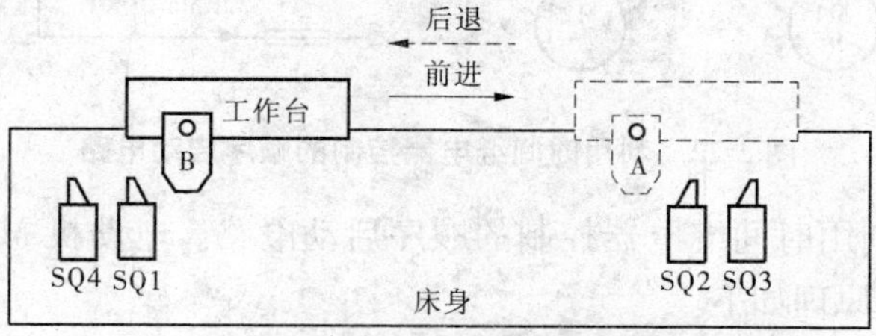

图 2-24　行程开关的安装位置

图 2-25 所示电动机自动往返控制电路的工作原理如下。

前行:闭合 QS。按下 SB2,接触器 KM1 的线圈通电,使衔铁吸合,接在反转电路中的 KM1 的互锁触点首先断开,反转电路被切断。然后接触器 KM1 的三个主触点闭合,KM1 自锁触点也闭合,电动机前行电源接通,电动机启动并运转。

当工作台前行到最右边时,工作台上的撞铁将 SQ2 常闭触点撞断,KM1 线圈断电释放,KM1 主触点和自锁触点断开,电动机前行线路切断。

后退:在前行线路被切断的同时,SQ2 常开触点接通,KM2 线圈通电吸合,先切断 KM2 互锁触点,然后 KM2 主触点和自锁触点闭合,电动机后退线路接通,电动机反向启动并运行。

当工作台前行到最左边时,工作台上的撞铁将 SQ1 常闭触点撞断,KM2 线圈断电释放,KM2 主触点和自锁触点断开,电动机后退线路切断。同时,将 SQ1 常开触点接通,KM1 线圈通电吸合,先切断 KM1 互锁触点,然后 KM1 主触点和自锁触点闭合,电动机前行线路接通,

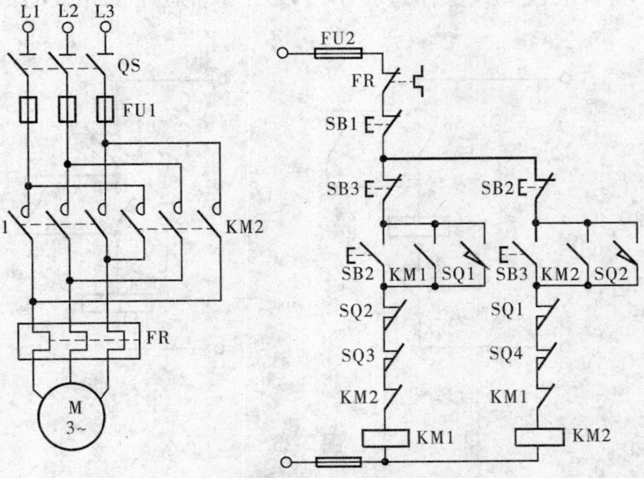

图 2-25　电动机的自动往返控制电路

电动机开始循环工作。

按下 SB3，前行线路切断；按下 SB2，后退线路切断。

此电路的工作特点是：电动机切断和接通线路不是靠人的操作，而是靠机器自身运行过程中撞铁的运行来改变的。

五、设计电气控制线路应注意的几个问题

（1）尽量缩减电器的数量，采用标准件，尽可能选用相同型号的电器，如图 2-26 所示。

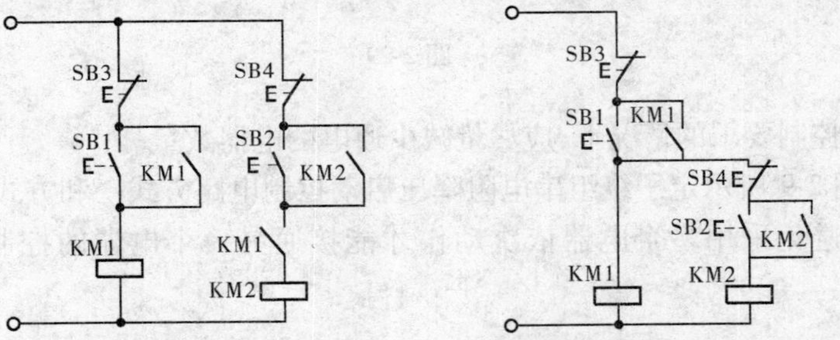

(a)不合理(多一个触头)　　(b)合理(较(a)图少了一个触头)

图 2-26

（2）正确连接电器的线圈，如图 2-27 所示。

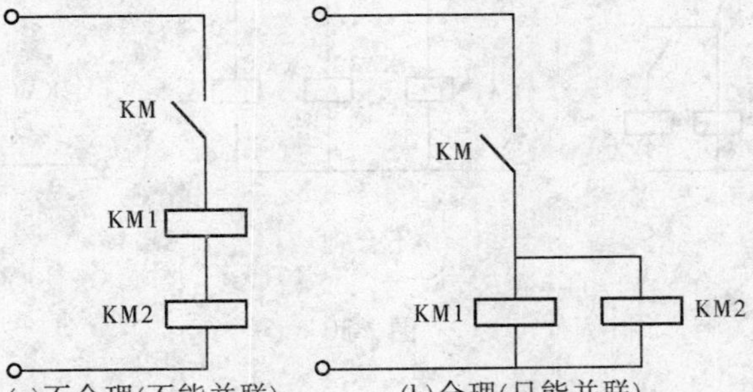

(a)不合理(不能并联)　　(b)合理(只能并联)

图 2-27

(3)线路设计应满足在实践操作过程中可以尽量缩短连接导线的数量和长度，如图2-28所示。

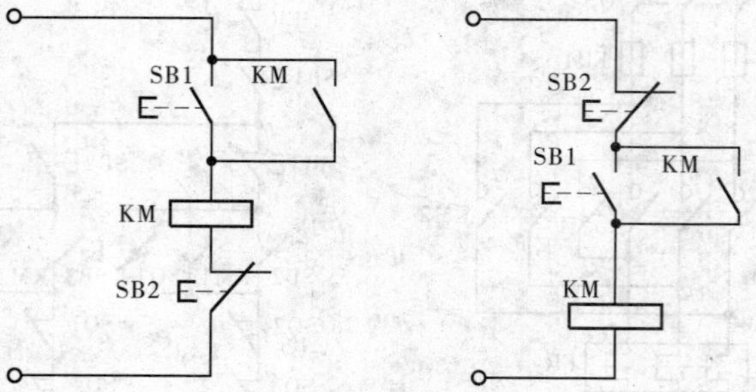

(a)不合理　(b)合理

图 2-28

(4)合理设计电器的触头位置，如图 2-29 所示。

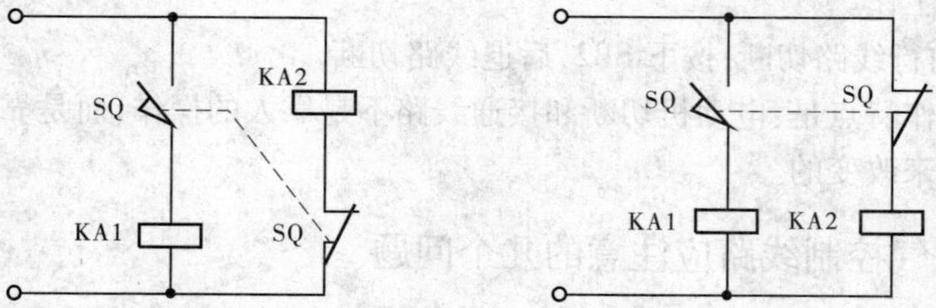

(a)不合理　(b)合理

图 2-29

(5)在满足控制要求的情况下，应尽量减少通电的电器数量。

如图 2-8、图 2-9 所示定子绕组串电阻降压启动控制电路方式一和方式二。

(6)应尽量避免采用多个电器依次动作才能接通另一个电器的控制线路，如图 2-30 所示。

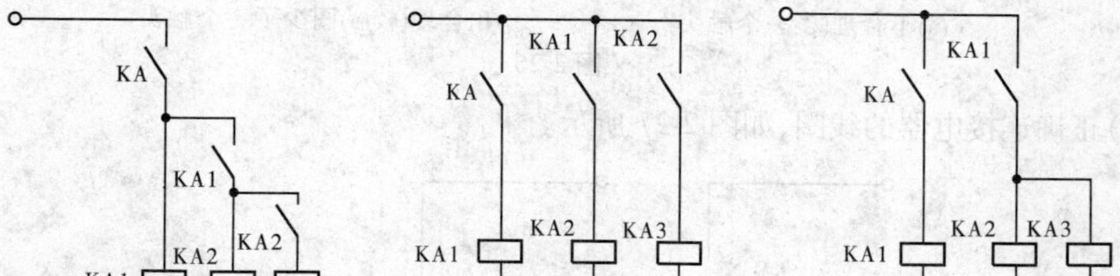

(a)不合理　(b)不合理　(c)合理

图 2-30

(7)在控制线路中应避免出现寄生回路，如图 2-31 所示。

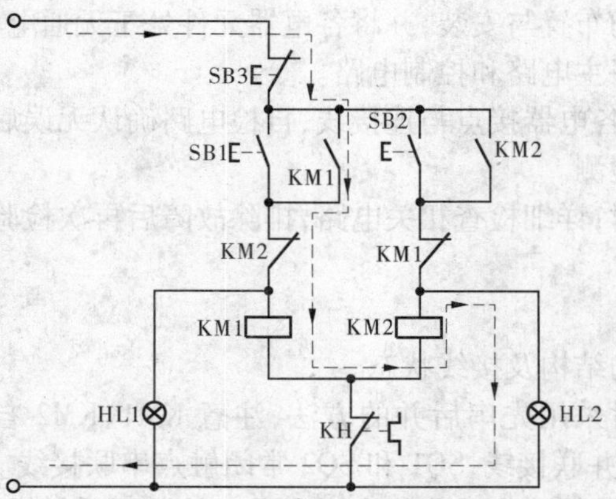

图 2-31　出现寄生电路的设计

实训五　电动机的自动往返控制电路

一、实训目的

(1)熟悉控制电路中各电器元件的结构、型号规格、工作原理、使用方法及在电路中的作用。

(2)掌握三相异步电动机自动往返控制电路安装接线的步骤、方法、调试。

(3)分析图 2-25 所示的自动往返控制电路中 SQ1 ~ SQ4 作用。

(4)对电路具有一定的排除故障的能力。

二、实训设备

(1)电工实训控制板	1 台/组
(2)Y112M－4 三相异步电动机	1 台/组
(3)热继电器	1 个/组
(4)按钮	3 个/组
(5)三相刀开关	1 个/组
(6)交流接触器	2 个/组
(7)熔断器	5 个/组
(8)行程开关	4 个/组
(9)常用电工工具	1 套/组
(10)紧固体和编码管	若干
(11)接线端子排	1 个/组
(12)万用表	1 个/组

(13)(黑色)主电路塑铜线(BV 1.5 mm^2 和 BVR 1.5 mm^2)若干、(红色)控制线路塑铜线(BV 1.0 mm^2)若干、(红色)按钮塑铜线(BVR 0.75 mm^2)若干、(黄绿双色)接地塑铜线(BVR 1.5 mm^2)若干。

三、实训原理和步骤

分析图 2-25 所示的电动机自动往返控制电路,设计出实践安装接线图。

(1)检查电器元件的布置与安装,并将各电器元件处于无通电状态。

(2)按照原理图接好主电路和控制电路。

(3)接完线后,详查各电器接点与连接线,自检电路确认无误后,请老师检查。

(4)接通电源运行检测。

(5)若运行状态不对,详细检查相关电路,排除故障后再次检验。

四、注意事项

(1)注意行程开关的结构及接线状态。

(2)控制线路接线时采用先串后并的方法,注意 KM1、KM2 自锁触点分别与 SB2、SB3 及 SQ1 和 SQ2 常开触点并联接线,SQ1 和 SQ2 常闭触点串联接线。

(3)电路连接完,请老师检查后才能合闸通电。禁止用手触摸电机的旋转部分。

(4)禁止带电接线、拆线。合闸后,不要用手触摸裸露的接线端。

(5)通电试车。注意行程开关的操作顺序,并观察电动机的运转方向。

(6)根据出现故障的特点,选择适当的方法,迅速地找出故障点。

实训六　电动机顺序启动、逆序停止控制

一、实训目的

(1)掌握电动机顺序启动、逆序停止控制电路的工作原理及安装方法。

(2)熟练掌握控制电路的接线方法,培养自行接线、查线的能力。

二、实训设备

(1)电工实训控制板	1 台/组
(2)Y112M－4 三相异步电动机	1 台/组
(3)热继电器	1 个/组
(4)按钮	4 个/组
(5)三相刀开关	1 个/组
(6)交流接触器	2 个/组
(7)熔断器	5 个/组
(8)万用表	1 个/组
(9)常用电工工具	1 套/组
(10)紧固体和编码管	若干
(11)接线端子排	1 个/组
(12)兆欧表	1 个/组

(13)(黑色)主电路塑铜线(BV 1.5mm^{2}和 BVR 1.5 mm^2)若干、(红色)控制线路塑铜线(BV 1.0 mm^2)若干、(红色)按钮塑铜线(BVR 0.75 mm^2)若干、(黄绿双色)接地塑铜线(BVR 1.5 mm^2)若干。

三、实训原理和步骤

(1)参照图 2-21 所示的顺序启动、逆序停止控制电路设计电路。

(2)接线。

①主电路连接。注意连接时将电动机 M1、M2 并联,每个电动机用一个热继电器做过载保护。用兆欧表测量两台电动机相间、相与机壳之间的绝缘电阻。

②控制线路接线。注意 KM1 的常开辅助触点串联在电动机 M2 的启动电路中,KM2 常开触点与 SB1 并联接线,KM1 常开触点与 SB2 并联接线。

③通电试车。注意按钮的操作顺序,观察两台电动机的启动、停车过程。

④根据实训情况排除故障。

四、注意事项

(1)电路连接完毕,请指导教师检查后才能合闸通电,并现场监护。合上电源后,必须先验电。禁止用手触摸电动机的旋转部分。

(2)通电试车时注意观察电动机顺序启动过程。

(3)禁止带电接线、拆线。合闸后不要用手触摸裸露的接线端。

(4)根据故障特点,选择适当的方法,迅速找出故障点。

第六节　电气控制系统常用的保护环节

为了确保设备长期、安全、可靠、无故障地运行,机床电气控制系统都必须有保护环节来保护电动机、电网、电气控制设备以及人身的安全。电气控制系统中常用的保护环节有电流型保护和电压型保护。其中,电流型保护又包括短路保护、过电流保护、过载保护、欠电流保护和断相保护,电压型保护又包括失压保护、欠电压保护和过电压保护。

一、电流型保护

电器元件在正常工作时,通过的电流一般在额定电流以内。短时间内只要温升允许,可暂时超过额定电流,这是因为各种电气设备或电器元件根据绝缘情况的不同,具有不同的过载能力。影响温升的原因主要有通过电气设备和元件的电流大小、电气设备和元件的散热条件以及通电时间。电流型保护的基本原理是:将保护电器检测的信号,经过变换或放大后去控制被保护对象,当电流达到整定值时保护电器动作。

(一)短路保护

电动机绕组导线的绝缘损坏或电路发生故障时,都可能发生短路故障。短路的瞬时故障电流可达到额定电流的几倍、几十倍。短路保护要求具有瞬动特性,即要求在很短的时间内切断电源。短路保护常用的保护装置有熔断器和自动开关,自动开关是把测量元件和执行元件装在一起,直接切断电源;而熔断器的熔体本身就是测量和执行元件,直接切断电源。

(二)过电流保护

过电流保护是区别于短路保护的另一种电流型保护,广泛应用于直流电动机和绕线式异步电动机中,一般采用过电流继电器。过电流继电器的特点是动作电流值比短路保护的电流值小,一般不超过 2.5 倍的额定电流。因为电动机或电器元件在超过其额定电流的状态下,运行时间长了同样会过热损坏绝缘,所以过电流保护要求有瞬动保护特性,即过载保护的时间随着过载电流的增大而减少。

（三）过载保护

过载是指电动机运行电流大于额定电流，但超过额定电流的倍数更小些，通常在1.5倍额定电流以内。过载保护常用热继电器完成。长期过载运行将引起电动机的过热，使温升超过允许值而损坏绝缘。过载保护要求保护电器具有反时限特性，即过载保护的时间随着过载电流的增大而减小。

（四）欠电流保护

欠电流保护是指被控制电路的电流低于整定值时保护电器动作的一种保护。欠电流保护通常是用欠电流继电器来实现的。欠电流继电器线圈串联在被保护电路中，正常工作时欠电流继电器的触点闭合，一旦发生，欠电流触点释放，切断电源。

欠电流保护经常用于直流电动机，来实现弱磁保护。直流电动机在磁场有一定强度时才能启动，如果磁场太弱，电动机的启动电流就会很大。当直流电动机正在运行时，磁场突然减弱或消失，转速就会迅速升高，甚至发生“飞车”。因此，需要采取弱磁保护。弱磁保护是通过电动机励磁回路串入欠电流继电器来实现的。在电动机运行中，如果励磁电流消失或降低过多，欠电流继电器就会释放，触点切断主回路接触器线圈的电源，使电动机断电停车。

（五）断相保护

异步电动机在正常运行时，电网故障或一相熔断器熔断引起的对称三相电源缺少一相，使定子电流变得很大，造成电动机绝缘及绕组烧毁。断相保护通常采用专门为断相运行而设计的断相保护继电器。实际工作中，80%的电动机都是由于断相故障而被烧坏的。

二、电压型保护

电动机或电器元件都是在一定的额定电压下正常工作的，电压过高、过低或者工作过程中非人为因素的突然断电，都可能造成生产机械的损坏或人身事故。因此，在设计电气控制电路时，应根据要求设置失压保护、欠电压保护和过电压保护。

（一）失压保护

电动机正常工作时，如果因为电源电压的消失而停转，那么在电源电压恢复时就可能因自行启动而造成人身事故或机械设备损坏。为防止电压恢复时电动机的自行启动或电器元件的自行投入工作而设置的保护，称为失压保护。采用自锁控制的电路，由于自锁触点和主触点在停电时已经一起断开，控制电路和主电路都不会自行接通，所以在恢复供电时，如果没有按下启动按钮，电动机就不会自行启动，起到了失压保护的作用。

（二）欠电压保护

电动机或电器元件在正常运行中，当电源电压下降时，电动机的电流就会上升，电压下降得越多，电流上升得也越严重。一般电网电压降低到额定电压的60%～80%时，就要求能自动切断电源而停止工作，这种保护称为欠电压保护。在具有自锁控制的电路中，当电动机运转时，如果电源电压降低到额定电压的60%，接触器线圈的磁通会变得很弱，电磁吸力不足，动铁芯在反作用弹簧的作用下释放，自锁触点断开，同时主触点也断开，电动机停转实现保护。另外，还可以采用空气开关或专门的电磁式欠电压继电器与接触器配合来进行欠电压保护。

(三)过电压保护

电磁铁、电磁吸盘等大电感负载及直流电磁机构、直流继电器等,在通断时会产生较高的感应电动势,较高的感应电动势容易使工作线圈击穿而损坏。因此,必须采用适当的过电压保护。一般采用专门的电磁式过电压继电器与接触器配合来进行过电压保护,它的线圈和触点的接法与欠电压继电器相同。

在现代工业生产中,控制对象千差万别,所需要设置的保护措施很多。例如,电梯控制系统的越位极限保护(防止电梯冲顶或撞底),高炉卷扬机和矿井提升设备中,则必须设置超速保护装置来控制速度等。

第七节 机床电气控制电路

一、CA6140 普通车床的电气控制

(一)CA6140 车床的主要型号及结构

机床的型号要反映出机床的类别、结构特征和主要技术规格。

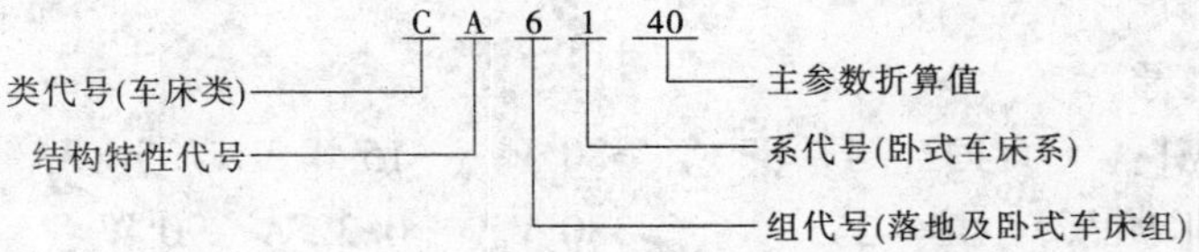

如:C 是分类代号(车床类),W 是通用特性代号(万能性),Z 是钻床,T 是镗床,B 是刨床、插床,Q 是其他机床。

车床是一种应用极广泛的金属切削机床,能够车削外圆、内圆、端面、螺纹,切断及割槽等,并可以装上钻头或铰刀进行钻孔或铰孔等加工。如图 2-32 所示的 CA6140 型卧式车床,主要由床身、主轴箱、进给箱、溜板箱、方刀架、卡盘、尾架、丝杠、光杠等组成。

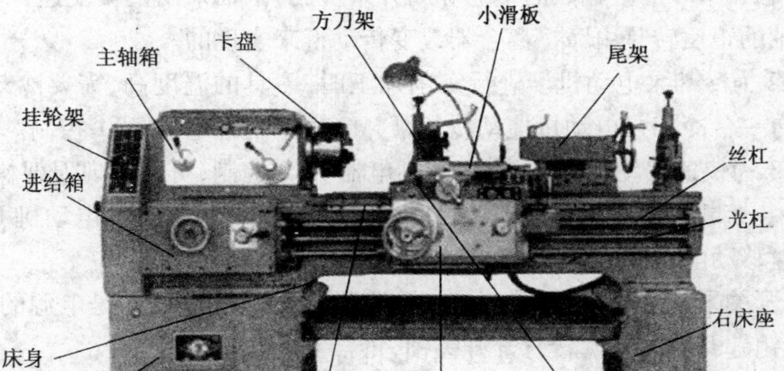

图 2-32 CA6140 车床的主要结构

(二)CA6140 型卧式车床的主要运动形式及控制要求

1. 主运动

主运动是主轴通过卡盘或顶尖带动工件的旋转运动。

控制要求如下:

(1)主轴电动机选用三相笼型异步电动机,电动机的容量不大,可直接启动,不进行调速,主轴采用齿轮箱进行机械有级调速。

(2)车削螺纹要求主轴有正反转,由机械方法实现,主轴电动机只作单向旋转。

2. 进给运动

进给运动是刀架带动刀具的直线运动。进给运动也由主轴电动机拖动,主轴电动机的动力通过挂轮箱传递给进给箱实现刀具的纵向和横向进给。加工螺纹时,要求刀具移动和主轴转动有固定的比例关系。

3. 辅助运动

辅助运动是刀架的快速移动,由刀架快速移动电动机拖动,可直接启动,不需要正反转和调速。尾架的纵向移动由手动操作控制,工件的夹紧与放松也由手动操作控制。

加工过程的冷却:冷却泵电动机和主轴电动机要实现顺序控制,冷却泵电动机也不需要正反转和调速。

4. 电动机的型号

主轴电动机 M1:	Y132 – 4 – B3	380 V	15.4 A	7.5 kW	1 450 r/min
冷却泵电动机 M2:	AOB – 25	380 V	0.32 A	90 W	3 000 r/min
快速移动电动机 M3:	AOS5634	380 V		250 kW	1 360 r/min

(三)CA6140 型卧式车床的电路设计及控制方法

CA6140 型卧式车床电路如图 2-33 所示。

1. CA6140 型卧式车床的电路设计

主电路中 M1 是主轴电动机,拖动主轴转动并通过传动机构实现车刀的进给。M1 的运动和停止由接触器 KM 的主触点的接通和断开来控制,主轴采用机械变速,电动机 M1 只需要作正转,主轴的正反转是由摩擦离合器改变传动链来实现的。

电动机 M2 为冷却泵电动机。进行车削加工时,刀具的温度高,需要冷却液进行冷却。因此,车床备有一台冷却泵电动机拖动冷却泵,M2 由中间继电器 KA1 控制。

电动机 M3 为快速移动电动机,由中间继电器 KA2 控制,可以实现刀架快速移动。M2、M3 容量小,加装熔断器 FU1 作为短路保护;热继电器 FR1、FR2 作为电动机 M1、M2 的过载保护装置;快速移动电动机 M3 是短时工作,不需要过载保护。

机床电源开关采用 SB 钥匙开关,增加安全性。低压断路器 QF 是电源的总开关。接通电源时要先用钥匙开关向右旋转打开开关锁,再合上断路器 QF。

控制电路的供电采用 110 V 交流电压,通过控制变压器 TC 将 380 V 的电压降到 110 V 得到。控制变压器的一次侧由 FU1 作短路保护,二次侧由 FU2、FU3、FU4 分别作短路保护。

2. CA6140 型卧式车床的控制方法

1)主轴电动机 M1 的控制

SB1 是红色蘑菇头型的停止按钮,SB2 是绿色启动按钮。按下启动按钮 SB2,KM 线圈通电吸合并自锁,KM 的主触点闭合,主轴电动机 M1 启动并运转。KM 常开辅助触点闭合,

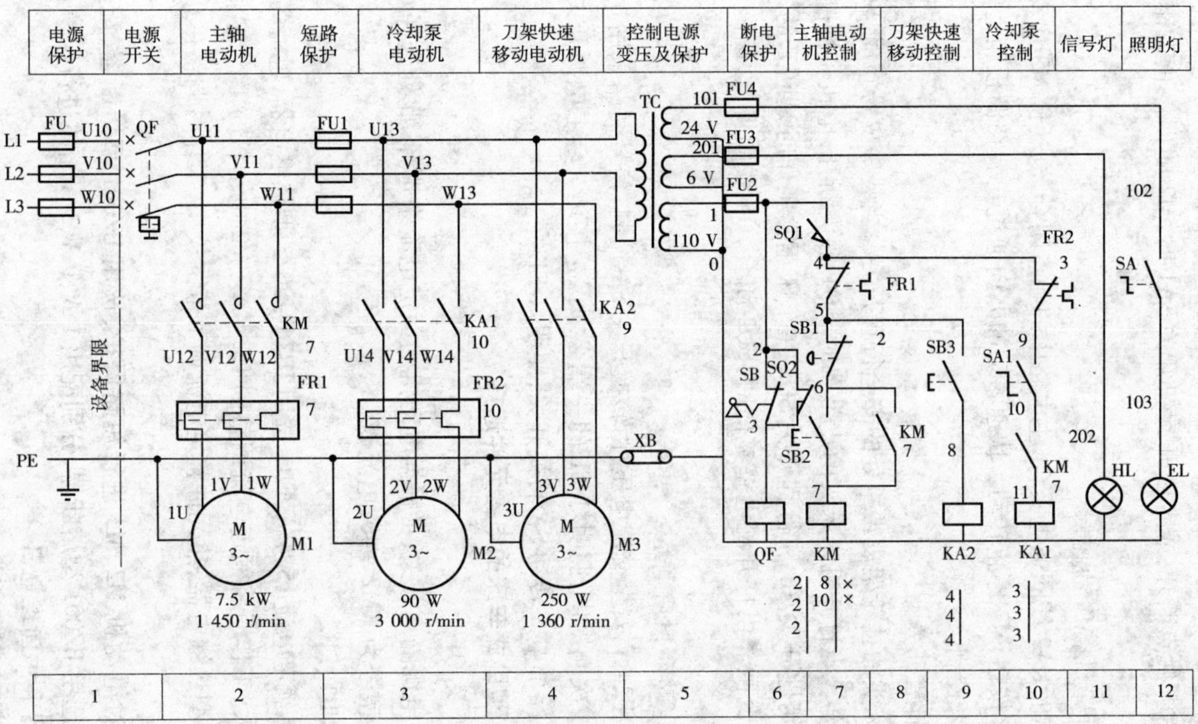

图 2-33　CA6140 型卧式车床电路

为 KA1 得电做准备。

按下 SB1，接触器 KM 线圈断电释放，主触点和自锁触点断开，电动机 M1 断电停止。

2）冷却泵电动机 M2 的控制

主轴电动机 M1 和冷却泵电动机 M2 在控制电路中实现顺序控制。主轴电动机 M1 启动后，KM 的常开触点闭合，这时再旋转 SA1 开关，使其闭合，则中间继电器 KA1 的线圈通电吸合，其主电路中的常开触点闭合，冷却泵电动机 M2 启动提供冷却液。当主轴电动机 M1 停止时，KM 常开触点断开，或者断开旋钮开关 SA1 时，M2 随即停止工作，M1、M2 之间有联锁关系。

3）快速移动电动机 M3 的控制

按下 SB3 按钮，KA2 线圈通电吸合，主电路中的触点闭合，电动机 M3 启动，拖动刀架快速移动；松开 SB3 按钮，M3 停止转动。快速移动的方向通过安装在溜板箱上的十字手柄扳到所需要的方向来控制。

4）SQ1 安全行程开关

SQ1 是机床床头的挂轮架皮带罩处的安全行程开关。当装好皮带罩时，SQ1 触头闭合，控制电路才能加电。当打开机床床头的皮带罩时，SQ1 触头断开，电机全部断电停止工作，确保人身安全。钥匙开关 SB 和行程开关 SQ2 在车床正常工作时是断开的，QF 线圈不通电，断路器 QF 能合闸。当打开配电壁龛门时，SQ2 闭合，QF 线圈得电，断路器 QF 自动断开，切断车床电源。

5）信号指示电路和照明电路

照明电路采用 24 V 安全交流电压，由转换开关 SA 控制；信号回路采用 6 V 交流电压，均由控制变压器二次侧提供，照明灯 EL 的一端必须保护接地。合上电源开关 QF，HL 指示灯亮，表明控制电路加电。转动 SA 转换开关，照明灯 EL 亮。

（四）CA6140 型卧式车床的电器元件选择

1. 电源引入开关 QF

QF 主要作为电源隔离开关，可根据电动机的额定电流来选择，此处选择小型组合机床常用的三极开关，型号为 AM2－40，电流 20 A。

2. 热继电器 FR1、FR2

主电动机 M1 额定电流 15.4 A，FR1 选用 JR36－20/3 型热继电器，电流为 20 A，整定电流调节范围比较大，工作时将额定电流调整到 15.4 A。M2 电动机的工作电流 0.32 A，FR2 选用 JR36－20/3 型热继电器，热元件整定电流调节范围较小，工作时调整在 0.32 A。

3. 熔断器

这里用 FU1 对电动机 M2、M3 进行短路保护，选用 BZ001 型熔断器，配用 6 A 熔体。FU2、FU3、FU4 均选用 BZ001 型熔断器，分别配用 1 A、1 A、2 A 熔体进行保护。

4. 交流接触器和中间继电器

接触器 KM 根据所控制的电动机型号选用 CJ10－20 型，线圈电压为 110V。KA1、KA2 中间继电器选用 JZ7－44 型，线圈电压为 110 V。

5. 控制变压器 TC

控制变压器最大的负载是 KM、KA1、KA2 及指示灯同时工作，根据总功率计算选用 JBK2－100 型。

6. 按钮

按钮 SB1 选用 LAY3 – 01ZS/1 型，按钮 SB2 选用 LAY3 – 10/3. 11 型，按钮 SB3 选用 LA9 型。

7. 行程开关

SQ1、SQ2 行程开关选用 JWM6 – 11 型。

8. 信号灯和照明灯

HL 信号灯选用 ZSD – 0 型，电压 6 V；EL 照明灯选用 JC11 型，电压 24 V。

（五）CA6140 车床常见电气故障的检修

CA6140 车床检修方法和项目如表 2-2、表 2-3 所示。

表 2-2　用电压测量法检修电路故障

故障现象	测量线路及状态	5—6	6—7	7—0	故障点	排除方法
按下 SB2 时，KM 不吸合，按下 SB3 时；KA2 吸合	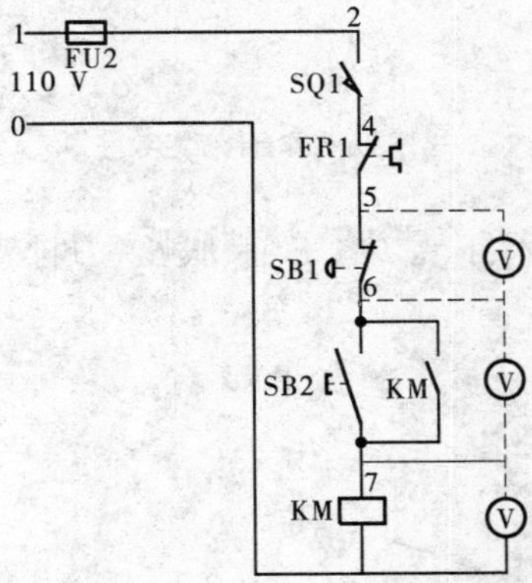	110 V	0	0	SB1 接触不良或接线脱落	更换 SB1 或将脱落线接好
		0	110 V	0	SB2 接触不良或接线脱落	更换 SB2 或将脱落线接好
		0	0	110 V	KM 线圈开路或接线脱落	更换线圈或将脱落线接好

表 2-3　CA6140 车床其他常见电气故障的检修项目

故障现象	故障原因	处理方法
主轴电动机 M1 启动后不能自锁，即按下 SB2，M1 启动运转，松开 SB2，M1 随之停止	接触器 KM 的自锁触点接触不良或连接导线松脱	合上 QF，测 KM 自锁触点两端的电压。若电压正常，故障是自锁触点接触不良；若无电压，故障是连线断线或松脱
主轴电动机 M1 不能停止	KM 主触点熔焊；停止按钮 SB1 被击穿，或线路中 5、6 两点连接导线短路；KM 铁芯端面被油垢粘牢不能脱开	断开 QF，若 KM 释放，说明故障是停止按钮 SB1 被击穿或导线路；若 KM 过一段时间释放，则故障为铁芯端面被油垢粘牢
主轴电动机运行中停车	停电、热继电器 FR1 动作，或者运行中线路有断路	先检查 FR1 是否动作，找出动作原因，排除后复位。再查看其他故障情况
照明灯 EL 不亮	灯泡损坏，FU4 熔断，SA 触点接触不良，TC 二次绕组断线或接头松脱，灯泡和灯头接触不良等	可根据具体情况采取相应的措施修复

二、X62W 型万能铣床的电气控制

铣床的种类有很多,按结构形式和加工性能的不同,可以分为立式铣床、卧式铣床、龙门铣床、仿真铣床和专用铣床等。

万能铣床是一种通用的多用途机床,它可以用圆柱铣刀、圆片铣刀、角度铣刀、成型铣刀及端面铣刀等刀具对各种零件进行平面、斜面、螺旋面及成型表面的加工,还可以加装万能铣头分度头和圆工作台等机床附件来扩大加工范围。

常用万能铣床有两种:一种是 X62W 型万能铣床,铣头水平方向放置;另一种是 X52K 型万能铣床,铣头垂直方向放置。这两种铣床的结构和工作原理基本一致,电气控制线路经过系列化后也基本一样。下面以 X62W 型万能铣床为例进行分析。

(一)X62W 型万能铣床型号和结构

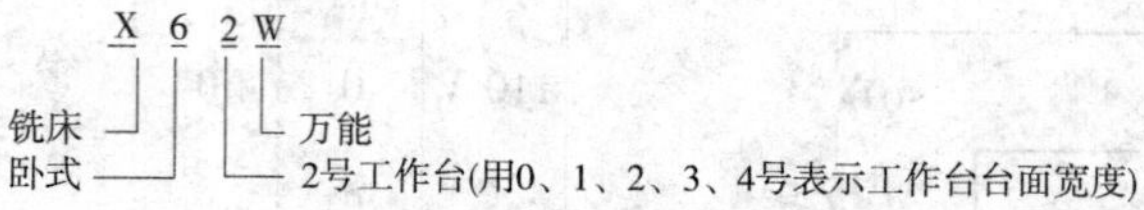

如图 2-34 所示,X62W 型万能铣床主要由床身、悬梁、主轴、底座、刀杆支架、工作台、横溜板、回转盘和升降台等部分组成。

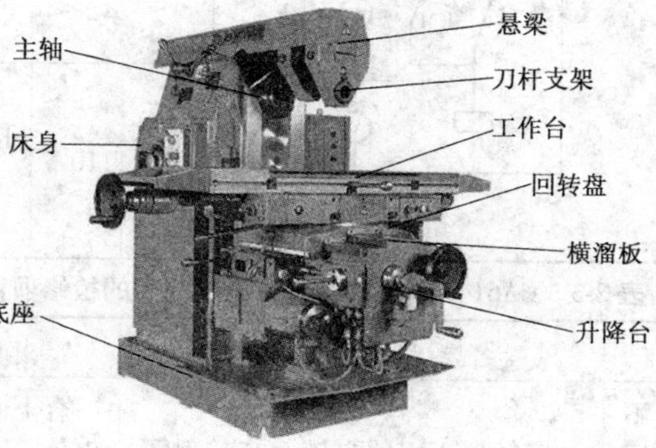

图 2-34　X62W 型万能铣床的结构

(二)X62W 型万能铣床主要运动形式及控制要求

1. 主运动

主运动是 X62W 型万能铣床主轴带动铣刀的旋转运动。主轴电动机 M1 空载时直接启动,拖动主轴带动铣刀旋转,为完成顺铣和逆铣,要求电动机能正反转。在加工之前可根据铣刀的种类预先用组合开关选择转向,在加工过程中不必变换转向。为了能实现快速停车,主轴电动机采用电磁离合器停车制动控制。铣削加工过程中采用改变变速箱的齿轮传动比来实现主轴调速。

2. 进给运动

进给运动是指工件随工作台在前后、左右和上下六个方向上的运动以及椭圆形工作台的旋转运动。工作台的进给运动由一台进给电动机 M2 拖动。进给运动的方向是通过操作方向控制手柄与开关,配合进给电动机 M2 的正反转来实现的。在工作台上可加装圆形工

作台,圆形工作台的回转运动由进给电动机经传动机构驱动。

为保证机床和刀具的安全,在铣削加工时,任何时候工件都只能做一个方向的进给运动,可采用机械操作手柄和行程开关相配合的工作方式来实现六个方向的联锁。

为减小齿轮端面的冲击,要求变速时电动机瞬时冲动控制。

为防止刀具和机床的损坏,在铣削加工时同一时间只允许工作台一个方向移动,故三个垂直方向的运动之间应有联锁保护。使用圆形工作台时,不允许工件纵向、横向和垂直方向的进给运动。为此,要求圆形工作台的旋转运动与工作台的上下、左右、前后六个方向的运动之间有联锁控制。要求只有主轴旋转后,才能进行进给运动;进给运动停止后,主轴才能停止,或者同时停止。

3. 辅助运动

辅助运动包括工作台的快速运动及主轴和进给的变速冲动。

通过方向控制手柄接通快速移动电磁铁,衔铁吸合,经丝杠进给传动链中的摩擦离合器合上,减少中间传动装置,工作台按原进给运动方向实现快速移动。为保证变速后齿轮能顺利啮合,主轴和进给变速后,要求电动机变速冲动。

4. 冷却泵控制

铣削加工中,一般需要切削液对工件和刀具进行冷却润滑,由电动机 M3 拖动冷却泵,供给铣削加工时的冷却。

5. 电动机的型号

主轴电动机 M1:	Y132 - 4 - B3	380 V	7.5 kW	1 450 r/min
进给电动机 M2:	Y90L - 4	380 V	1.5 kW	1 400 r/min
冷却泵电动机 M3:	JCB - 22	380 V	125 W	2 790 r/min

(三)X62W 型万能铣床的电路设计及控制方法

X62W 型万能铣床的电路如图 2-35 所示。

1. 主电路控制分析

主电路是有三台电动机的驱动电路。隔离开关将三相电源引入。

主轴电动机 M1 拖动主轴带动铣刀旋转,旋转方向由转换开关 SA3 选择控制,主轴电动机的启动、停止由接触器 KM1 控制。

进给电动机 M2 拖动进给运动和快速移动,由 KM3、KM4 控制。冷却泵电动机 M3 供应冷却液,由手动开关 QS2 控制。

2. X62W 型万能铣床控制电路分析

控制电路的电源由控制变压器 TC 输出 110 V 电压供电。

1)主轴电动机 M1 的控制

电动机 M1 采用两地启停:一组启停按钮装在工作台上,另一组装在床身上。

电动机 M1 启动:选择好主轴的转速和旋转方向,按下启动按钮 SB1 或 SB2,接触器 KM1 通电吸合并自锁,主触点闭合,电动机 M1 启动并运转。10 号线路中 KM1 的辅助常开触点闭合,为工作台进给运动做准备。

主轴制动:按下 SB5 或 SB6,7 号线路中常闭触点 SB5 - 1 或 SB6 - 1 断开,接触器 KM1 线圈断电,常开触点 SB5 - 2 或 SB6 - 2 闭合,电磁离合器 YC1 通电,电动机 M1 制动。

换刀:将主轴制动换刀。将转换开关 SA1 扳到换刀位置,常开触点 SA1 - 1 闭合,电磁

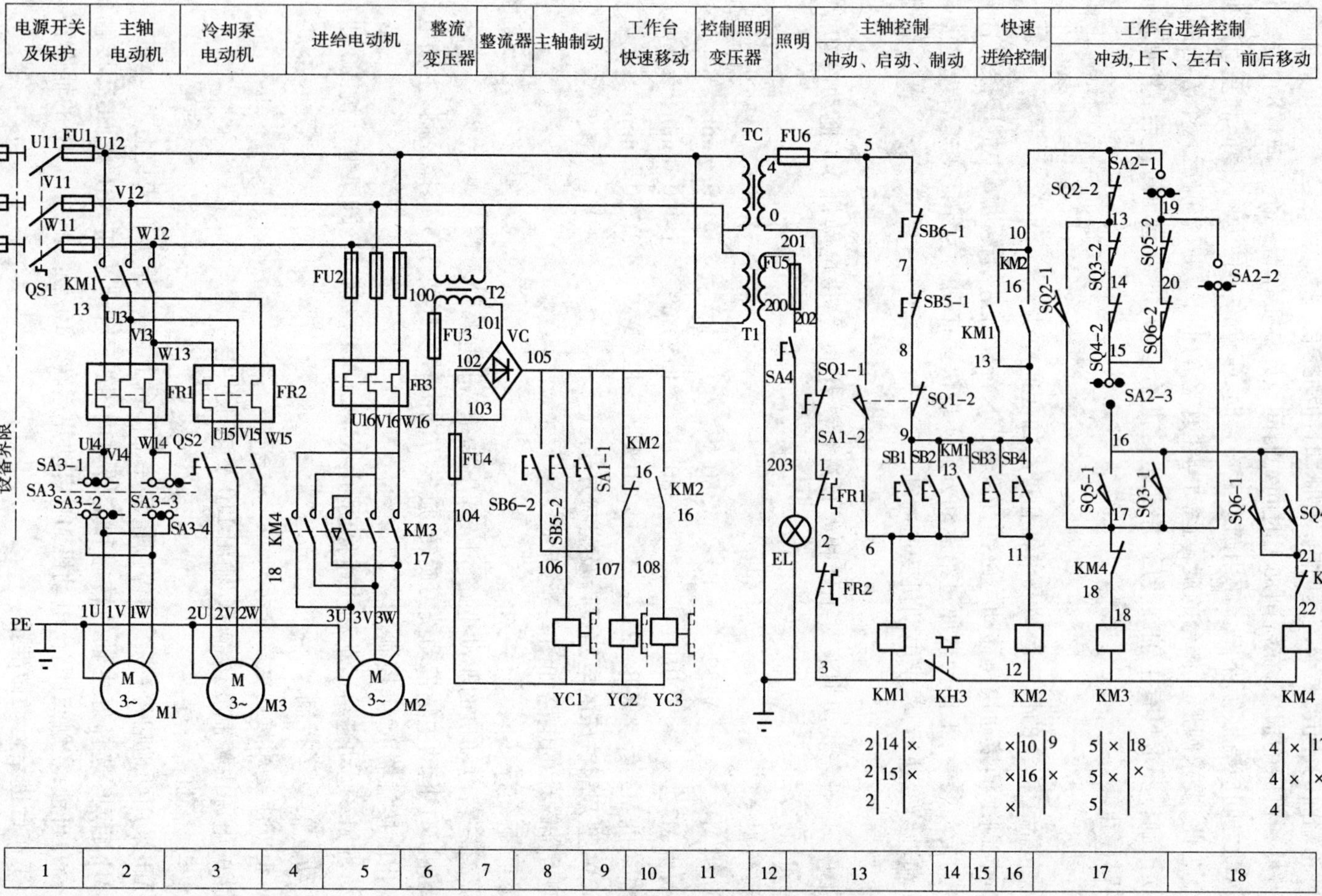

图 2-35　X62W 型万能铣床的主电路和控制电路

离合器 YC1 通电将主轴制动。同时,1 号线路常闭触点 SA1 - 2 断开,切断控制电路,铣床断电。

变速冲动控制:保证变速后齿轮良好啮合。首先将手柄向下压,并向外拉出,转动变速盘选定所需转速,将手柄推回。此时,冲动开关 SQ1 短时受压,主轴电动机 M1 点动,手柄推回原来位置后,SQ1 复位,M1 断电,变速冲动结束。

2)进给电动机 M2 的控制

铣床工作台要求能前后、左右、上下各个方位实现进给运动和快速移动,这就需要电动机 M2 进行拖动控制。工作台的前后和上下方向上的进给运动和快速移动由一个手柄控制,左右方向上的进给运动和快速移动由另外一个手柄控制。

左右进给操作手柄与行程开关 SQ5 和 SQ6 联动,有左、中、右三个位置。

(1)控制电路分析——工作台的左右进给控制,见表 2-4。

表 2-4　X62W 型万能铣床电气控制线路手柄位置及工作情况

控制手柄	手柄位置	行程开关动作	接触器动作	电动机 M2 转向	传动链搭合丝杠	工作台运动方向
左右进给手柄	左	SQ5	KM3	正转	左右进给丝杠	向左
	中	—	—	停止	—	停止
	右	SQ6	KM4	反转	左右进给丝杠	向右

左右进给手柄置“左”,压下 SQ5,传动链搭合左右进给丝杠,KM3 线圈得电,M2 正转,工作台向左进给。

左右进给手柄置“中”(或挡铁碰撞使手柄自动复位到中间位置),松开 SQ5,KM3 线圈失电,M2 停转,工作台停止进给。

左右进给手柄置“右”,压下 SQ6,传动链搭合左右进给丝杠,KM4 线圈得电,M2 反转,工作台向右进给。

左右进给手柄置“中”(或挡铁碰撞使手柄自动复位到中间位置),松开 SQ6,KM4 线圈失电,M2 停转,工作台停止进给。

(2)控制电路分析——工作台的上下和前后进给控制,见表 2-5。

表 2-5　工作台的上下和前后进给控制

控制手柄	手柄位置	行程开关动作	接触器动作	电动机 M2 转向	传动链搭合丝杠	工作台运动方向
上下和前后进给手柄	上	SQ4	KM4	反转	上下进给丝杠	向上
	中	—	—	停止	—	停止
	下	SQ3	KM3	正转	上下进给丝杠	向下
	前	SQ3	KM3	正转	前后进给丝杠	向前
	后	SQ4	KM4	反转	前后进给丝杠	向后

①工作台的上下进给控制：

上下和前后进给手柄置“上”，压下SQ4，传动链搭合上下进给丝杠，KM4线圈得电，M2反转，工作台向上进给。

上下和前后进给手柄置“中”(或挡铁碰撞使手柄自动复位到中间位置)，松开SQ4，KM4线圈失电，M2停转，工作台停止进给。

上下和前后进给手柄置“下”，压下SQ3，传动链搭合上下进给丝杠，KM3线圈得电，M2正转，工作台向下进给。

②工作台的前后进给控制：

上下和前后进给手柄置“前”，压下SQ3，传动链搭合前后进给丝杠，KM3线圈得电，M2正转，工作台向前进给。

上下和前后进给手柄置“后”，压下SQ4，传动链搭合前后进给丝杠，KM4线圈得电，M2反转，工作台向后进给。

上下和前后进给手柄置“中”(或挡铁碰撞使手柄自动复位到中间位置)，松开SQ4，KM4线圈失电，M2停转，工作台停止进给。

(3)进给变速时的瞬时点动。

进给变速时，必须先把进给操纵手柄放在中间位置，然后将进给变速盘(在升降台前面)向外拉出，选择好速度后，再将变速盘推进去。在推进的过程中，挡铁压下行程开关SQ2，使触点SQ2-2分断，SQ2-1闭合，接触器KM3得电动作，电动机M2启动。但随着变速盘复位，行程开关SQ2跟着复位，KM3断电释放，M2断电停转，电动机瞬时点动一次，齿轮顺利啮合，然后进给变速时的瞬时点动结束。

(4)工作台的快速移动控制。

快速移动是通过两个进给操作手柄和快速移动按钮SB3或SB4配合实现的。

选好进给方向，按下SB3或SB4按钮，接触器KM2线圈通电吸合，KM2常闭触点分断，电磁离合器YC2断电，将齿轮传动链与进给丝杠分离。KM2两个常开触点闭合，一个对YC3通电，将M2与进给丝杠直接搭合，另一个使KM3或KM4通电，M2通电运行，带动工作台按选定的方向快速移动。

松开SB3或SB4，KM2线圈断电，快速移动停止工作。

(5)圆形工作台的控制。

圆形工作台的工作由转换开关SA2控制，当需要圆形工作台旋转时，将开关SA2扳到接通位置。此时：触点SA2-1断开，触点SA2-3断开，触点SA2-2闭合，使接触器KM3得电，电动机M2启动，通过一根专用轴带动圆形工作台作旋转运动。

停止时，将转换开关置于断开位置，六个方向的进给停止。

圆形工作台转动时，其他进给要求全部停止，两个进给手柄必须置于零位。

3)冷却泵电动机控制

主轴电动机M1和冷却泵电动机M3采用的是顺序控制，先启动M1，再启动M3，冷却泵电动机由开关QS2控制。

4)照明电路分析

机床的局部照明由变压器T1输出24 V安全电压，由开关SA4控制照明灯EL，有短路保护。

(四)X62W 型万能铣床电器元件的选择

开关:QS1 选 HZ10 - 60/3J 型,QS2 选 HZ10 - 60/3J 型。

转换开关:SA1 选 LS2 - 3 型,SA2 选 HZ10 - 10/3J 型,SA3 选 HZ3 - 133 型。

熔断器:FU1 选 RL1 - 60 型,FU2 选 RL1 - 15 型,FU3、FU4 选 RL1 - 15 型,FU5、FU6 选 RL1 - 15 型。

热继电器:FR1 选 JR0 - 40 型,FR2 选 JR10 - 10 型,FR3 选 JR10 - 10 型。

接触器:KM1 选 CJ10 - 20 型,KM2 选 CJ10 - 10 型,KM3、KM4 选 CJ10 - 10 型。

按钮:SB1、SB2 选 LA2 绿色,SB3、SB4 选 LA2 黑色,SB5、SB6 选 LA2 红色。

行程开关:SQ1、SQ2、SQ5、SQ6 选 LX3 - 11K 型,SQ3、SQ4 选 LX3 - 131 型。

电磁离合器:YC1 选 B1DL - Ⅲ 型,YC2 选 B1DL - Ⅱ 型,YC3 选 B1DL - Ⅱ 型。

变压器:T1 照明变压器选 BK - 50 型,T2 变压器选 BK - 100 型,TC 选 BK - 150 型。

三、机床电气控制系统故障分析

X62W 型万能铣床电气控制线路常见故障及检修方法如表 2-6 所示。

表 2-6　X62W 型万能铣床电气控制线路常见故障及检修方法

故障现象	可能的原因
主轴电动机不能启动	主轴换向开关置于停止位置,熔断器熔断,热继电器动作后没复位
工作台各个方向都不能进给	进给电动机不能启动
工作台能左右进给,不能前后、上下进给	行程开关 SQ5 或 SQ6 经常被压合,使螺钉松动、开关移位、触头接触不良、开关机构卡住等
工作台能前后、上下进给,不能左右进给	接触器线圈及触点损坏或脱落,行程开关 SQ3、SQ4 出现故障,热继电器动作,进给变速冲动形成开关常闭触点断开,电动机 M2 损坏等
工作台不能快速移动,主轴制动失灵	电磁离合器的工作不正常,接触器线圈及触点损坏或脱落,快速移动按钮的触点接触不良或接线脱落等
变速时不能冲动控制	冲动行程开关 SQ1 或 SQ2 受到频繁冲击而不能正常工作

实训七　X62W 型万能铣床电气故障检测

一、实训目的

以机械加工设备中常用的 X62W 型万能铣床电气控制系统的设计、安装与调试为学习情境,熟悉与工作任务相关的 X62W 型万能铣床的电气控制系统的组成、设计及安装、运行、调试与维修方法,并以任务驱动贯穿工作过程,进一步训练学生,使学生具有机床电气控制线路的设计、安装、调试及维修能力。

二、实训仪表与工具

(1)工具:电工常用工具。

(2)仪表:MF47 型万用表、500 V 兆欧表、钳行电流表。

三、实训设备

X62W 型万能铣床故障排除训练柜是以 X62W 型万能铣床为原型,加以修改后制成的,如图 2-36 所示。本训练柜既可以作为故障排除训练用,也可以进行铣床工作状态的模拟。

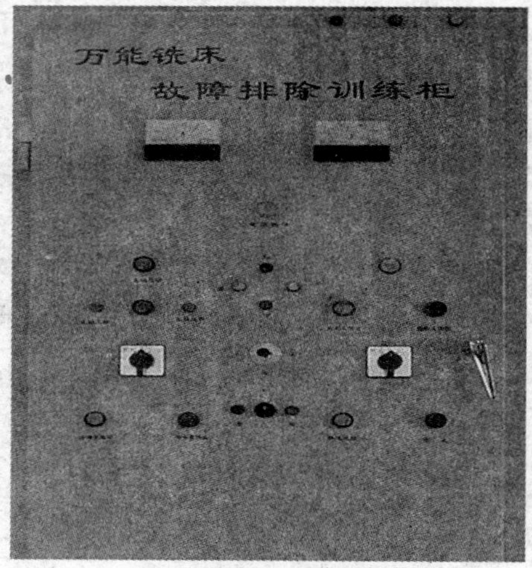

图 2-36　训练柜的外形

本训练柜省略了铣床的机械变速部分和变速冲动部分。此外,冷却泵电动机 M3 由一组星形连接的灯泡代替。

X62W 型万能铣床的电气控制电路是由主电路、控制电路、信号电路、保护环节、照明电路等部分组成的。主电路用黑色导线、控制电路用红色导线、信号电路用绿色导线,分别在柜内的线槽里走线。

各电动机采用 380 V 的交流电源供电。当外接电源送电时,训练柜外表面右上方三色电源指示灯亮,表示供电正常。闭合柜内 QS,面板上的黄色电源指示灯亮,表示训练柜内已接通电源。

四、训练内容

(1)熟悉 X62W 型万能铣床的结构与运动形式,对铣床进行实际操作,了解铣床的各种工作状态和操作手柄的使用。

(2)打开配电箱,了解电气布置图,熟悉各个低压电器元件安装的位置、走线情况及手柄处于不同位置时,行程开关的工作状态及运动部件的工作情况。

(3)故障排除训练时,由指导教师在电器元件上设置故障,或通过柜内故障盒在电路中设置故障,以此模拟机床实际运行中的常见故障。待教师设置 3 个故障后,要求学生观察并记下故障现象,断电后结合故障排查方法和步骤,用万用表和其他常用工具逐点查找故障点,在一定时间内排除。

学生在实训报告中写出排障步骤,并将故障现象、故障位置、产生故障可能的原因以及解决办法填入实训报告册的表格中。

10分制评判原则:完成接线,通电试检查,全部正确为满分5分,不符合工艺或者损坏器件,1处扣1分;根据老师所设置故障(3个),每次排除1个故障得1分,共3分;检查对照机床实际接线图时,正确识图得1分;操作过程中,仪器、工具使用正确,完成实训后,工具完备、仪器整齐得1分。

五、训练要求

(1)检修前认真审阅电路图,熟悉各个控制环节的原理及作用,认真观察老师的示范动作,熟悉操作要领。

(2)认真分析老师设定的故障,能理解并描述故障现象。

(3)熟练掌握查找故障的步骤,会用流程图分析故障。

(4)做好检修记录,按要求填写实训报告。

(5)在检修时,严禁扩大故障范围产生新的故障,不得损坏电器元件或设备。

(6)注意用电安全,停电要验电后才能操作机床。必须在指导老师的监护下操作,以确保安全。

思考题与习题

2-1 什么是电气控制线路的文字符号和图形符号?

2-2 电气原理图的绘图和视图原则有哪些?

2-3 在自动控制的机床上,电动机由于过载而自动停车后,有人立即按下启动按钮,但不能开车,试说明可能是什么原因造成的?

2-4 什么叫降压启动?常用的降压启动方法有哪几种?

2-5 绘制出点动控制线路和自锁控制线路的主电路和辅助电路。

2-6 定子绕组为星形接法的三相异步电动机能否用星形-三角形降压启动?为什么?

2-7 绘制出按钮联锁正反转控制线路的主电路和辅助电路,正反转控制电路运行过程中可能会出现哪些问题?按钮与接触器联合控制正反转有什么优点?

2-8 电动机的短路保护、过流保护、长期过载保护有什么区别?

2-9 三相异步电动机启动时符合哪些条件可以直接启动?

2-10 常用的制动控制线路有哪些?

2-11 自行设计并绘制出能耗制动控制的主电路和辅助电路。

2-12 要求三台电动机M1、M2、M3按下列顺序启动:M1启动后,M2才能启动;M2启动后,M3才能启动。停止时M1和M2按逆序停止,试画出控制电路。

2-13 根据下列要求画出三相笼型异步电动机的控制电路:①能正反转,且正反转都能实现自锁。②采用能耗制动。③有短路、过载、失压和欠压等保护。

第三章　可编程控制器基础

本章主要内容

本章主要介绍了可编程控制器的产生、特点、分类与发展，可编程控制器的组成及各部分的作用；可编程控制器的工作原理；可编程控制器的编程语言以及 S7－200 系列 PLC 的系统构成和编程软件的使用。学生学习本章后，能够对可编程控制器有初步的了解，能够用可编程控制器搭建简单的控制电路，设计日常简单的控制系统。

第一节　可编程控制器概述

一、可编程控制器的产生与发展

20 世纪 60 年代末期，美国汽车工业很发达，汽车更新换代周期短，相应的每一次改型都直接导致继电器控制装置的重新设计和安装，费时、费工、费料，一定程度上阻碍了汽车周期的进一步缩短。为了改变这一现状，1968 年，美国的汽车制造公司——通用汽车公司（GM）提出了研制一种新型控制器的要求，并从用户角度提出新一代控制器应具备以下十大条件：①编程简单，可在现场修改程序；②维护方便，最好是插件式；③可靠性高于继电器控制柜；④体积小于继电器控制柜；⑤可将数据直接送入管理计算机；⑥在成本上可与继电器控制柜竞争；⑦输入可以是交流 115 V（即用美国的电网电压）；⑧输出为交流 115 V、2 A 以上，能直接驱动电磁阀；⑨在扩展时，原有系统只需要很小的变更；⑩用户程序存储器容量至少能扩展到 4 KB。条件提出后，立即引起了新型控制器开发热潮。1969 年，美国数字设备公司（DEC）研制出了世界上第一台可编程控制器（Programmable Controller），并应用于通用汽车公司的生产线上。

可编程控制器以功能强、应用灵活、结构简单、编程简易、使用方便、可靠性高等系列优点很快在美国的其他工业领域获得推广和应用，并迅速应用到世界各国的军用、民用等各个领域。可编程控制器应用于工业控制初期时名称很不统一，为此国际电工委员会（IEC）从 1982 年 11 月起三易其稿，至 1985 年 2 月正式定义如下："可编程控制器是一种数字运算操作的电子系统，专门为工业环境的应用而设计，它采用可编程的存储器存储其内部程序，执行逻辑运算、顺序控制、定时、计数和算术操作等面向用户的指令，并通过数字和模拟式输入输出模块控制各类型的机械或生产过程，可编程控制器及其有关外部设备都应按易于与工业控制系统联成一个整体，易于扩展其功能的原则设计。"为了与个人计算机（Personal Computer）的简称 PC 相区别，一般将可编程控制器简称为 PLC（Programmable Logic Controller）。

可编程控制器发展过程大致可分为以下五个阶段。

第一代：从第一台 PLC 问世到 20 世纪 70 年代中期。这个阶段的 PLC 是为了取代继电器，主要功能是逻辑运算、计时、计数。采用了梯形图语言作为编程方式，形成了工厂的编程标准。

第二代：从20世纪70年代中期到70年代末期。这一阶段PLC产品的控制功能得到很大发展，扩展的功能包括数据的传送、数据的比较和运算、模拟量的运算等。

第三代：从20世纪70年代末期到80年代中期。这一阶段产品与计算机通信的发展有关，形成了分布式通信网络。但是，由于各制造商各自为政，通信系统也是各有各的规范。

第四代：从20世纪80年代中期到90年代中期。通信系统的开放，使各制造厂商的产品可以通信，通信协议开始标准化，使用户得益。此外，PLC开始采用标准化软件系统，增加高级语言编程，并完成了编程语言的标准化工作。

第五代：20世纪90年代中期之后。随着网络技术的发展，现代可编程控制器对网络功能的要求更强，一般都有现场总线功能、互连网接入功能等，EASY嵌入式PLC采用CAN bus现场总线技术，并支持专用的嵌入式Web服务器。

我国从1974年开始研制可编程控制器，1977年开始应用于工业。目前已经大量地应用在楼宇自动化、家庭自动化、商业、公用事业、测试设备和农业等领域，并涌现出大批应用可编程控制器的新型设备。

二、可编程控制器的特点

（一）可靠性高，抗干扰能力强

传统的继电器控制系统中使用了大量的中间继电器、时间继电器，由于触点接触不良，容易出现故障。可编程控制器用软件代替大量的中间继电器和时间继电器，仅剩下与输入和输出有关的少量硬件，接线可减少到继电器控制系统的1/10～1/100，因触点接触不良造成的故障大为减少。

高可靠性是电气控制设备的关键性能。可编程控制器采用现代大规模集成电路技术、严格的生产工艺制造，内部电路采取了先进的抗干扰技术，具有很高的可靠性。例如，西门子公司生产的S7－200系列可编程控制器平均无故障时间高达30万小时。一些使用冗余CPU的可编程控制器的平均无故障工作时间则更长。从机外电路来说，使用可编程控制器构成控制系统，和同等规模的继电接触器系统相比，电气接线及开关接点已减少到数百甚至数千分之一，故障也就大大降低。此外，可编程控制器带有硬件故障自我检测功能，出现故障时可及时发出警报信息。在应用软件中，应用者还可以编入外围器件的故障自诊断程序，使系统中除可编程控制器外的电路及设备也获得故障自诊断保护。这样，整个系统就可具有极高的可靠性。

（二）硬件配套齐全，功能完善，适用性强

可编程控制器发展到今天，已经形成了大、中、小各种规模的系列化产品，并且已经标准化、系列化、模块化，配备有品种齐全的各种硬件装置供用户选用，用户能灵活方便地进行系统配置，组成不同功能、不同规模的系统。可编程控制器的安装接线也很方便，一般用接线端子连接外部接线。可编程控制器有较强的带负载能力，可直接驱动一般的电磁阀和交流接触器，可以用于各种规模的工业控制场合。除逻辑处理功能外，现代可编程控制器大多具有完善的数据运算能力，可用于各种数字控制领域。近年来可编程控制器的功能单元大量涌现，使可编程控制器渗透到了位置控制、温度控制、计算机数据（CNC）等各种工业控制

中。随着可编程控制器通信能力的增强及人机界面技术的发展,使用可编程控制器组成各种控制系统变得非常容易。

(三)易学易用,深受工程技术人员欢迎

可编程控制器作为通用工业控制计算机,是面向工矿企业的工业控制设备。它接口容易,编程语言易于为工程技术人员接受。梯形图语言的图形符号与表达方式和继电器电路图很接近,只用可编程控制器的少量开关量逻辑控制指令就可以方便地实现继电器电路的功能,为不熟悉电子电路、不懂计算机原理和汇编语言的人使用计算机从事工业控制打开了方便之门。

(四)系统的设计、安装、调试工作量小,维护方便,容易改造

可编程控制器的梯形图程序一般采用顺序控制设计法。这种编程方法很有规律,容易掌握。对于复杂的控制系统,梯形图的设计时间比设计继电器系统电路图的时间要少得多。

可编程控制器用存储逻辑代替接线逻辑,大大减少了控制设备外部的接线,使控制系统设计及建造的周期大为缩短,同时维护也变得容易起来。更重要的是,使同一设备通过改变程序改变生产过程成为可能。这很适合多品种、小批量的生产场合。

(五)体积小,质量轻,能耗低

以超小型可编程控制器为例,新近出产的品种底部尺寸小于 100 mm,仅相当于几个继电器的大小,因此可将开关柜的体积缩小到原来的 1/2 ~ 1/10。它的质量小于 150 g,功耗仅数瓦。体积小的可编程控制器很容易装入机械内部,是实现机电一体化的理想控制设备。

三、可编程控制器的分类

(一)按结构形式分类

PLC 按结构形式可分为整体式和模块式两大类。

整体式 PLC 是将 CPU、存储器、I/O 部件等组成部分集中于一体,安装在印刷电路板上,并连同电源一起装在一个机壳内,形成一个整体,通常称为主机或基本单元。整体式 PLC 具有结构紧凑、体积小、质量轻、价格低的优点。一般小型或超小型 PLC 多采用这种结构,如图 3-1 所示为三菱整体式 PLC。

图 3-1　三菱整体式 PLC

模块式 PLC 是把各个组成部分做成独立的模块,如 CPU 模块、输入模块、输出模块、电源模块等。各模块做成插件式,并组装在一个具有标准尺寸并带有若干插槽的机架内。模块式 PLC 配置灵活,装配和维修方便,易于扩展。一般大中型的 PLC 都采用这种结构,如图 3-2 所示为 LG 模块式 PLC。

还有一些 PLC 将整体式和模块式的特点结合起来,构成所谓叠装式 PLC。叠装式 PLC 的 CPU、电源、I/O 接口等也是各自独立的模块,但它们之间是靠电缆连接的,并且各模块可以一层层地叠装。这样,不但可以灵活配置系统,还可把体积做得小巧。

(二)按 I/O 点数和功能分类

可编程控制器用于对外部设备的控制,外部信号的输入、PLC 运算结果的输出都要通过 PLC 输入输出端子来进行接线,输入、输出端子的数目之和被称做 PLC 的输入、输出点数,

图 3-2　LG 模块式 PLC

简称 I/O 点数。

根据 I/O 点数的多少可将 PLC 分成小型、中型和大型三类。

小型 PLC 的 I/O 点数小于 256 点，以开关量控制为主，具有体积小、价格低的优点。可用于开关量的控制、定时/计数的控制、顺序控制及少量模拟量的控制场合，代替继电器－接触器控制在单机或小规模生产过程中使用。

中型 PLC 的 I/O 点数为 256～1 024，功能比较丰富，兼有开关量和模拟量的控制能力，适用于较复杂系统的逻辑控制和闭环过程的控制。

大型 PLC 的 I/O 点数在 1 024 点以上，用于大规模过程控制、集散式控制和工厂自动化网络。

四、可编程控制器的应用范围

目前，可编程控制器已经广泛地应用于各个工业部门。随着它的性能价格比的不断提高，应用范围还在不断扩大。主要有以下几个方面的应用。

（一）逻辑控制

可编程控制器具有"与"、"或"、"非"等逻辑运算的能力，可以实现逻辑运算，用触点和电路的串、并联，代替继电器进行组合逻辑控制、定时控制与顺序逻辑控制。数字量逻辑控制可以用于单台设备，也可以用于自动生产线，应用领域最为普及，在微电子、家电行业也有广泛的应用。

（二）运动控制

可编程控制器使用专用的运动控制模块，或灵活运用指令，把运动控制与顺序控制功能有机地结合在一起。随着变频器、电动机启动器的普遍使用，可编程控制器可以与变频器结合，运动控制功能更为强大，并广泛地用于各种机械，如金属切削机床、装配机械、机器人、电梯等场合。

（三）过程控制

可编程控制器可以接收温度、压力、流量等连续变化的模拟量，通过模拟量 I/O 模块，实现模拟量（Analog）和数字量（Digital）之间的 A/D 转换和 D/A 转换，并对被控模拟量实行闭环 PID（比例－积分－微分）控制。现代的大中型可编程控制器一般都有 PID 闭环控制功能，此功能已经广泛地应用于工业生产、加热炉、锅炉等设备，以及轻工、化工、机械、冶金、电力、建材等行业。

(四)数据处理

可编程控制器具有数学运算、数据传送、转换、排序和查表、位操作等功能,可以完成数据的采集、分析和处理。这些数据可以是运算的中间参考值,也可以通过通信功能传送到别的智能装置,或者将它们保存、打印。数据处理一般用于大型控制系统,如无人柔性制造系统,也可以用于过程控制系统,如造纸、冶金、食品工业中的一些大型控制系统。

(五)构建网络控制

可编程控制器的通信包括主机与远程 I/O 之间的通信、多台可编程控制器之间的通信、可编程控制器和其他智能控制设备(如计算机、变频器)之间的通信。可编程控制器与其他智能控制设备一起,可以组成"集中管理、分散控制"的分布式控制系统。

当然,并非所有的可编程控制器都具有上述功能,用户应根据系统的需要选择可编程控制器,这样既能完成控制任务,又可节省资金。

第二节　可编程控制器的组成

PLC 是一种工业控制计算机,与计算机的组成十分相似,由中央处理单元(CPU)、存储器单元(RAM、ROM)、输入/输出单元(I/O)、I/O 扩展接口、电源和编程器等组成。但 PLC 具有更强的与工业过程相连接的接口,它的结构框图如图 3-3 所示。

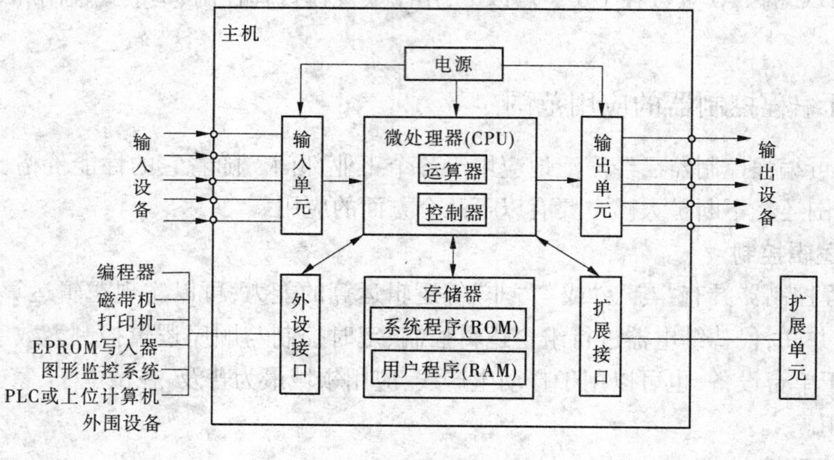

图 3-3　可编程控制器结构框图

一、中央处理单元(CPU)

CPU 是可编程控制器的控制中枢,相当于人的大脑。CPU 一般由控制电路、运算器和寄存器组成。这些电路通常都被封装在一个集成芯片上。CPU 通过地址总线、数据总线、控制总线与存储单元、输入/输出接口电路连接。CPU 在系统监控程序的控制下工作,通过扫描方式,将外部输入信号的状态写入输入映像寄存区域,PLC 进入运行状态后,从存储器逐条读取用户指令,按指令规定的任务进行数据的传送、逻辑运算、算术运算等,然后将结果送到输出映像寄存区域。

CPU 常用的微处理器有通用型微处理器、单片机和位片式计算机等。通用型微处理器常见的如 Intel 公司的 8086、80186、Pentium 系列芯片，单片机型的微处理器如 Intel 公司的 MCS-96 系列单片机，位片式微处理器如 AMD 2900 系列的微处理器。小型 PLC 的 CPU 多采用单片机或专用 CPU，中型 PLC 的 CPU 大多采用 16 位微处理器或单片机，大型 PLC 的 CPU 多用高速位片式处理器，具有高速处理能力。

二、存储器单元

PLC 内的存储器单元主要用于存放系统程序、用户程序和数据等。

（一）系统程序存储器

PLC 的系统程序决定了 PLC 的基本功能，该部分程序由 PLC 制造厂家编写并固化在系统程序存储器中，主要有系统管理程序、用户指令解释程序、功能程序与系统程序调用等部分。系统管理程序主要控制 PLC 的运行，使 PLC 按正确的次序工作；用户指令解释程序将 PLC 的用户指令转换为机器语言指令，传输到 CPU 内执行；功能程序与系统程序调用则负责调用不同的功能子程序及其管理程序。

系统程序属于需长期保存的重要数据，所以存储器采用 ROM 或 EPROM。ROM 是只读存储器，该存储器只能读出内容，不能写入内容。ROM 具有非易失性，即电源断开后仍能保存已存储的内容。EPROM 为可电擦除只读存储器，须用紫外线照射芯片上的透镜窗口才能擦除已写入的内容，可电擦除可编程只读存储器还有 EEPROM、FLASH ROM 等。

（二）用户程序存储器

用户程序存储器用于存放用户载入的 PLC 应用程序，载入初期的用户程序因需修改与调试，所以称为用户调试程序，存放在可以随机读写操作的随机存取存储器 RAM 内，方便用户修改与调试。

修改与调试后的程序称为用户执行程序，由于不需要再作修改与调试，所以用户执行程序就被固化在内部供长期使用。

（三）数据存储器

PLC 运行过程中需生成或调用中间结果数据（如输入/输出元件的状态数据，定时器、计数器的预置值和当前值等）和组态数据（如输入/输出组态、设置输入滤波、脉冲捕捉、输出表配置、定义存储区保持范围、模拟电位器设置、高速计数器配置、高速脉冲输出配置、通信组态等），这类数据存放在工作数据存储器中，由于工作数据与组态数据不断变化，且不需要长期保存，所以采用随机存取存储器 RAM。

RAM 是一种高密度、低功耗的半导体存储器，可用锂电池作为备用电源，一旦断电，即可通过锂电池供电，保持 RAM 中的内容。

三、电源单元

电源单元的作用是把外部电源（220 V 的交流电源）转换成内部工作电压。PLC 内部配有一个专用开关式稳压电源，将外部连接的交流/直流供电电源转化为 PLC 内部电路需要的工作电源（直流 5 V、正负 12 V、24 V），并为外部输入元件（如接近开关）提供 24 V 直流电源（仅供输入端点使用）。驱动 PLC 负载的电源由用户提供。

四、输入/输出单元

输入/输出单元是 PLC 与工业现场控制或检测元件和执行元件连接的接口。PLC 的输入接口有直流输入、交流输入、交直流输入等类型;输出接口有晶体管输出、晶闸管输出和继电器输出等类型。晶体管和晶闸管输出为无触点输出型电路,晶体管输出型用于高频小功率负载,晶闸管输出型用于高频大功率负载;继电器输出为有触点输出型电路,用于低频负载。

现场控制或检测元件输入给 PLC 各种控制信号,如限位开关、操作按钮、选择开关以及其他一些传感器输出的开关量或模拟量等,输入接口电路将这些信号转换成 CPU 能够接收和处理的信号。输出接口电路将 CPU 送出的弱电控制信号转换成现场需要的强电信号输出,以驱动电磁阀、接触器等被控设备的执行元件。

(一)输入接口

输入接口用于接收和采集两种类型的输入信号:一类是由按钮、转换开关、行程开关、继电器触点等提供的开关量输入信号;另一类是由电位器、测速发电机和各种变换器提供的连续变化的模拟量输入信号。

由于生产过程中使用的各种开关、按钮、传感器等输入器件直接接到 PLC 输入接口电路上,为防止触点抖动或干扰脉冲引起错误的输入信号,输入接口电路必须有很强的抗干扰能力,如图 3-4 所示。

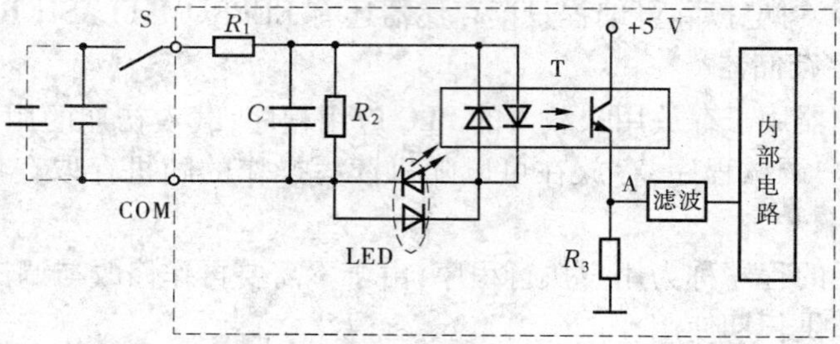

图 3-4　PLC 的输入接口电路

在图 3-4 中,S 为输入开关,当 S 闭合时, LED 点亮,显示输入开关 S 处于接通状态。光电耦合器导通,将高电平经滤波器送到 PLC 内部电路中。当 CPU 在循环的输入阶段锁入该信号时,将该输入点对应的映像寄存器状态置 1;当 S 断开时,则对应的映像寄存器状态置 0。根据常用输入电路电压类型及电路形式的不同,可将它分为直流输入式和交流输入式。输入电路的电源可由外部提供,也可由 PLC 内部提供。

提高输入接口电路抗干扰能力的方法主要有两种。

1. 利用光电耦合器提高抗干扰能力

光电耦合器的工作原理是:发光二极管有驱动电流流过时,导通发光,光敏三极管接收到光线,由截止变为导通,将输入信号送入 PLC 内部。光电耦合器中的发光二极管是电流驱动元件,要有足够的能量才能驱动。而干扰信号虽然有的电压值很高,但能量较小,不能使发光二极管导通发光,所以不能进入 PLC 内,实现了电隔离。

2. 利用滤波电路提高抗干扰能力

最常用的滤波电路是电阻电容滤波。

(二)输出接口

输出接口向被控对象的各种执行元件输出控制信号。常用执行元件有接触器、电磁阀、调节阀(模拟量)、调速装置(模拟量)、指示灯、数字显示装置和报警装置等。输出接口一般由微电脑输出接口电路和功率放大电路组成,与输入接口电路类似,内部电路与输出接口之间采用光电耦合器进行抗干扰电隔离。

微电脑输出接口一般由输出数据寄存器、选通电路和中断请求逻辑电路集成在芯片上,CPU 通过数据总线将输出信号送到输出数据寄存器中,功率放大电路是为了适应工业控制要求,将微电脑的输出信号放大。

根据驱动负载元件的不同可将输出接口电路分为三种形式。

1. 小型继电器输出形式

小型继电器输出接口电路如图 3-5 所示。小型继电器输出形式既可驱动交流负载,又可驱动直流负载。它的优点是适用电压范围比较宽,导通压降小,承受瞬时过电压和过电流的能力强;缺点是动作速度较慢,动作次数(寿命)有一定的限制。建议在输出量变化不频繁时优先选用。

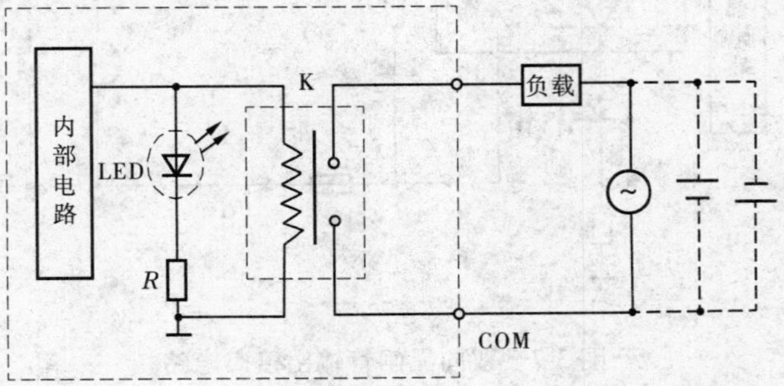

图 3-5 小型继电器输出接口电路

在图 3-5 中,当内部电路的状态为 1 时,继电器 K 的线圈通电,产生电磁吸力,触点闭合,负载得电,同时点亮 LED,表示该路输出点有输出。当内部电路的状态为 0 时,继电器 K 的线圈无电流,触点断开,负载断电,同时 LED 熄灭,表示该路输出点无输出。

2. 大功率晶体管或场效应管输出形式

大功率晶体管输出接口电路如图 3-6 所示。大功率晶体管或场效应管输出形式只可驱动直流负载。它的优点是可靠性强,执行速度快,寿命长;缺点是过载能力差。适合在直流供电、输出量变化快的场合选用。

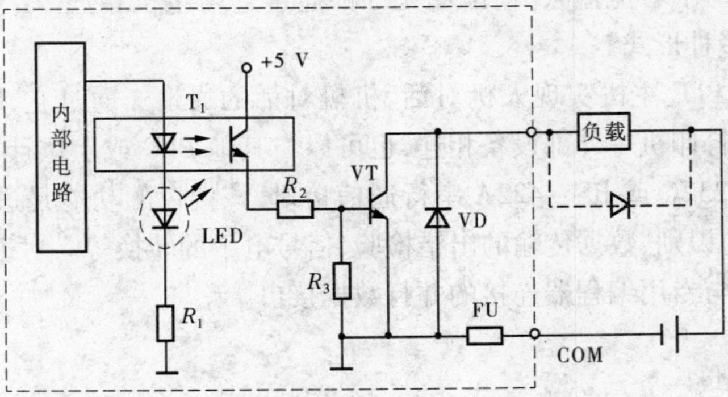

图 3-6 大功率晶体管输出接口电路

在图 3-6 中，当内部电路的状态为 1 时，光电耦合器 T1 导通，大功率晶体管 VT 饱和导通，负载得电，同时点亮 LED，表示该路输出点有输出。当内部电路的状态为 0 时，光电耦合器 T1 断开，大功率晶体管 VT 截止，负载失电，LED 熄灭，表示该路输出点无输出。若负载为电感性负载，VT 关断时会产生较高的反电势，VD 的作用是提供放电回路，避免 VT 承受过电压。

3. 双向晶闸管输出形式

双向晶闸管输出接口电路如图 3-7 所示。双向晶闸管输出形式适合驱动交流负载。由于双向可控硅和大功率晶体管同属于半导体材料元件，所以它的优缺点与大功率晶体管或场效应管输出形式相似，适合在交流供电、输出量变化快的场合选用。

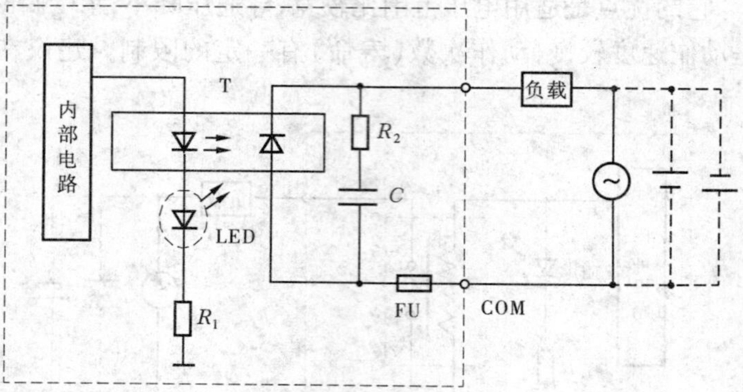

图 3-7　双向晶闸管输出接口电路

在图 3-7 中，当内部电路的状态为 1 时，发光二极管导通发光，向双向晶闸管施加了触发信号，无论外接电源极性如何，双向晶闸管 T 均导通，负载得电，同时输出指示灯 LED 点亮，表示该输出点接通；当对应 T 的内部继电器的状态为 0 时，相当于向双向晶闸管施加了触发信号，双向晶闸管关断，此时 LED 不亮，负载失电。

五、接口单元

可编程控制器的接口单元包括 I/O 扩展接口和外设 I/O 接口两类。

I/O 扩展接口是 PLC 主机为了扩展输入/输出点数和类型的部件，输入/输出扩展单元、远程输入/输出扩展单元、智能输入/输出单元等都通过它与主机相连。I/O 扩展接口有并行接口、串行接口等多种形式。

外设 I/O 接口是 PLC 主机实现人机对话、机机对话的通道。通过它，PLC 可以和编程器、彩色图形显示器、打印机等外部设备相连，也可以与其他 PLC 或上位计算机连接。外设 I/O 接口一般是 RS－232C 或 RS－422A 串行通信接口，该接口的功能是进行串行/并行数据的转换、通信格式的识别、数据传输的出错检验、信号电平的转换等。对于一些小型 PLC，外设 I/O 接口中还有与专用编程器连接的并行数据接口。

六、外部设备

可编程控制器的外部设备包括编程器、磁盘、光盘、EPROM 写入器（用于固化用户程序）、打印机、图形监控系统、上位计算机等，其中用的最多的是编程器。

编程器的作用是将用户编写的程序下载至PLC的用户程序存储器，并利用编程器检查、修改和调试用户程序，监视用户程序的执行过程，显示CPU状态、内部器件及系统的参数等。

编程器有简易编程器和图形编程器两种。简易编程器体积小，携带方便，但只能用语句形式进行联机编程，适合小型PLC的编程及现场调试。图形编程器既可用语句形式编程，又可用梯形图编程，同时还能进行脱机编程。

目前，PLC制造厂家大都开发了计算机辅助PLC编程支持软件，当个人计算机安装了PLC编程支持软件后，可用做图形编程器，进行用户程序的编辑、修改，并通过个人计算机和PLC之间的通信接口实现用户程序的双向传送、监控PLC运行状态等。

第三节　可编程控制器的工作原理

可编程控制器是基于电子计算机的工业控制器，从PLC产生的背景来看，PLC系统与继电器控制系统有着极深的渊源，因此可以对照着继电器系统来学习PLC的工作原理。

一、可编程控制器的等效电路

PLC的输入部分采集输入信号，输出部分就是系统的执行部分，这两部分与继电器控制系统相同。PLC内部控制电路是由编程实现的逻辑电路，用软件编程代替继电器的功能。对于使用者来说，在编制程序时，可把PLC看成是内部由许多“软继电器”组成的控制器，用近似继电器控制线路的编程语言进行编程。从功能上讲，可以把PLC的控制部分看做是由许多“软继电器”组成的等效电路，如图3-8所示。

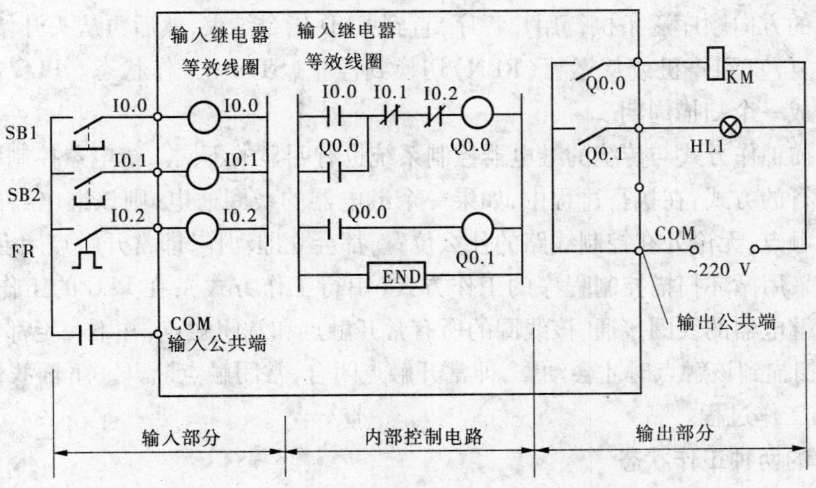

图3-8　可编程控制器的等效电路

PLC等效电路包括三部分。

（一）输入回路

输入回路由外部输入电路、PLC输入接线端子（COM是输入公共端）和输入继电器组成。外部输入信号经PLC输入接线端子驱动输入继电器。一个输入端子对应一个等效电路中的输入继电器，它可提供任意个常开和常闭触点，供PLC内部控制电路编程使用。输入回路的电源可用 PLC 电源部件提供的直流电源，也可由独立的交流电源供电。

（二）内部控制电路

内部控制电路由用户程序形成。它的作用是按照程序规定的逻辑关系，对输入信号和输出信号的状态进行运算、处理和判断，然后得到相应的输出。用户程序常采用梯形图编写，梯形图在形式上类似于继电器控制原理图，两者在电路结构及线圈与触点的控制关系上都大致相同，只是梯形图中元件符号及其含义与继电器控制电路中不同。

（三）输出回路

输出回路由与内部电路隔离的输出继电器的外部常开触点、输出接线端子（COM 是输出公共端）和外部电路组成，用来驱动外部负载。

PLC 内部控制电路中有许多输出继电器。每个输出继电器除有为内部控制电路提供编程用的常开、常闭触点外，还为输出电路提供一个常开触点与输出接线端连接。驱动外部负载的电源由用户提供。

注意：PLC 等效电路中的继电器并不是实际的物理继电器（硬继电器），它实际是存储器中的每一位触发器。该触发器为“1”态，相当于继电器接通；该触发器为“0”态，相当于继电器断开。

二、可编程控制器的工作过程

PLC 对用户程序的执行是以循环扫描方式进行的。PLC 这种运行程序的方式与微型计算机相比有较大的不同。微型计算机运行程序时，一旦执行到 END 指令，程序运行结束。而 PLC 从 0000 号存储地址所存放的第一条用户程序开始，在无中断或跳转的情况下，按存储地址号递增的方向顺序逐条执行用户程序，直到 END 指令结束，然后再从头开始执行，并周而复始地重复，直到停机或从运行（RUN）切换到停止（STOP）工作状态。PLC 每扫描完一次程序就构成一个扫描周期。

PLC 的扫描工作方式与传统的继电器控制系统也有明显的不同。继电器控制装置采用硬逻辑并行运行的方式：在执行过程中，如果一个继电器的线圈通电，则该继电器的所有常开触点和常闭触点，无论处在控制线路的什么位置，都会立即动作，即常开触点闭合，常闭触点断开。PLC 采用循环扫描控制程序的工作方式（串行工作方式）：在 PLC 的工作过程中，如果某一个软继电器的线圈接通，该线圈的所有常开触点和常闭触点，并不一定都会立即动作，只有 CPU 扫描到该触点时才会动作，即常开触点闭合，常闭触点断开。下面我们具体介绍 PLC 的扫描工作过程。

（一）PLC 的两种工作状态

PLC 有两种的工作状态，即运行（RUN）状态与停止（STOP）状态。运行状态是执行应用程序的状态。停止状态一般用于程序的编制与修改。

（二）PLC 的工作过程

PLC 上电后，在系统程序的监控下，周而复始地按一定的顺序对系统内部的各种任务进行查询、判断和执行，这个过程实质上是按顺序循环扫描的过程，如图 3-9 所示。

1. 初始化

PLC 上电后，首先进行系统初始化，清除内部继电器区，复位定时器等。

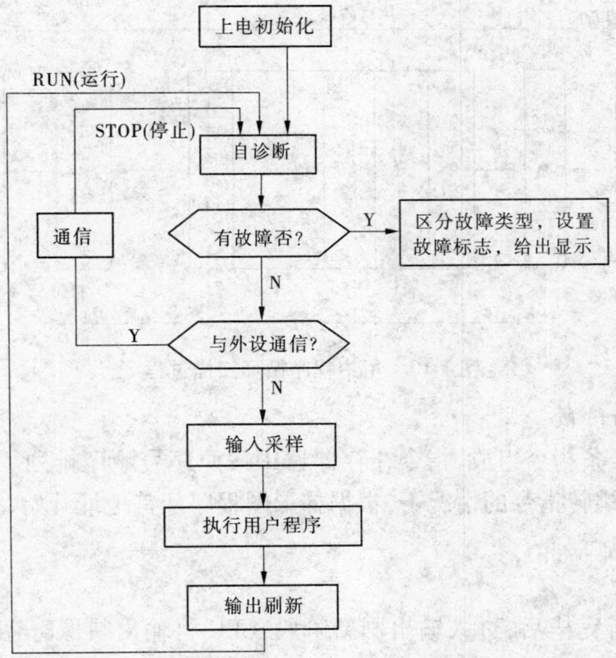

图 3-9　PLC 的工作过程

2. CPU 自诊断

在每个扫描周期都要进入自诊断阶段，对电源、PLC 内部电路、用户程序的语法进行检查；定期复位监控定时器等，以确保系统可靠运行。

3. 通信信息处理

在每个通信信息处理扫描阶段，进行 PLC 之间以及 PLC 与计算机之间的信息交换；PLC 与其他带微处理器的智能装置通信，例如，智能 I/O 模块；在多处理器系统中，CPU 还要与数字处理器交换信息。

4. 与外部设备交换信息

PLC 与外部设备连接时，在每个扫描周期内要与外部设备交换信息。

5. 执行用户程序

PLC 在运行状态下，每一个扫描周期都要执行用户程序。

6. 输入、输出信息处理

PLC 在运行状态下，每一个扫描周期都要进行输入、输出信息处理。

（三）用户程序的循环扫描过程

CPU 有两个操作方式：STOP 方式和 RUN 方式。在扫描周期内，STOP 方式和 RUN 方式的主要差别在于 RUN 方式下执行用户程序，而在 STOP 方式下不执行用户程序。

PLC 对用户程序进行循环扫描的工作方式，每个扫描周期可分为三个阶段：输入采样刷新阶段、用户程序执行阶段和输出刷新阶段，如图 3-10 所示。

1. 输入采样刷新阶段

在输入采样刷新阶段，PLC 以扫描方式，按顺序扫描输入端子，把所有外部输入电路的接通/断开状态读入到输入映像寄存器，在此输入映像寄存器被刷新。

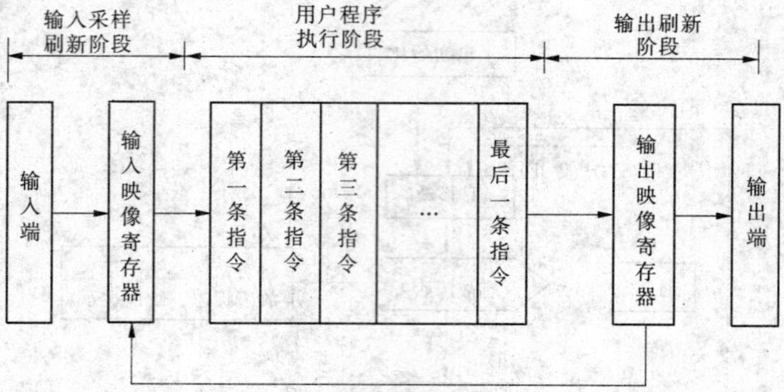

图 3-10 用户程序循环扫描过程

2. 用户程序执行阶段

用户程序由若干条指令组成，指令在存储器中按照序号顺序排列。PLC 在用户程序执行阶段，在无中断或跳转指令的情况下，根据梯形图程序从首地址开始，按自上而下、从左至右的顺序逐条扫描执行。

3. 输出刷新阶段

当所有指令执行完毕后，进入输出刷新阶段，CPU 将输出映像寄存器中的内容集中转存到输出锁存器，然后传送到各相应的输出端子，最后驱动实际输出负载，这是 PLC 的实际输出，采用的是集中输出的方式。

（四）扫描周期和输入、输出滞后时间

1. 扫描周期

PLC 在 RUN 工作模式时，执行一次扫描操作所需的时间称为扫描周期，典型值为1 ~ 100 ms。

2. 输入、输出滞后时间

输入、输出滞后时间又称系统响应时间，是指 PLC 的外部输入信号发生变化的时刻到它控制的有关外部输出信号发生变化的时刻之间的时间间隔，由输入电路滤波时间、输出电路的滞后时间和因扫描工作方式产生的滞后时间三部分组成。

由扫描工作方式引起的滞后时间最长可达两个多扫描周期。PLC 总的响应延迟时间一般只有数十毫秒，对于一般的控制系统是无关紧要的。

第四节　可编程控制器的编程语言

一、PLC 的编程语言

PLC 为用户提供了完整的编程语言，以适应编制用户程序的需要。PLC 提供的编程语言通常有以下几种：梯形图、指令表、顺序功能流程图和功能块图。下面以 S7 - 200 系列 PLC 为例加以说明。

（一）梯形图（LAD）

梯形图（LAD）编程语言是从继电器控制系统原理图的基础上演变而来的。PLC 的梯形图与继电器控制系统的梯形图的基本思想是一致的，只是在使用符号和表达方式上有一定区别。

梯形图的一个关键概念是“能流”(Power Flow),这仅是概念上的“能流”,在梯形图中把左边的母线假想为电源“火线”,把右边的母线(虚线所示)假想为电源“零线”。如果有“能流”从左至右流向线圈,则线圈被激励;如果没有“能流”,则线圈未被激励。

要强调的是,引入“能流”的概念,仅仅是为了和继电器控制系统相比较,从而对梯形图有一个深入的认识,其实“能流”在梯形图中是不存在的。

有的 PLC 的梯形图有两根母线,但现在大部分 PLC 只保留左边的母线了。在梯形图中,触点代表逻辑“输入”条件,如开关、按钮、内部条件等;线圈通常代表逻辑“输出”结果,如灯、电机接触器、中间继电器等。对 S7 - 200 系列 PLC 来说,还有一种输出——“盒”(方块图),它代表附加的指令,如定时器、计数器和功能指令等。梯形图语言简单明了,易于理解,是所有编程语言的首选。

(二)指令表(STL)

指令表(STL)编程语言类似于计算机中的助记符语言,它是可编程控制器最基础的编程语言。所谓指令表编程,是用一个或几个容易记忆的字符来代表可编程控制器的某种操作功能。具体指令的说明在后面的章节有详细的介绍。

(三)顺序功能流程图(SFC)

顺序功能流程图(SFC)编程是一种图形化的编程方法,亦称功能图。使用它可以对具有并发、选择等复杂结构的系统进行编程,许多 PLC 都提供了用于 SFC 编程的指令。目前,国际电工协会(IEC)也正在实施并发展这种语言的编程标准。

(四)功能块图(FBD)

S7 - 200 系列 PLC 专门提供了 FBD 编程语言,利用 FBD 可以查看到像普通逻辑门图形的逻辑盒指令。它没有梯形图编程器中的触点和线圈,但有与之等价的指令,这些指令是作为盒指令出现的,程序逻辑由这些盒指令之间的连接决定。也就是说,一个指令(例如 AND 盒)的输出可以用来允许另一条指令(例如定时器),这样可以建立所需要的控制逻辑。这样的连接思想可以解决范围广泛的逻辑问题。FBD 编程语言有利于程序流的跟踪,但目前使用较少。

二、PLC 的程序结构

控制一个任务或过程,是通过在 RUN 方式下,使主机循环扫描并连续执行用户程序来实现的,用户程序决定了一个控制系统的功能。程序的编制可以使用编程软件在计算机或其他专用编程设备中进行(如图形输入设备),也可使用手编器。

广义上的 PLC 程序由三部分构成:用户程序、数据块和参数块。

(一)用户程序

用户程序是必选项。用户程序在存储器空间中也称为组织块,它处于最高层次,可以管理其他块,是用各种语言(如 STL、LAD 或 FBD 等)编写的用户程序。不同机型的 CPU,其程序空间容量也不同。用户程序的结构比较简单,一个完整的用户控制程序应当包含一个主程序、若干子程序和若干中断程序三大部分。不同编程设备,对各程序块的安排方法也不同。

用编程软件在计算机上编程时,利用编程软件的程序结构窗口双击主程序、子程序和中断程序的图标,即可进入各程序块的编程窗口。编译时编程软件自动对各程序段进行连接。

对 S7 - 200 系列 PLC 的主程序、子程序和中断程序来说，它们的结束指令不需编程人员手工输入，编程软件会在程序编译时自动加入相应的结束指令。

（二）数据块

数据块为可选部分，它主要存放控制程序运行所需的数据，在数据块中允许以下数据类型：布尔型，表示编程元件的状态；十进制、二进制或十六进制数；字母、数字和字符。

（三）参数块

参数块也是可选部分，它存放的是 CPU 组态数据。如果在编程软件或其他编程工具上未进行 CPU 的组态，则系统以默认值进行自动配置。

第五节 S7 - 200 系列的 PLC

一、概述

西门子 S7 系列可编程控制器分为 S7 - 400、S7 - 300、S7 - 200 三个系列，分别为 S7 系列的大、中、小型可编程控制器系统。S7 - 200 系列可编程控制器有 CPU21X 系列、CPU22X 系列，其中 CPU22X 系列可编程控制器提供了 4 个不同的基本型号，常见的有 CPU221、CPU222、CPU224 和 CPU226 四种基本型号。不同 CPU 的性能参数如表 3-1 所示。

表 3-1 不同 CPU 的性能参数

<table>
<tr><th colspan="2">型号</th><th>CPU221</th><th>CPU222</th><th>CPU224</th><th>CPU224XP</th><th>CPU226</th></tr>
<tr><td rowspan="2">程序存储字节</td><td>使用运行编程模式</td><td colspan="2" rowspan="2">4 096</td><td>8 192</td><td>12 288</td><td>16 384</td></tr>
<tr><td>不使用运行编程模式</td><td>12 288</td><td>16 384</td><td>24 576</td></tr>
<tr><td colspan="2">数字量 I/O</td><td>6/4</td><td>8/6</td><td colspan="2">14/10</td><td>24/16</td></tr>
<tr><td colspan="2">模拟量 I/O</td><td colspan="3">无</td><td>2/1</td><td>无</td></tr>
<tr><td colspan="2">本位通信口</td><td colspan="2">1 个 RS - 485</td><td colspan="3">2 个 RS - 485</td></tr>
<tr><td colspan="2">PPI、DP/T 波特率</td><td colspan="5">9.6、19.2、187.5 KB</td></tr>
<tr><td colspan="2">自由口波特率</td><td colspan="5">1.2 ~ 115.2 KB</td></tr>
<tr><td colspan="2">高速脉冲输出（kHz）</td><td colspan="3">20 × 2</td><td>100 × 2</td><td>20 × 2</td></tr>
<tr><td colspan="2">数字量输入特性</td><td colspan="5">典型数值：24 V DC，4 mA</td></tr>
<tr><td colspan="2">数字量输出特性</td><td colspan="5">输出电压：20.4 ~ 28.8 V DC
每个点的额定电流：0.75 A（晶体管输出）、2 A（继电器输出）</td></tr>
<tr><td rowspan="2">供电能力（mA）</td><td>DC 5 V</td><td>0</td><td>340</td><td colspan="2">660</td><td>1 000</td></tr>
<tr><td>DC 24 V</td><td>180</td><td>180</td><td colspan="2">280</td><td>400</td></tr>
<tr><td colspan="2">定时器</td><td colspan="5">256</td></tr>
<tr><td colspan="2">计数器</td><td colspan="5">256</td></tr>
</table>

小型 PLC 中，CPU221 价格低廉，能满足多种集成功能的需要。CPU222 是 S7 - 200 家族中低成本的单元，通过可连接的扩展模块即可处理模拟量。CPU224 具有更多的输入/输出点及更大的存储器。CPU226 和 CPU226XM 是功能最强的单元，可完全满足一些中小型

复杂控制系统的要求。

二、S7－200 系列 PLC 系统的构成

S7－200 系列 PLC 系统的构成包括以下几部分。

(1)集成的 24 V 电源:可直接连接到传感器和变送器执行器,CPU221 和 CPU222 具有 180 mA 输出。CPU224 输出 280 mA,CPU 226、CPU 226XM 输出 400 mA,可用做负载电源。

(2)高速脉冲输出:具有 2 路高速脉冲输出端,输出脉冲频率可达 20 kHz,用于控制步进电机或伺服电机,实现定位任务。

(3)通信口:CPU221、CPU222 和 CPU224 具有 1 个 RS－485 通信口。CPU226、CPU226XM 具有 2 个 RS－485 通信口。支持 PPI、MPI 通信协议,有自由口通信能力。

(4)模拟电位器:CPU221/222 有 1 个模拟电位器,CPU224/226/226XM 有 2 个模拟电位器。模拟电位器用来改变特殊寄存器(SMB28、SMB29)中的数值,以改变程序运行时的参数,如定时器、计数器的预置值,过程量的控制参数。

(5)中断输入允许以极快的速度对过程信号的上升沿作出响应。

(6)EEPROM 存储器模块(选件):可作为修改与拷贝程序的快速工具,无需编程器,并可进行辅助软件归档工作。

(7)电池模块:用户数据(如标志位状态、数据块、定时器、计数器)可通过内部的超级电容存储大约 5 天。选用电池模块能延长存储时间到 200 天(10 年寿命)。电池模块插在存储器模块的卡槽中。

(8)不同的设备类型:CPU221～226 各有 2 种类型 CPU,具有不同的电源电压和控制电压。

(9)数字量输入/输出点:CPU221 具有 6 个输入点和 4 个输出点,CPU222 具有 8 个输入点和 6 个输出点,CPU224 具有 14 个输入点和 10 个输出点,CPU226/226XM 具有 24 个输入点和 16 个输出点。CPU22X 主机的输入点为 24 V 直流双向光电耦合输入电路,输出有继电器和直流(MOS 型)两种类型。

(10)高速计数器:CPU221/222 有 4 个 30 kHz 高速计数器,CPU224/226/226XM 有 6 个 30 kHz 的高速计数器,用于捕捉比 CPU 扫描频率更快的脉冲信号。

三、S7－200 系列 PLC 的内部资源

(一)数据的长度

计算机中使用的都是二进制数,最基本的存储单位是位(bit),8 位二进制数组成 1 个字节(Byte),其中的第 0 位为最低位(LSB),第 7 位为最高位(MSB)。2 个字节(16 位)组成 1 个字(Word),2 个字(32 位)组成 1 个双字(Double Word)。把位、字节、字和双字占用的连续位数称为长度。

二进制数的“位”只有 0 和 1 两种取值,开关量(或数字量)也只有两种不同的状态,如触点的断开和接通、线圈的失电和得电等。在 S7－200 梯形图中,可用“位”描述它们,如果该位为 1,则表示对应的线圈为得电状态,触点为转换状态(常开触点闭合、常闭触点断开);如果该位为 0,则表示对应线圈、触点的状态与前者相反。

（二）数据类型及数据范围

S7－200 系列 PLC 的数据类型可以是字符串、布尔型（0 或 1）、整数型和实数型（浮点数）。布尔型数据指字节型无符号整数，整数型数据包括 16 位符号整数（INT）和 32 位符号整数（DINT），实数型数据用 32 位单精度数来表示。

（三）常数

S7－200 的许多指令中常会使用常数。常数的数据长度可以是字节、字和双字。CPU 以二进制的形式存储常数，书写常数可以用二进制、十进制、十六进制、ASCII 码或实数等多种形式。书写格式如下。

十进制常数：1234 ；十六进制常数：16#3AC6 ；二进制常数：2#1010 0001 1110 0000；ASCII 码："Show"；实数（浮点数）：+1.175495E－38（正数），－1.175495E－38（负数）。

（四）编址方式

可编程控制器的编址就是对 PLC 内部的元件进行编码，以便程序执行时可以唯一地识别每个元件。PLC 内部在数据存储区为每一种元件分配一个存储区域，并用字母作为区域标志符，同时表示元件的类型。如：数字量输入写入输入映像寄存器（区域标志符为 I），数字量输出写入输出映像寄存器（区域标志符为 Q），模拟量输入写入模拟量输入映像寄存器（区域标志符为 AI），模拟量输出写入模拟量输出映像寄存器（区域标志符为 AQ）。除输入/输出外，PLC 还有其他元件，V 表示变量存储器，M 表示内部标志位存储器，SM 表示特殊标志位存储器，L 表示局部变量存储器，T 表示定时器，C 表示计数器，HC 表示高速计数器，S 表示顺序控制继电器，AC 表示累加器。掌握各元件的功能和使用方法是编程的基础。下面将介绍元件的编址方式。

存储器的单位可以是位（bit）、字节（Byte）、字（Word）、双字（Double Word），那么编址方式也可以分为位、字节、字、双字编址。

位编址：位编址的指定方式为：区域标志符字节号.位号，如 I0.0，Q0.0，I1.2。

字节编址：字节编址的指定方式为：区域标志符 B 字节号，如 IB0 表示由 I0.0～I0.7 这 8 位组成的字节。

字编址：字编址的指定方式为：区域标志符 W 起始字节号，且最高有效字节为起始字节。例如 VW0 表示由 VB0 和 VB1 这 2 个字节组成的字。

双字编址：双字编址的指定方式为：区域标志符 D 起始字节号，且最高有效字节为起始字节。例如 VD0 表示由 VB0 到 VB3 这 4 个字节组成的双字。

（五）寻址方式

1. 直接寻址

直接寻址是在指令中直接使用存储器或寄存器的元件名称（区域标志）和地址编号，直接到指定的区域读取或写入数据。有按位、字节、字、双字的寻址方式。

2. 间接寻址

间接寻址时操作数并不提供直接数据位置，而是通过使用地址指针来存取存储器中的数据。在 S7－200 中允许使用指针对 I、Q、M、V、S、T、C（仅当前值）存储区进行间接寻址。

使用间接寻址前，要先创建一指向该位置的指针。指针为双字（32 位），存放的是另一存储器的地址，只能用 V、L 或累加器 AC 作指针。生成指针时，要使用双字传送指令（MOVD），将数据所在单元的内存地址送入指针，双字传送指令的输入操作数开始处加

& 符号,表示某存储器的地址,而不是存储器内部的值。指令输出操作数是指针地址。例如:MOVD &VB200,AC1 指令就是将 VB200 的地址送入累加器 AC1 中。

指针建立好后,利用指针存取数据。在使用地址指针存取数据的指令中,操作数前加"*"号表示该操作数为地址指针。例如:MOVW *AC1,AC0(MOVW 为字传送指令),指令表示将以 AC1 中的内容为起始地址的一个字长的数据(即 VB200,VB201 内部数据)送入 AC0 内。

(六)元件功能及地址分配

1. 输入映像寄存器(输入继电器)I

1)输入映像寄存器的工作原理

输入继电器是 PLC 用来接收用户设备输入信号的接口。PLC 中的"继电器"是"软继电器",与继电器控制系统中的继电器有本质性的差别,它实质是存储单元。每一个输入继电器线圈都与相应的 PLC 输入端相连(如输入继电器 I0.0 的线圈与 PLC 的输入端子 0.0 相连),当外部开关信号闭合时,"输入继电器"的线圈得电,在程序中常开触点闭合,常闭触点断开。由于存储单元可以无限次地读取,所以有无数对常开、常闭触点供编程时使用。编程时应注意,输入继电器的线圈只能由外部信号来驱动,不能在程序内部用指令来驱动,因此在用户编制的梯形图中只应出现"输入继电器"的触点,而不应出现输入继电器的线圈。

2)输入映像寄存器的地址分配

S7-200 输入映像寄存器区域有 IB0~IB15 共 16 个字节的存储单元。系统对输入映像寄存器是以字节(8 位)为单位进行地址分配的。输入映像寄存器可以按位进行操作,每一位对应一个数字量的输入点。如 CPU224 的基本单元输入为 14 点,需占用 $2 \times 8 = 16$ 位,即占用 IB0 和 IB1 两个字节。而 I1.6、I1.7 因没有实际输入而未使用,用户程序中不可使用。但如果整个字节未使用,如 IB3~IB15,则可作为内部标志位(M)使用。

输入继电器可采用位、字节、字或双字来存取。输入继电器位存取的地址编号范围为 I0.0~I15.7。

2. 输出映像寄存器(输出继电器)

1)输出映像寄存器的工作原理

输出继电器是用来将输出信号传送到负载的接口,每一个输出继电器线圈都与相应的 PLC 输出端相连,并有无数对常开和常闭触点供编程时使用。除此之外,还有一对常开触点与相应 PLC 输出端相连(如输出继电器 Q0.0 有一对常开触点与 PLC 输出端子 0.0 相连)用于驱动负载。输出继电器线圈的通断状态只能在程序内部用指令驱动。

2)输出映像寄存器的地址分配

S7-200 输出映像寄存器区域有 QB0~QB15 共 16 个字节的存储单元。系统对输出映像寄存器也是以字节(8 位)为单位进行地址分配的。输出映像寄存器可以按位进行操作,每一位对应一个数字量的输出点。如 CPU224 的基本单元输出为 10 点,需占用 $2 \times 8 = 16$ 位,即占用 QB0 和 QB1 两个字节。但未使用的位和字节均可在用户程序中作为内部标志位使用。

输出继电器可采用位、字节、字或双字来存取。输出继电器位存取的地址编号范围为 Q0.0~Q15.7。

以上介绍的两种软继电器都是和用户有联系的,因而是 PLC 与外部联系的窗口。下面所介绍的是与外部设备没有联系的内部软继电器。它们既不能用来接收用户信号，也不能用来驱动外部负载，只能用于编制程序，即线圈和接点都只能出现在梯形图中。

3. 变量存储器 V

变量存储器主要用于存储变量。可以存放数据运算的中间运算结果或设置参数，在进行数据处理时，变量存储器会被经常使用。变量存储器可以位寻址，也可以字节、字、双字为单位寻址，位存取的编号范围根据 CPU 的型号有所不同，CPU221/222 为 V0.0 ~ V2047.7 共 2 KB 存储容量，CPU224/226 为 V0.0 ~ V5119.7 共 5 KB 存储容量。

4. 内部标志位存储器(中间继电器)M

内部标志位存储器用来保存控制继电器的中间操作状态，作用相当于继电器控制中的中间继电器。内部标志位存储器在 PLC 中没有输入/输出端与之对应，其线圈的通断状态只能在程序内部用指令驱动，其触点不能直接驱动外部负载，只能在程序内部驱动输出继电器的线圈，再用输出继电器的触点去驱动外部负载。

内部标志位存储器可采用位、字节、字或双字来存取。内部标志位存储器位存取的地址编号范围为 M0.0 ~ M31.7 共 32 个字节。

5. 特殊标志位存储器 SM

PLC 中还有若干特殊标志位存储器。特殊标志位存储器位提供大量的状态和控制功能，用来在 CPU 和用户程序之间交换信息。特殊标志位存储器能以位、字节、字或双字来存取，CPU224 的 SM 的位地址编号范围为 SM0.0 ~ SM179.7 共 180 个字节。其中 SM0.0 ~ SM29.7 的 30 个字节为只读型区域。

常用的特殊存储器的用途如下。

SM0.0：运行监视。SM0.0 始终为“1”状态。当 PLC 运行时可以利用触点驱动输出继电器，来外部显示程序是否处于运行状态。

SM0.1：初始化脉冲。每当 PLC 的程序开始运行时，SM0.1 线圈接通一个扫描周期，因此 SM0.1 的触点常用于调用初始化程序等。

SM0.3：开机进入 RUN 时，接通一个扫描周期，可用在启动操作之前，给设备提前预热。

SM0.4、SM0.5：占空比为 50% 的时钟脉冲。当 PLC 处于运行状态时，SM0.4 产生周期为 1 min 的时钟脉冲，SM0.5 产生周期为 1 s 的时钟脉冲。若将时钟脉冲信号送入计数器作为计数信号，可起到定时器的作用。

SM0.6：扫描时钟。1 个扫描周期闭合，另一个扫描周期为断开，循环交替。

SM0.7：工作方式开关位置指示。开关放置在 RUN 位置时为 1。

SM1.0：零标志位。运算结果为 0 时，该位置 1。

SM1.1：溢出标志位。结果溢出或为非法值时，该位置 1。

SM1.2：负数标志位。运算结果为负数时，该位置 1。

SM1.3：被 0 除标志位。

其他特殊存储器的用途可查阅相关手册。

6. 局部变量存储器 L

局部变量存储器 L 用来存放局部变量。局部变量存储器 L 和变量存储器 V 十分相似，主要区别在于全局变量是全局有效，即同一个变量可以被任何程序(主程序、子程序和中断程序)访问。而局部变量只是局部有效，即变量只和特定的程序相关联。

S7－200 有 64 个字节的局部变量存储器，其中 60 个字节可以作为暂时存储器，或给子程序传递参数，后 4 个字节作为系统的保留字节。PLC 在运行时，根据需要动态地分配局部变量存储器，在执行主程序时，64 个字节的局部变量存储器分配给主程序，当调用子程序或出现中断时，局部变量存储器分配给子程序或中断程序。局部变量存储器可以按位、字节、字、双字直接寻址，其位存取的地址编号范围为 L0.0～L63.7。

7. 定时器 T

PLC 所提供的定时器作用相当于继电器控制系统中的时间继电器。每个定时器可提供无数对常开和常闭触点供编程使用。其设定时间由程序设置。

每个定时器有一个 16 位的当前值寄存器，用于存储定时器累计的时基增量值（1～32 767），另有一个状态位表示定时器的状态。若当前值寄存器累计的时基增量值大于等于设定值，定时器的状态位被置“1”，该定时器的常开触点闭合。

定时器的定时精度有 1 ms 、10 ms 和 100 ms 三种，CPU222、CPU224 及 CPU226 的定时器地址编号范围为 T0～T225，它们的分辨率、定时范围并不相同，用户应根据所用 CPU 型号及时基，正确选用定时器的编号。

8. 计数器 C

计数器用于累计计数输入端接收到的由断开到接通的脉冲个数。计数器可提供无数对常开和常闭触点供编程使用，其设定值由程序赋予。

计数器的结构与定时器基本相同，每个计数器有一个 16 位的当前值寄存器用于存储计数器累计的脉冲数，另有一个状态位表示计数器的状态。若当前值寄存器累计的脉冲数大于等于设定值，计数器的状态位被置“1”，该计数器的常开触点闭合。计数器的地址编号范围为 C0～C255。

9. 高速计数器 HC

一般计数器的计数频率受扫描周期的影响，不能太高，而高速计数器可用来累计比 CPU 的扫描速度更快的事件。高速计数器的当前值是一个双字长（32 位）的整数，且为只读值。

高速计数器的地址编号范围根据 CPU 的型号有所不同，CPU221/222 各有 4 个高速计数器，CPU224/226 各有 6 个高速计数器，编号为 HC0～HC5。

10. 累加器 AC

累加器是用来暂存数据的寄存器，它可以用来存放运算数据、中间数据和结果。CPU 提供了 4 个 32 位的累加器，其地址编号为 AC0～AC3。累加器的可用长度为 32 位，可采用字节、字、双字的存取方式，按字节、字只能存取累加器的低 8 位或低 16 位，双字可以存取累加器全部的 32 位。

11. 顺序控制继电器 S（状态元件）

顺序控制继电器是使用步进顺序控制指令编程时的重要状态元件，通常与步进指令一起使用，以实现顺序功能流程图的编程。

顺序控制继电器的地址编号范围为 S0.0～S31.7。

四、S7－200 系列 PLC 的编程软件的使用

S7－200 可编程控制器使用 STEP7－Micro/WIN32 编程软件进行编程。STEP7－Micro/

WIN32 编程软件是基于 Windows 的应用软件，功能强大，主要用于编制程序，也可用于适时监控用户程序的执行状态。汉化后的程序，可在全汉化的界面下进行操作。

(一)STEP7 - Micro/WIN32 的安装

1. 安装条件

操作系统：Windows95 以上的操作系统；计算机配置：IBM486 以上兼容机，内存 8 MB 以上，VGA 显示器，至少 50 MB 以上硬盘空间；通信电缆：用一条 PC/PPI 电缆实现可编程控制器与计算机的通信。

2. 编程软件的安装

按 Microwin3. 1→Microwin3. 1 SP1→Toolbox→Microwin 3. 11 Chinese 的顺序进行安装。首先安装英文版本的编程软件：双击编程软件中的安装程序 SETUP. EXE，根据安装提示完成安装。接着，用 Microwin 3. 11 Chinese 软件将编程软件的界面和帮助文件汉化。

(二)STEP7 - Micro/WIN32 窗口组件

STEP7 - Micro/WIN32 的主界面如图 3-11 所示。

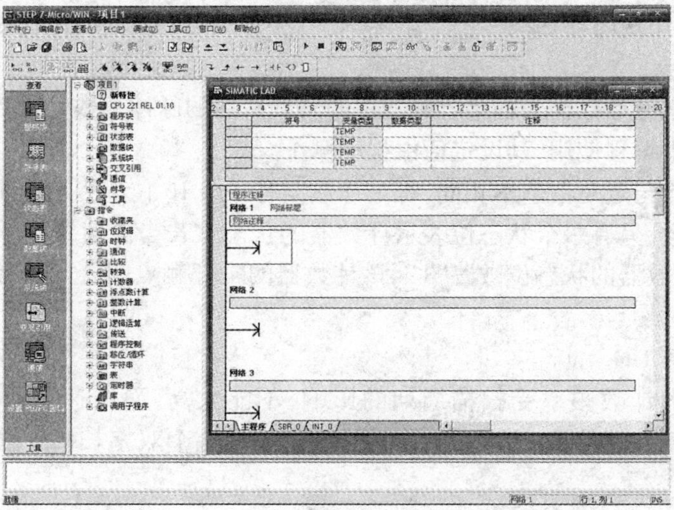

图 3-11　STEP7 - Micro/WIN32 的主界面

主界面一般可以分为以下几个部分：菜单条、工具条、浏览条、指令树、用户窗口、输出窗口和状态条。除菜单条外，用户可以根据需要通过检视菜单和窗口菜单决定其他窗口的取舍和样式的设置。

(三)梯形图程序的输入

1. 建立项目

1)打开已有的项目文件

常用的方法如下：用菜单命令“文件”→“打开”，在“打开文件”对话框中，选择项目的路径及名称，单击“确定”，打开现有项目；在“文件”菜单底部列出最近工作过的项目名称，选择文件名，直接选择打开；利用 Windows 资源管理器，选择扩展名为. mwp 的文件打开。

2)创建新项目

单击“新建”快捷按钮；使用菜单命令“文件” →“新建”；点击浏览条中的程序块图标，新建一个项目。

2. 输入程序

打开项目后就可以进行编程，本书主要介绍梯形图的相关操作。

1) 输入指令

梯形图的元素主要有接点、线圈和指令盒。梯形图的每个网络必须从接点开始，以线圈或没有 END 输出的指令盒结束。线圈不允许串联使用。

要输入梯形图指令，首先要进入梯形图编辑器：选择菜单命令“检视”→“阶梯(L)”选项。在梯形图编辑器中输入指令。可以通过指令树、工具条按钮、快捷键等方法输入指令。在指令树中选择需要的指令，拖放到需要位置；将光标放在需要的位置，在指令树中双击需要的指令；将光标放到需要的位置，单击工具栏指令按钮，打开一个通用指令窗口，选择需要的指令；使用功能键：F4 = 接点，F6 = 线圈，F9 = 指令盒，打开一个通用指令窗口，选择需要的指令。

当编程元件图形出现在指定位置后，点击编程元件符号，输入操作数。红色字样显示语法出错，当把不合法的地址或符号改变为合法值时，红色消失。若数值下面出现红色的波浪线，表示输入的操作数超出范围或与指令的类型不匹配。

2) 上下线的操作

将光标移到要合并的触点处，单击上行线或下行线按钮。

3) 输入程序注释

LAD 编辑器中共有四个注释级别：项目组件(POU)注释、网络标题、网络注释、项目组件属性。

项目组件(POU)注释：在“网络 1”上方的灰色方框中单击，输入 POU 注释。单击“切换 POU 注释”按钮或者用菜单命令“检视” →“POU 注释”选项，可在 POU 注释“打开”(可视)或“关闭”(隐藏)之间切换。

每条 POU 注释所允许使用的最大字符数为 4 096。可视时，始终位于 POU 顶端，并在第一个网络之前显示。

网络标题：将光标放在网络标题行，输入一个便于识别该逻辑网络的标题。网络标题中可允许使用的最大字符数为 127。

网络注释：将光标移到网络标号下方的灰色方框中，可以输入网络注释。网络注释可对网络的内容进行简单的说明，以便于程序的理解和阅读。网络注释中可允许使用的最大字符数为 4 096。单击“切换网络注释”按钮或者用菜单命令“检视” →“网络注释”，可在网络注释“打开”(可视)和“关闭”(隐藏)之间切换。

项目组件属性：用下面的方法存取“属性”标签。用鼠标右键单击指令树中的 POU →“属性”；用鼠标右键单击程序编辑器窗口中的任何一个 POU 标签，并从弹出的菜单中选择“属性”。

3. 程序的编辑

1) 剪切、复制、粘贴或删除多个网络

通过用“Shift”键 + 鼠标单击，可以选择多个相邻的网络，进行剪切、复制、粘贴或删除等操作。注意：不能选择部分网络，只能选择整个网络。

2) 编辑单元格、指令、地址和网络

用光标选中需要进行编辑的单元，单击右键，弹出快捷菜单，可以进行插入或删除行、列、垂直线或水平线的操作。删除垂直线时把方框放在垂直线左边单元上，删除时选“行”，或按“Del”键。进行插入编辑时，先将方框移至欲插入的位置，然后选“列”。

4. 程序的编译

程序经过编译后，方可下载到 PLC。编译的方法如下：单击“编译”按钮或选择菜单命令“PLC”→“编译”（Compile），编译当前被激活的窗口中的程序块或数据块；单击“全部编译”按钮或选择菜单命令“PLC”→“全部编译”（Compile All），编译全部项目元件（程序块、数据块和系统块）。使用“全部编译”时，与哪一个窗口是活动窗口无关。

编译结束后，输出窗口显示编译结果。

5. 通信网络的配置与测试

通过下面的方法测试通信网络：

（1）在 STEP7 – Micro/WIN32 中，单击浏览条中的“通信”图标，或用菜单命令“检视”→“元件”→“通信”。

（2）从“通信”对话框（如图 3-12 所示）的右侧窗格，单击显示“双击刷新”的蓝色文字。

如果建立了个人计算机与 PLC 之间的通信，则会显示一个设备列表。

图 3-12　PLC 的通信

STEP7 – Micro/WIN32 在同一时间仅与一个 PLC 通信，会在 PLC 周围显示一个红色方框，说明该 PLC 目前正在与 STEP7 – Micro/WIN32 通信。

6. 上载、下载

1）下载

如果已经成功地在运行 STEP7 – Micro/WIN32 的个人计算机和 PLC 之间建立了通信，就可以将编译好的程序下载至该 PLC。如果 PLC 中已有的相关内容，则将被覆盖。下载步骤如下：

（1）下载之前，PLC 必须位于“停止”的工作方式。检查 PLC 上的工作方式指示灯，如果 PLC 没有在“停止”方式，单击工具条中的“停止”按钮，将 PLC 置于停止方式。

（2）单击工具条中的“下载”按钮，或用菜单命令“文件”→“下载”。出现“下载”对话框。

（3）根据默认值，在初次发出下载命令时，“程序代码块”、“数据块”和“CPU 配置”（系统块）复选框都被选中。如果不需要下载某个块，可以清除该复选框。

（4）单击“确定”，开始下载程序。如果下载成功，将出现一个确认框，显示以下信息：下载成功。

（5）如果 STEP7 – Micro/WIN32 中的 CPU 类型与实际的 PLC 不匹配，会显示以下警告信息：“为项目所选的 PLC 类型与远程 PLC 类型不匹配。继续下载吗？”

（6）此时应纠正 PLC 类型选项，选择“否”，终止下载程序。

(7)用菜单命令“PLC” →“类型”,调出“PLC 类型”对话框。单击“读取 PLC”按钮,由 STEP7 - Micro/WIN32 自动读取正确的数值。单击“确定”,确认 PLC 类型。

(8)单击工具条中的“下载”按钮,重新开始下载程序,或用菜单命令“文件”→“下载”。

下载成功后,单击工具条中的“运行”按钮,或“PLC” →“运行”,PLC 进入 RUN(运行)工作方式。

2)上载

用下面的方法从 PLC 将项目元件上载到 STEP7 - Micro/WIN32 程序编辑器:单击“上载”按钮;选择菜单命令“文件”→“上载”;按快捷键组合 Ctrl + U。

执行的步骤与下载基本相同,选择需要上载的块(程序块、数据块或系统块),单击“上载”按钮,上载的程序将从 PLC 复制到当前打开的项目中,随后即可保存上载的程序。

7.程序的调试与监控

在运行 STEP7 - Micro/WIN32 编程设备和 PLC 之间建立通信并向 PLC 下载程序后,便可运行程序,收集状态进行监控和调试程序。

实训八　S7 - 200 系列 PLC 编程软件使用

一、实训目的

(1)了解 S7 - 200 系列可编程控制器及与 PC 机的通信。

(2)练习使用 STEP7 - Micro/WIN32 编程软件。

(3)学会程序的输入和编辑方法。

(4)初步了解程序调试的方法。

二、实训设备

S7 - 200 系列 PLC,计算机一台,STEP7 - Micro/WIN32 编程软件。

三、实训过程

(1)认识 PLC。记录所使用 PLC 的型号、输入/输出点数,观察主机面板的结构以及 PLC 和 PC 机之间的连接。

(2)开机(打开 PC 和 PLC)并新建一个项目。用菜单命令“文件”→“新建”或用新建项目快捷按钮。

(3)检查 PLC 和运行 STEP7 - Micro/WIN32 的 PC 连线后,设置与读取 PLC 的型号。使用菜单命令“PLC”→“类型” →“读取 PLC”或者指令树→“项目”名称→“类型” →“读取 PLC”。

(4)选择指令集和编辑器。使用菜单命令“工具”→“选项” →“一般”标签→“编程模式” →“SIMATIC”;或用菜单命令“检视” →“LAD”;或用菜单命令“工具”→“选项” →“一般”标签→“默认编辑器”。

(5)输入、编辑梯形图,并转换成语句表指令。

(6)给梯形图加 POU 注释、网络标题、网络注释。

(7)编写符号表。选择操作数显示形式为:符号和地址同时显示。建立符号表:单击浏览条中的“符号表”按钮;符号和地址同时显示:使用菜单命令“工具”→“选项”→“程序编辑器”。

(8)编译程序。观察编译结果,若提示错误,则修改,直到编译成功。使用菜单命令“PLC”→“编译”、“全部编译”或用快捷按钮。

(9)将程序下载到 PLC。下载之前, PLC 必须位于“停止”的工作方式。如果 PLC 没有在“停止”方式,单击工具条中的“停止”按钮,将 PLC 置于停止方式。单击工具条中的“下载”按钮,或用菜单命令“文件”→“下载”。出现“下载”对话框。可选择是否下载“程序代码块”、“数据块”和“CPU 配置”,单击“确定”,开始下载程序。

(10)建立状态图表监视各元件的状态:选中程序代码的一部分,单击鼠标右键,弹出菜单,选择“建立状态图”。

(11)运行程序:单击工具栏中的“运行”按钮。

(12)启动状态图表:使用菜单命令“调试”→“图状态”或使用“图状态”工具条按钮。

(13)输入强制操作。因为不带负载进行运行调试,所以采用强制功能模拟物理条件。对 I0.0 进行强制置 ON,在对应 I0.0 的新数值列输入 1;对 I0.1 进行强制置 OFF,在对应 I0.1 的新数值列输入 0。然后单击工具条中的“强制”按钮。

(14)在运行中显示梯形图的程序状态。单击“程序状态打开/关闭”按钮或用菜单命令“调试”→“程序状态”,在梯形图中显示出各元件的状态。

四、注意事项

(1)认真观察 PLC 基本单元上的输入/输出指示灯的变化,并记录。

(2)总结梯形图输入及修改的操作过程。

思考题与习题

3-1　什么是可编程控制器?它有哪些主要特点?

3-2　简述 PLC 的硬件组成及各部分的功能。

3-3　输入接口和输出接口电路各有哪几种形式?各有何特点?

3-4　PLC 的编程语言有哪些?各种编程语言的特点是什么?

3-5　PLC 的工作原理是什么?工作过程分哪几个阶段?在一个扫描周期中,如果在程序执行期间输入状态发生变化,输入映像寄存器的状态是否也随之改变?为什么?

3-6　S7-200 系列 PLC 是如何编程的?

3-7　S7-200 系列 PLC 有哪几种寻址方式?

第四章　S7－200 系列 PLC 的基本指令

本章主要内容

本章主要以 S7－200 CPU 22X 系列 PLC 的 SIMATIC 指令系统为例，讲述基本指令的定义、梯形图和语句表的编程方法。要求掌握基本逻辑指令、程序控制类等指令；熟练应用所学的基本指令进行简单的编程；熟练掌握梯形图和语句表两种编程语言之间的转换；通过简单电路编程的学习，建立独立的编程思想，培养分析与解决实际问题的能力。

第一节　基本逻辑指令

基本逻辑指令是构成基本逻辑运算功能的指令集合，包括基本位操作指令、置位/复位指令、边沿脉冲指令、逻辑堆栈指令、定时器、计数器、比较指令、取非和空操作指令等。S7－200系列 PLC 共有 27 条逻辑指令，现按用途分类如下。

一、基本位操作指令

位操作指令是 PLC 常用的基本指令，主要用来完成基本的位逻辑运算及控制。梯形图指令有触点和线圈两大类，触点又分常开触点和常闭触点两种形式；语句表指令有与、或以及输出等逻辑关系。

（一）逻辑取（装载）及线圈驱动指令 LD（Load）、LDN（Load Not）、=（Out）

1. 指令功能

LD（Load）：常开触点逻辑运算的开始。对应梯形图则为在左侧母线或线路分支点处连接一个常开触点。

LDN（Load Not）：常闭触点逻辑运算的开始。对应梯形图则为在左侧母线或线路分支点处连接一个常闭触点。

=（Out）：输出指令，对应梯形图则为线圈驱动。

上述三条指令的梯形图及语句表的用法如图 4-1 所示。

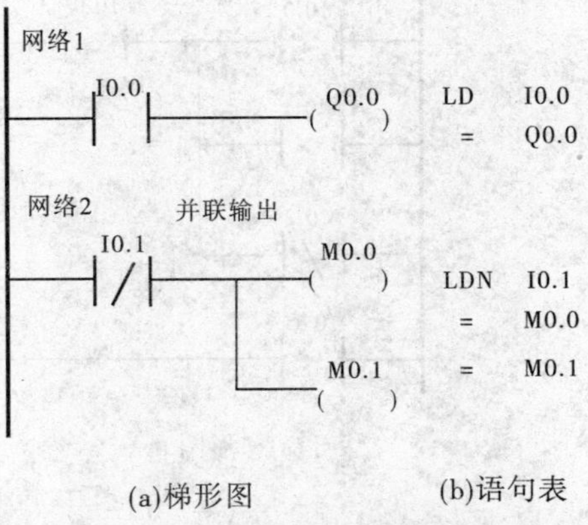

图 4-1　LD、LDN、=指令梯形图及语句表

2. LD、LDN、=指令的使用说明

LD、LDN 指令用于与输入公共线（输入母线）相连的触点，也可以与 OLD、ALD 指令配合使用于分支回路的开头。

指令用于输出继电器、辅助继电器、定时器及计数器等，但不能用于输入继电器。

并联的“=”指令可以连续使用任意次,但不能串联。

LD、LDN 指令的操作数:I、Q、M、SM、T、C、V、S。“=”指令的操作数:Q、M、T、C、S。

(二)触点串联指令 A(And)、AN(And Not)

1. 指令功能

A(And):与操作,在梯形图中表示常开触点的串联。

AN(And Not):与非操作,在梯形图中表示常闭触点的串联。

上述两条指令的梯形图及语句表的用法如图 4-2 所示。

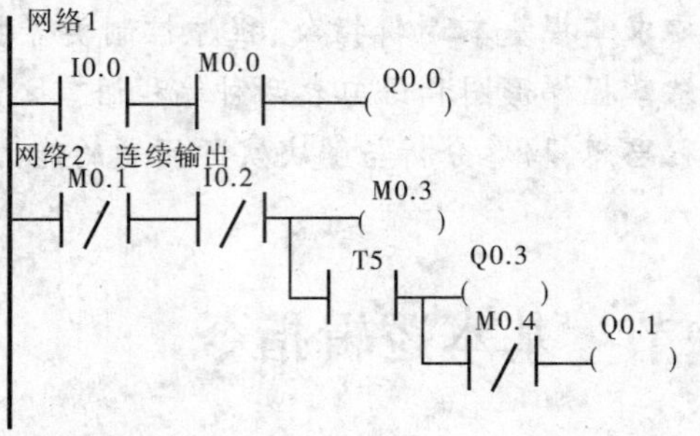

(a)梯形图

```
LD   I0.0
A    M0.0
=    Q0.0

LD   M0.1
AN   I0.2
=    M0.3
A    T5
=    Q0.3
AN   M0.4
=    Q0.1
```

(b)语句表

图 4-2　A、AN 指令梯形图及语句表

2. A、AN 指令的使用说明

A、AN 是单个触点串联连接指令,可连续使用。

若要串联多个触点的组合回路时,须采用后面说明的 ALD 指令。

A、AN 的操作数:I、Q、M、SM、T、C、S。

(三)触点并联指令:O(Or)、ON(Or Not)

1. 指令功能

O(Or):或操作,在梯形图中表示并联连接一个常开触点。

ON(Or Not):或非操作,在梯形图中表示并联连接一个常闭触点。

上述两条指令的梯形图及语句表的用法如图 4-3 所示。

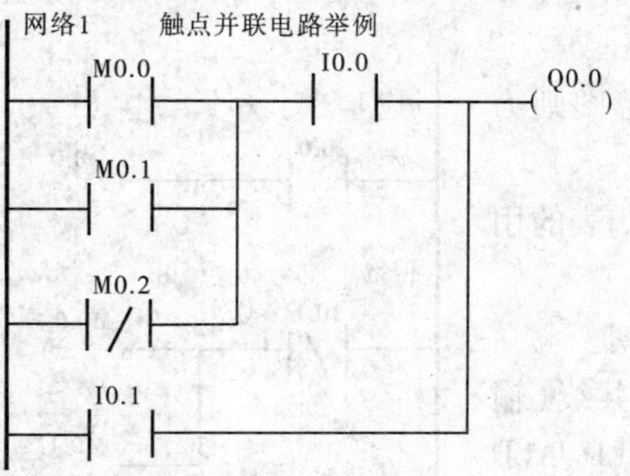

(a)梯形图

```
LD   M0.0
O    M0.1
ON   M0.2
A    I0.0
O    I0.1
=    Q0.0
```

(b)语句表

图 4-3　O、ON 指令梯形图及语句表

2. O、ON 指令的使用说明

O、ON 可作为并联一个触点指令,紧接在 LD、LDN 指令之后用,即对其前面的 LD、LDN 指令所规定的触点并联一个触点,可以连续使用。

若要并联连接两个以上触点的串联回路,须采用 OLD 指令。

O、ON 的操作数:I、Q、M、SM、V、T、C、S。

(四)并联电路块的串联指令 ALD(And Load)

1. 指令功能

ALD:块"与"操作,用于串联连接多个并联电路组成的电路块。

指令格式如图 4-4 所示

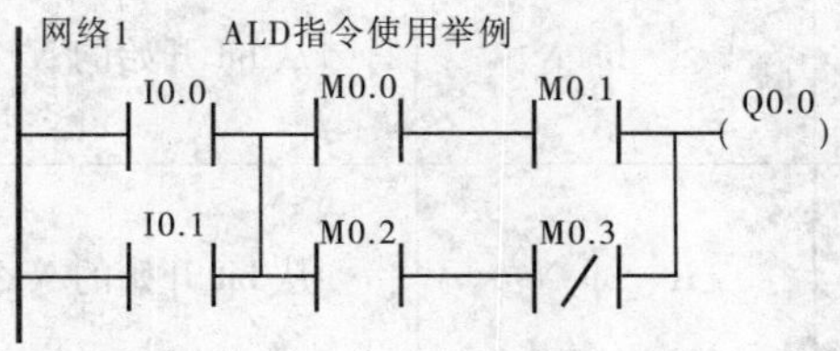

(a)梯形图

```
LD   I0.0
O    I0.1
LD   M0.0
A    M0.1
LD   M0.2
AN   M0.3
OLD
ALD
=    Q0.0
```

(b)语句表

图 4-4 ALD 指令梯形图及语句表

2. ALD 指令的使用说明

并联电路块与前面电路串联连接时,使用 ALD 指令。分支的起点用 LD、LDN 指令,并联电路结束后使用 ALD 指令与前面电路串联。

可以顺次使用 ALD 指令串联多个并联电路块,支路数量没有限制。

ALD 指令无操作数。

(五)串联电路块的并联指令 OLD(Or Load)

1. 指令功能

OLD:块"或"操作,用于并联连接多个串联电路组成的电路块。

指令格式如图 4-5 所示。

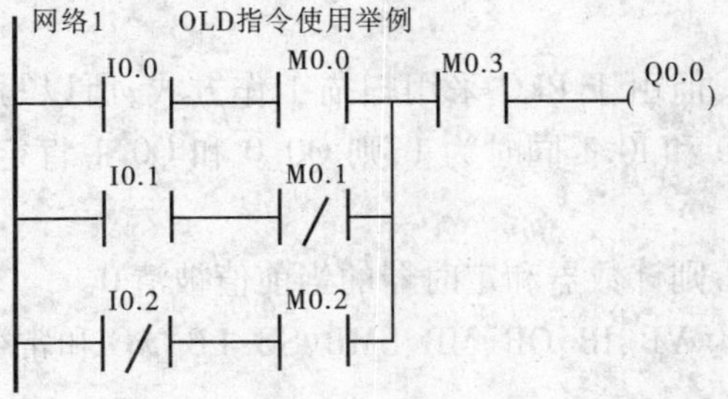

(a)梯形图

```
LD   I0.0
A    M0.0
LD   I0.1
AN   M0.1
OLD
LDN  I0.2
A    M0.2
OLD
A    M0.3
=    Q0.0
```

(b)语句表

图 4-5 OLD 指令梯形图及语句表

2. OLD 指令的使用说明

并联连接几个串联支路时,支路的起点以 LD、LDN 开始,并联结束后用 OLD。

可以顺次使用 OLD 指令并联多个串联电路块,支路数量没有限制。

OLD 指令无操作数。

二、置位/复位指令:S(Set)/R(Rest)

(一)指令功能

置位指令 S:使能输入有效后从起始位 bit 开始的 N 个位置 1 并保持。

复位指令 R:使能输入有效后从起始位 bit 开始的 N 个位清 0 并保持。

置位/复位指令功能表见表 4-1。

表 4-1 置位/复位指令功能表

指令名称	LAD	STL	功能
置位指令	bit ——(S) N	S bit N	从 bit 开始的 N 个位置 1 并保持
复位指令	bit ——(R) N	R bit N	从 bit 开始的 N 个位清 0 并保持

S/R 指令用法如图 4-6 所示。

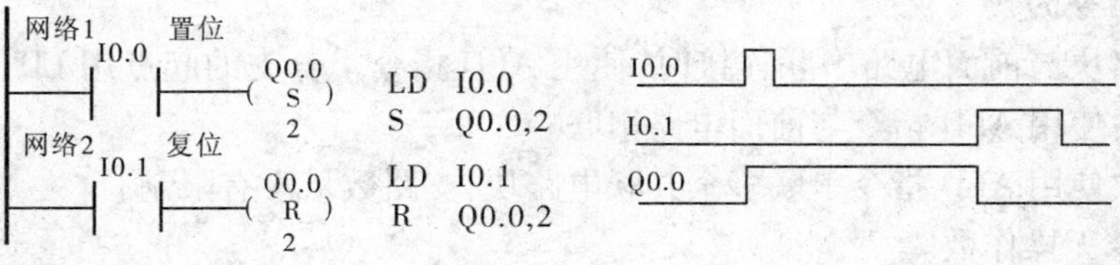

(a)梯形图 (b)语句表 (c)时序图

图 4-6 S/R 指令应用程序及时序图

(二)S/R 指令的使用说明

对位元件来说,一旦被置位就保持在通电状态,除非对它复位;一旦被复位就保持在断电状态,除非再对它置位。

S/R 指令可以互换次序使用,但由于 PLC 采用扫描工作方式,所以写在后面的指令具有优先权。如在图 4-7 中,若 I0.0 和 I0.1 同时为 1,则 Q0.0 和 Q0.1 肯定处于复位状态而为 0。

如果对计数器和定时器复位,则计数器和定时器的当前值被清 0。

N 的范围为 1 ~ 255,N 可以为 VB、IB、QB、MB、SMB、SB、LB、AC 和常数等,一般情况下使用常数。

S/R 指令的操作数为 I、Q、M、SM、T、C、V、S 和 L。

三、边沿脉冲指令 EU(Edge Up)、ED(Edge Down)

(一)指令功能

EU 指令:在 EU 指令前的逻辑运算结果有一个上升沿时(由 OFF→ON)产生一个宽度

为一个扫描周期的脉冲，如图 4-7 中 M0.0，驱动后面的输出线圈。

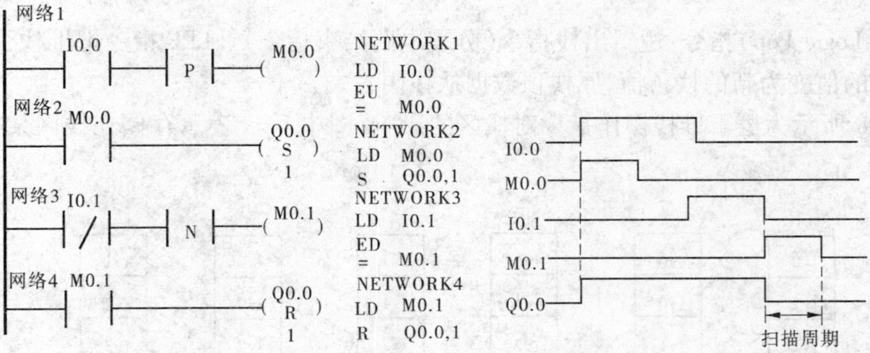

图 4-7　边沿脉冲指令 EU/ED 应用程序及时序图

ED 指令：在 ED 指令前有一个下降沿时产生一个宽度为一个扫描周期的脉冲，如图 4-7 中 M0.1，驱动其后线圈。

(二) 边沿脉冲指令的使用和说明

边沿脉冲指令的使用和说明如表 4-2 所列。边沿脉冲指令 EU/ED 应用程序及时序图如图 4-7 所示。

表 4-2　边沿脉冲指令的使用和说明

STL	LAD	功能	操作元件
EU (Edge Up)	——|P|——(　)	上升沿微分输出	无
ED (Edge Down)	——|N|——(　)	下降沿微分输出	无

程序及运行结果分析如下：

I0.0 的上升沿，经触点(EU)产生一个扫描周期的时钟脉冲，驱动输出线圈 M0.0 导通一个扫描周期，M0.0 的常开触点闭合一个扫描周期，使输出线圈 Q0.0 置位为 1，并保持。

I0.1 的下降沿，经触点(ED)产生一个扫描周期的时钟脉冲，驱动输出线圈 M0.1 导通一个扫描周期，M0.1 的常开触点闭合一个扫描周期，使输出线圈 Q0.0 复位为 0，并保持。时序分析如图 4-7 所示。

四、逻辑堆栈指令

S7－200 系列 PLC 使用一个 9 层的堆栈来处理所有的逻辑操作，它和计算机中的堆栈结构相同。堆栈是一组能够存储和取出数据的暂存单元，其特点是“先进后出”。每进行一次入栈操作，新值放入栈顶，栈底值丢失；每进行一次出栈操作，栈顶值弹出，栈底值补进随机数。逻辑堆栈指令主要用来完成对触点进行的复杂连接。

西门子公司的使用手册中把 ALD、OLD、LPS、LRD、LPP 和 LDS 都归纳为堆栈操作指令，其中前面已介绍过 ALD OLD 指令，下面分别介绍其余四条指令。

LPS(Logic Push)指令：逻辑入栈指令(分支电路开始指令)，把栈顶值复制后压入堆栈，栈中原来数据依次下移一层，栈底值压出丢失。

LRD(Logic Resd)指令:逻辑读栈指令,把逻辑堆栈第二级的值复制到栈顶,堆栈没有压入和弹出。

LPP(Logic Pop)指令:逻辑出栈指令(分支电路结束指令)。LPP 指令把堆栈弹出一级,原第二级的值变为新的栈顶值,原栈顶数据从栈内丢失。

图 4-8 所示为逻辑堆栈操作指令对栈区的影响,图中 iv. x 表示存储在栈区某个程序断点的地址。

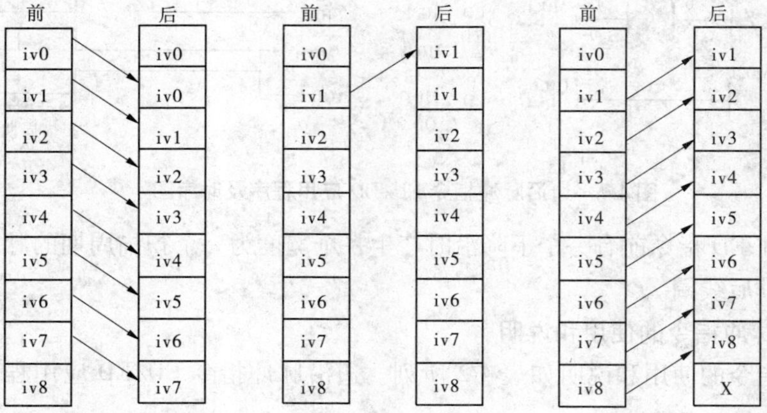

(a)逻辑入栈LPS　(b)逻辑读栈LRD　(c)逻辑出栈LPP

图 4-8　堆栈操作指令的操作过程

上述三条指令也称为多重输出指令,主要用于一些复杂的逻辑输出处理。逻辑堆栈指令应用程序如图 4-9所示。

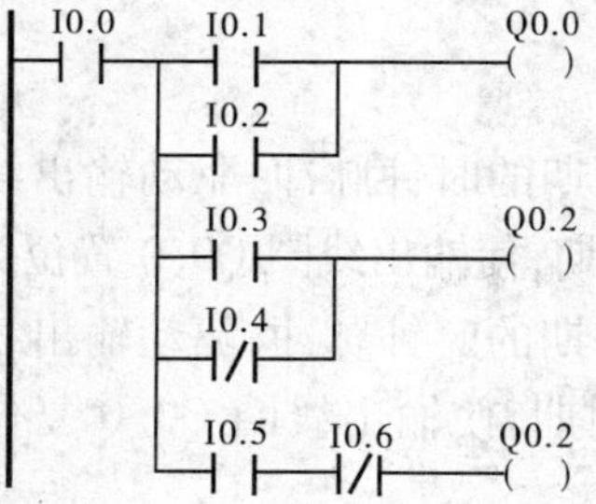


```
LD   I0.0        LPP
LPS              A    I0.5
LD   I0.1        AN   I0.6
O    I0.2        =    Q0.2
ALD
=    Q0.0
LRD
LD   I0.3
ON   I0.4
ALD
=    Q0.1
```

图 4-9　逻辑堆栈指令应用程序

LDS(Load Stack)指令:装入堆栈指令。它的功能是复制堆栈中的第 n 个值到栈顶,栈底丢失。

指令格式:LDS n(n 为 0 ~ 8 的整数)

该指令在编程中使用较少,不多说明。

五、定时器指令

定时器是 PLC 中最常用的元器件之一,掌握它的工作原理对 PLC 的程序设计非常重要。S7－200 PLC 的定时器为增量型定时器,用于实现时间的控制,可以按工作方式和时间基准分类。

(一)按工作方式分类

按工作方式,定时器可分为通电延时型定时器(TON)、有记忆的通电延时型或保持型定时器(TONR)和断开延时型定时器(TOF)三种类型。

(二)按时间基准分类

按照时间基准(简称时基),定时器分为 1 ms、10 ms 和 100 ms 三种类型,时间基准不同,定时精度、定时范围和定时器的刷新方式也不同。定时器的工作方式及类型如表 4-3 所示。

表 4-3　定时器的工作方式及类型

工作方式	时基(ms)	最大定时范围(s)	定时器号
TONR	1	32.767	T0,T64
	10	327.67	T1 ~ T4,T65 ~ T68
	100	3 276.7	T5 ~ T31,T69 ~ T95
TON/TOF	1	32.767	T32,T96
	10	327.67	T33 ~ T36,T97 ~ T100
	100	3 276.7	T37 ~ T63,T101 ~ T255

定时器的工作原理是定时器的使能端输入有效后,当前值寄存器对内部的时基脉冲增 1 计数。最小计时单位为时基脉冲的宽度,故时基代表着定时器的定时精度,即分辨率。

定时器的使能端输入有效后,当前值寄存器对时基脉冲递增计数,当计数值大于或等于定时器的预置值后,状态位置 1。从定时器输入有效到状态位置 1 经过的时间称为定时时间。定时时间等于时基乘以预置值,时基越大,定时时间越长,精度越差。

定时器的定时时间为 T = 0.1PT × S(s)。式中:T 为实际定时时间,PT 为预置值,S 为时间基准(分辨率)。

定时器指令格式如表 4-4 所示。

表 4-4　定时器指令格式

LAD	STL	功能、注释
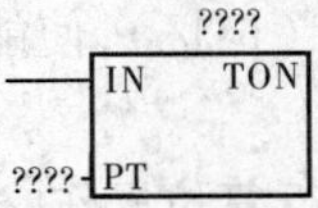	TON	通电延时型
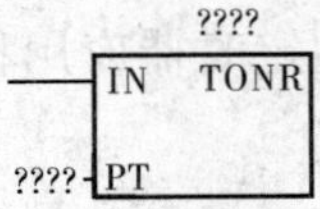	TONR	有记忆的通电延时型
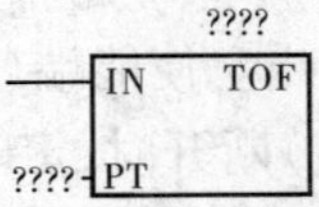	TOF	断电延时型

IN 是使能输入端,编程范围 T0 ~ T255;PT 是预置值输入端,最大预置值 32 767;PT 数据类型为 INT;PT 操作数有 IW、QW、MW、SMW、T、C、VW、SW、AC 和常数。

（三）工作原理分析

下面我们将从原理应用等方面分别叙述通电延时型、有记忆的通电延时型和断电延时型三种定时器的使用方法。

1. 通电延时型定时器（TON）指令工作原理

通电延时型定时器程序及时序分析如图 4-10 所示，当接通 I0.1 时，延时 3 s，Q0.0 得电。

当 I0.1 接通，即使能端（IN）输入有效时，驱动 T34 开始计时，当前值从 0 开始递增，计时到预置值 PT 时，T34 状态位置 1，其常开触点 T34 接通，驱动 Q0.0 输出，其后当前值仍增加，但不影响状态位。当前值的最大值为 32 767。当 I0.1 分断，即使能端无效时，T34 复位，当前值清 0，状态位也清 0，即回复原始状态。若 I0.1 接通时间未到设定值就断开，T34 则立即复位，Q0.0 不会有输出。

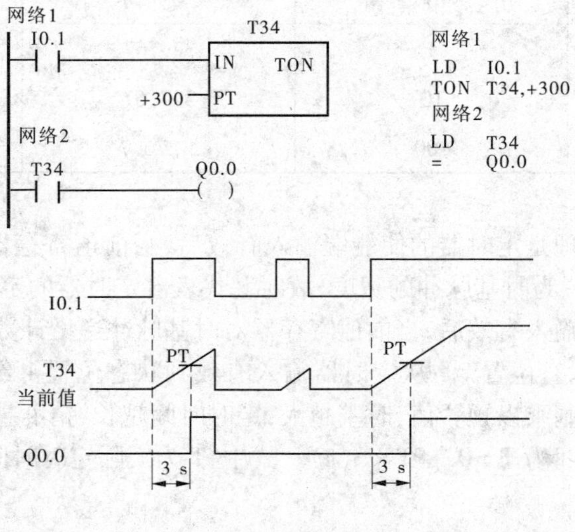

图 4-10　通电延时型定时器程序及时序分析

2. 有记忆的通电延时型定时器（TONR）指令工作原理

使能端（IN）输入有效（接通）时，定时器开始计时，当前值递增，当前值大于或等于预置值（PT）时，输出状态位置 1。使能端输入无效（断开）时，当前值保持（记忆），使能端（IN）再次接通有效时，在原记忆值的基础上递增计时。

注意：TONR 有记忆的通电延时型定时器采用线圈复位指令 R 进行复位操作，当复位线圈有效时，定时器当前位清 0，输出状态位置 0。有记忆的通电延时型定时器应用程序及运行结果时序分析如图 4-11 所示。

3. 断电延时型定时器（TOF）指令工作原理

断电延时型定时器用来在输入断开，延时一段时间后，才断开输出。使能端（IN）输入有效时，定时器输出状态位立即置 1，当前值复位（为 0）。使能端（IN）断开时，定时器开始计时，当前值从 0 递增，当前值达到预置值时，定时器状态位复位为 0，并停止计时，当前值保持。

如果输入断开的时间小于预定时间，定时器仍保持接通。IN 再接通时，定时器当前值

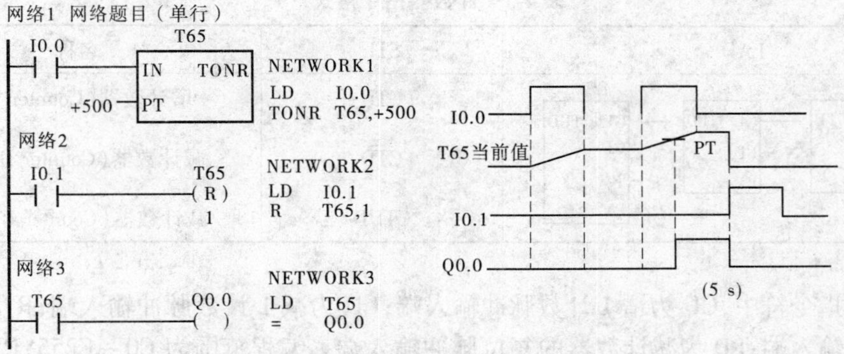

图 4-11　有记忆的通电延时型定时器应用程序及时序分析

仍设为0。断电延时型定时器的应用程序及时序分析如图 4-12 所示。

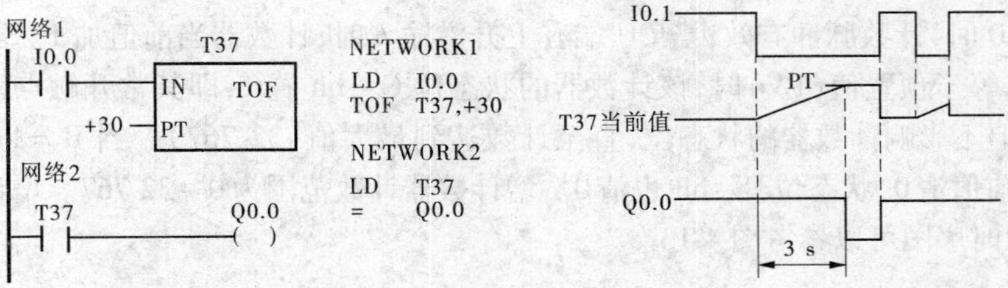

图 4-12　断电延时型定时器应用程序及时序分析

(四) S7－200 系列 PLC 的定时器的刷新方式和正确使用

S7－200 系列 PLC 的定时器刷新方式不同，从而在使用方法上有很大的不同，这和其他类型的 PLC 是有很大区别的。使用时需要注意根据使用场合和要求的不同来选择定时器。

1 ms 定时器每隔 1 ms 刷新一次，与扫描周期和程序处理无关。因而，当扫描周期较长时，定时器在一个周期内可能被多次刷新，当前值在一个扫描周期内不一定保持一致。

10 ms 定时器在每个扫描周期开始时自动刷新。由于每个扫描周期只刷新一次，故在每次程序处理期间，当前值为常数。

100 ms 定时器在定时器指令执行时被刷新，下一条执行的指令即可使用刷新后的结果，使用方便可靠。但应当注意，如果该定时器的指令不是每个周期都执行（条件跳转时），定时器就不能及时刷新，可能会导致出错。

六、计数器指令

计数器利用输入脉冲上升沿累计脉冲个数。它主要由一个 16 位的预置值寄存器、一个 16 位的当前值寄存器和一位状态位组成。当前值寄存器用以累计脉冲个数，计数器当前值大于或等于预置值时，状态位置 1。

S7－200 系列 PLC 有三类计数器：增计数器（CTU）、增/减计数器（CTUD）和减计数器（CTD）。

(一) 计数器指令格式

计数器指令格式如表 4-5 所示。

表 4-5　计数器指令格式

LAD	STL	名称
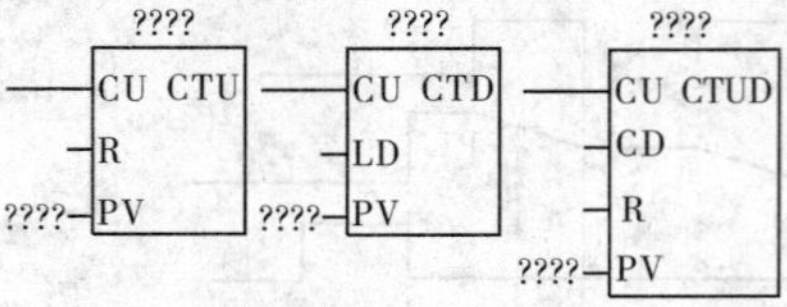	CTU	增计数器(Counter Up)
	CTD	减计数器(Counter Down)
	CTUD	增/减计数器(Counter Up/Down)

梯形图指令符中,CU 为增 1 计数脉冲输入端;CD 为减 1 计数脉冲输入端;R 为增计数器复位脉冲输入端;LD 为减计数器的复位脉冲输入端。编程范围为 C0 ~ C255;PV 预置值最大为 32 767;PV 的数据类型为 INT;操作数有 VW、T、C、IW、QW、MW、SMW、AC、AIW、K。

(二)工作原理分析

1. 增计数器指令(CTU)

当 R =0 时,计数脉冲有效;当 CU 端有上升沿输入时,计数器当前值加 1。当计数器当前值大于或等于预置值(PV)时,该计数器的状态位 C - bit 置 1,即其常开触点闭合。计数器仍计数,但不影响计数器的状态位,直至计数达到最大值(32 767)。当 R =1 时,计数器复位,即当前值清 0,状态位 C - bit 也清 0。增计数器计数范围为 0 ~ 32 767。增计数器指令应用程序和时序图可以参考图 4-13。

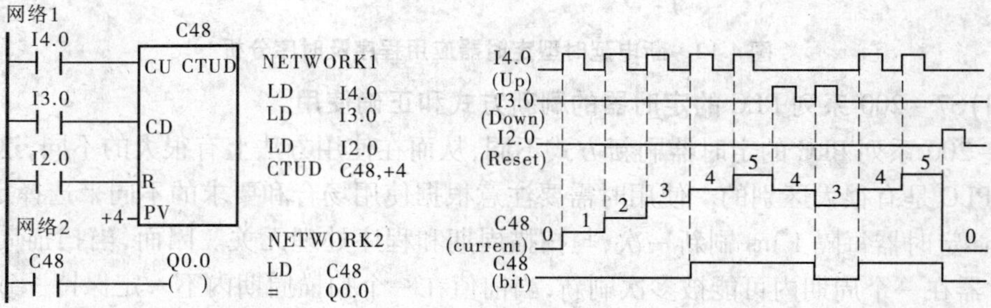

图 4-13　增/减计数器指令应用程序和时序图

2. 增/减计数器指令(CTUD)

当 R =0 时,计数脉冲有效;当 CU 端(CD 端)有上升沿输入时,计数器当前值加 1(减 1)。当计数器当前值大于或等于预置值时,该计数器的状态位 C - bit 置 1,即其常开触点闭合。当 R = 1 时,计数器复位,即当前值清 0,C - bit 也清 0。增/减计数器计数范围:-32 768 ~ 32 767。增/减计数器指令应用程序和时序分析如图 4-13 所示。

3. 减计数器指令(CTD)

当复位 LD 有效时,LD =1,计数器把预置值(PV)装入当前值存储器,计数器状态位复位(置 0)。当 LD =0,即计数脉冲有效时,开始计数,CD 端每来一个输入脉冲上升沿,减计数器的当前值从预置值开始递减计数,当前值等于 0 时,计数器状态位置位(置 1),停止计数。减计数器指令应用程序及时序如图 4-14 所示。减计数器在计数脉冲 I3.0 的上升沿减 1 计数,当前值从预置值开始减至 0 时,定时器输出状态位置 1,Q0.0 通电(置 1)。在复位脉冲 I1.0 的上升沿,定时器状态位置 0(复位),当前值等于预置值,为下次计数工作做好准备。

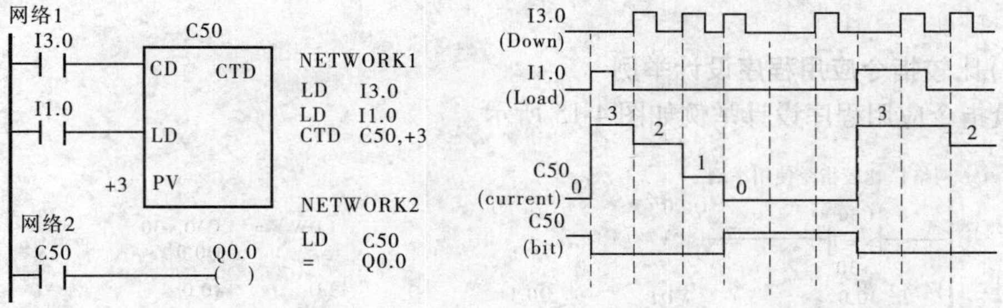

图 4-14 减计数器指令应用程序及时序图

七、比较指令

比较指令是将两个操作数按指定的条件进行比较。操作数可以是整数,也可以是实数。在梯形图中用带参数和运算符的触点表示比较指令,比较条件成立时,触点闭合,否则断开。在梯形图程序中,比较触点可以装入,也可以串、并联。比较指令为上、下限控制提供了极大的方便。

(一)指令格式

比较指令格式如表 4-6 所示。

表 4-6 中,"××"表示操作数 n1、n2 需要满足的条件。

= =:等于比较,当 n1 = n2 时,触点闭合。

> =:大于等于比较,当 n1 > = n2 时,触点闭合。

< =:小于等于比较,当 n1 < = n2 时,触点闭合。

□:表示操作数 n1、n2 的数据类型及范围。

B:字节的比较(无符号整数)。

W:字的比较(有符号整数)。

DW:双字的比较(有符号整数)。

R:实数的比较(有符号双字浮点数)。

表 4-6 比较指令格式

LAD	STL	功能
n1 ×׮ n2	LD□×× n1,n2	比较触点连接母线
I0.0 n1 ×׮ n2	LD I0.0 A□×× n1,n2	比较触点的"与"
I0.0 n1 ×׮ n2	LD I0.0 O□×× n1,n2	比较触点的"并"

使用不同类型的操作数和比较运算关系可分别构成各种字节、字、双字和实数的比较运算指令。

(二)比较指令应用程序设计举例

比较指令应用程序设计举例如图 4-15 所示。

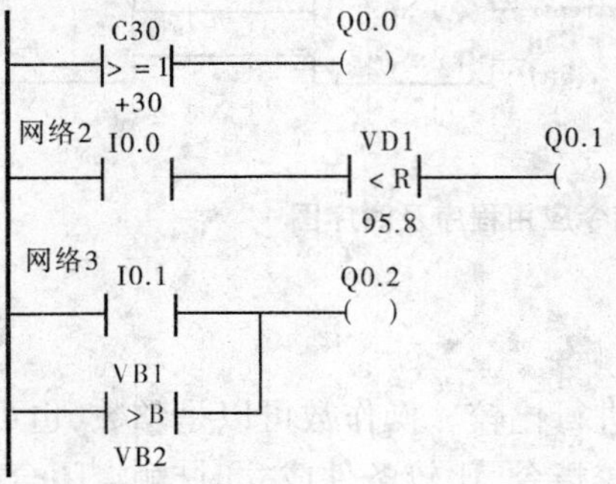

(a)梯形图

LDW >=	C30,+30
=	Q0.0
LD	I0.0
AR <	VD1,95.8
=	Q0.1
LD	I0.1
OB >	VB1,VB2
=	Q0.2

(b)语句表

图 4-15 比较指令应用程序

八、取非和空操作指令

取非和空操作指令格式见表 4-7。

表 4-7 取非和空操作指令格式

LAD	STL	功能
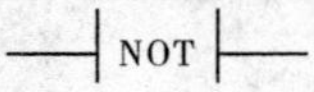	NOT	取非
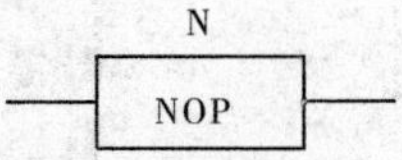	NOP N	空操作

(一)取非指令 NOT

取非指令指对存储器位的取非操作,用来改变能量流的状态。梯形图指令用触点形式表示,触点左侧为 1 时,右侧为 0,能量流不能到达右侧,输出无效;反之,触点左侧为 0 时,右侧为 1,能量流可以通过触点向右传递。取非指令应用示例如图 4-16 所示。

(二)空操作指令 NOP

空操作指令起增加程序容量的作用。使能输入有效时,执行空操作指令,将稍微延长扫描周期长度,不影响用户程序的执行,不会使能量流输出断开。

操作数 N 为执行空操作指令的次数,N =0 ~255。

取非指令和空操作指令应用举例如图 4-16 所示。

九、基本逻辑指令的应用

在编写 PLC 程序时,基本逻辑指令是最常用的,以下用电动机的正反转控制例子说明用基本逻辑指令编写程序的方法。

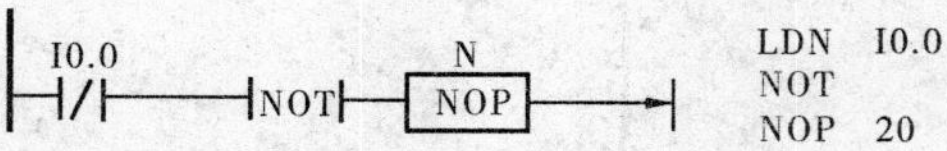

图 4-16 取非和空操作指令应用程序

【例 4-1】 I0.0 与电动机正转启动按钮连接，I0.1 与电动机反转启动按钮连接，I0.2 与电动机停止按钮(常闭)连接，I0.3 与电动机热继电器(常开)连接，Q0.0 接通电动机正转，Q0.1 接通电动机反转，请画出接线图并编写梯形图程序。

解：方法 1：电动机正反转接线图如图 4-17 所示，梯形图如图 4-18 所示。

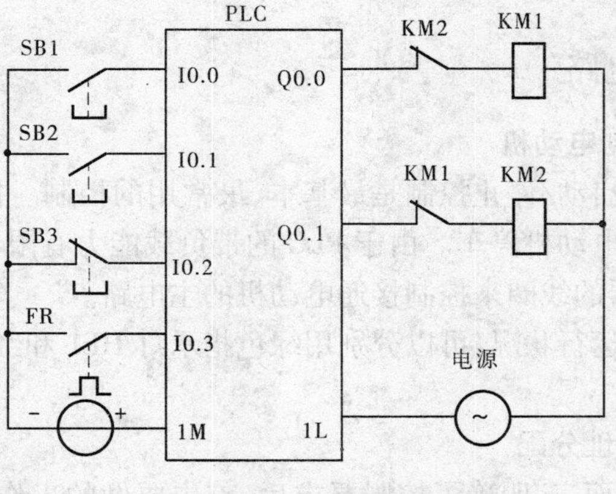

图 4-17 I/O 接线图

方法 2：梯形图如图 4-19 所示。

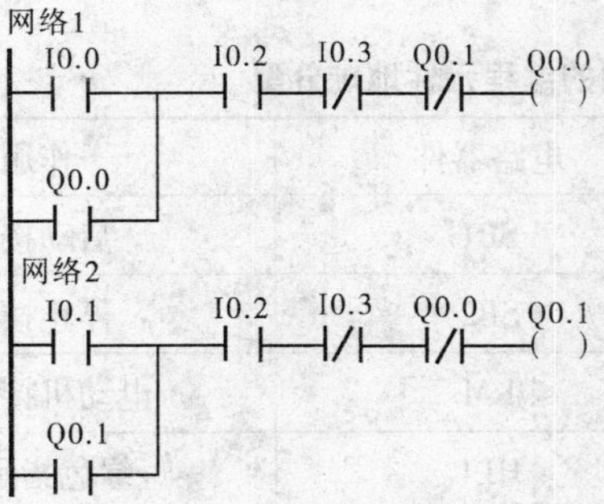

图 4-18 电动机正反转梯形图(方法 1)

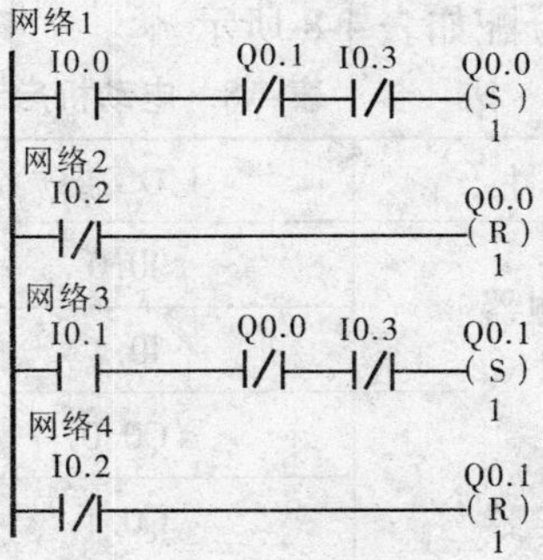

图 4-19 电动机正反转梯形图(方法 2)

实训九 简单的逻辑控制

一、实训目的

(1)进一步熟悉和掌握 STEP7 Micro/WIN32 的编程软件的使用。

(2)学习并掌握基本逻辑指令中 LD、LDN、A、AN、O、ON、= 指令的应用。

(3)学习并掌握 S7－200 PLC 的 I/O 接线。

二、实训设备

(1)可编程控制器1台。

(2)Y112M－4三相异步电动机1台。

(3)刀开关。

(4)熔断器。

(5)接触器。

(6)计算机1台。

(7)连接导线若干。

三、实训原理及电路

(一)启动/停止控制电动机

电动机单向运行的启动/停止控制是最基本、最常用的控制。按下启动按钮,电动机启动运行,按下停止按钮,电动机停车。由于PLC的带负载能力有限,一般不能直接驱动电动机,而是通过接通接触器的线圈来控制接通电动机的主电路。

为了了解电动机的运行状况,可以分别用绿色指示灯HL1和红色指示灯HL2表示电动机的运行和停止状态。

(二)编程元件的地址分配

对于PLC控制系统而言,明确了控制要求后,首先要做的工作就是对编程元件进行地址分配。在电动机单向运行的启动/停止控制中,有两个输入控制器件:启动按钮SB1和停止按钮SB2。有三个输出器件:接触器线圈KM、绿色指示灯HL1和红色指示灯HL2。编程元件的地址分配如表4-8所示。

表4-8　电动机启动/停止控制的编程元件地址分配

编程元件	I/O端子	电路器件	作用
输入继电器	I0.0	SB1	启动按钮
	I0.1	SB2	停止按钮
输出继电器	Q0.0	KM	电动机接触器
	Q0.1	HL1	绿色指示灯
	Q0.2	HL2	红色指示灯

(三)实验电路

本实验采用CPU222,I/O接线图如图4-20所示。

四、参考梯形图程序

可以用两种方法编程,如图4-21所示。

五、程序输入及调试

(1)在断电状态下,连接好PC/PPI电缆。

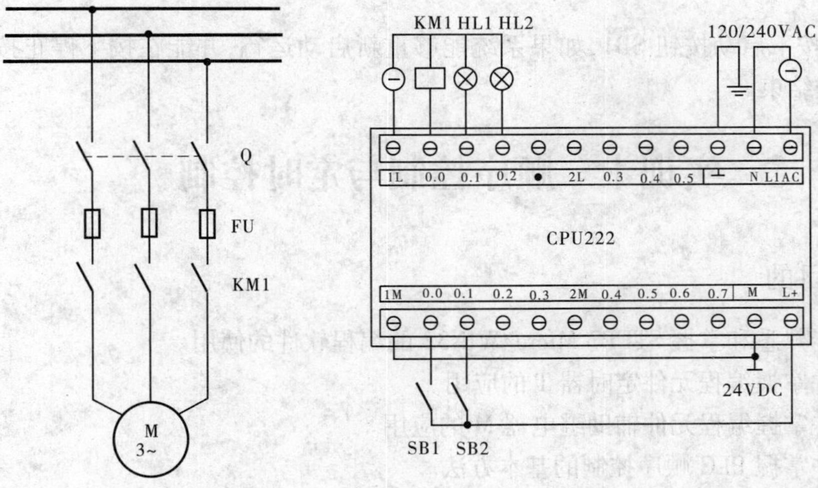

图 4-20　电动机启动/停止控制的 I/O 接线图

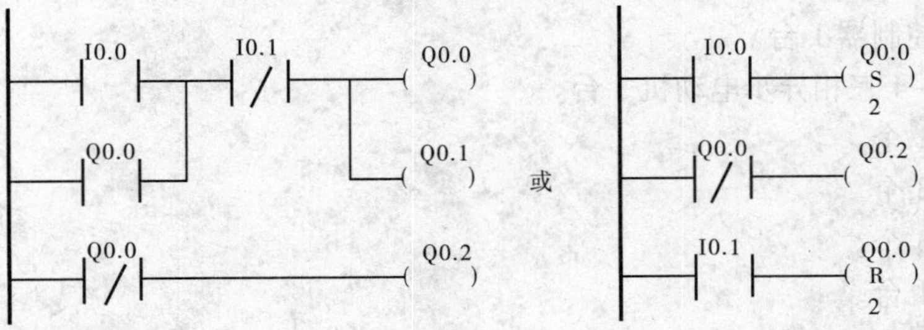

图 4-21　电动机启动/停止控制的梯形图程序

(2)打开 PLC 的前盖,将运行模式选择开关拨到“STOP”位置,此时 PLC 处于停止状态;或者用鼠标单击工具条中的“STOP”按钮,可以进行程序编写。

(3)在作为编程器的 PC 上,运行 STEP7 Micro/WIN32 编程软件。

(4)用菜单命令“文件”→“新建”,生成一个新项目;或者用菜单命令“文件”→“打开”,打开一个已有的项目;或者用菜单命令“文件”→“另存为”,修改项目的名称。

(5)用菜单命令“PLC”→“类型”,设置 PLC 的型号。

(6)设置通信参数。

(7)编写控制程序。

(8)用鼠标单击工具条中的“编译”按钮或“全部编译”按钮来编译输入的程序。

(9)下载程序文件到 PLC。

(10)将运行模式选择开关拨到“RUN”位置,或者用鼠标单击工具条中的“RUN”(运行)按钮,使 PLC 进入运行方式。

(11)观察 PLC 上的 Q0.2 的 LED 是否亮,此时应处于点亮状态,表明电动机处于停止状态。

(12)按下启动按钮 SB1,观察电动机是否启动运行。如果电动机能够启动运行,则启动程序正确。

(13)按下停止按钮 SB2,观察电动机是否能够停车。如果电动机能够停车,则停止程序正确。

(14)再次按下启动按钮 SB1,如果系统能够重新启动运行,并能在按下停止按钮后停车,则程序调试结束。

实训十　顺序控制与定时控制

一、实训目的

(1)进一步熟悉和掌握 STEP7 Micro/WIN32 的编程软件的使用。

(2)学习并掌握编程元件定时器 T 的应用。

(3)学习并掌握编程元件辅助继电器 M 的应用。

(4)学习并掌握 PLC 顺序控制的基本方法。

二、实训设备

(1)可编程控制器 1 台。

(2)Y112M－4 三相异步电动机 3 台。

(3)刀开关 1 个。

(4)熔断器 3 个。

(5)接触器 3 个。

(6)计算机 1 台。

(7)连接导线若干。

三、实验原理及实验线路

(一)实验原理

有 3 台皮带运输机,分别由电动机 M1、M2、M3 驱动,如图 4-22 所示。

要求:按启动按钮 SB1 后,启动顺序为 M1、M2、M3,间隔时间为 5 s。按停止按钮 SB2 后,停车顺序为 M3、M2、M1,间隔时间为 3 s。3 台电动机 M1、M2、M3 分别通过接触器 KM1、KM2、KM3 接通三相交流电源,用 PLC 控制接触器的线圈。图 4-23 为顺序控制时序图。

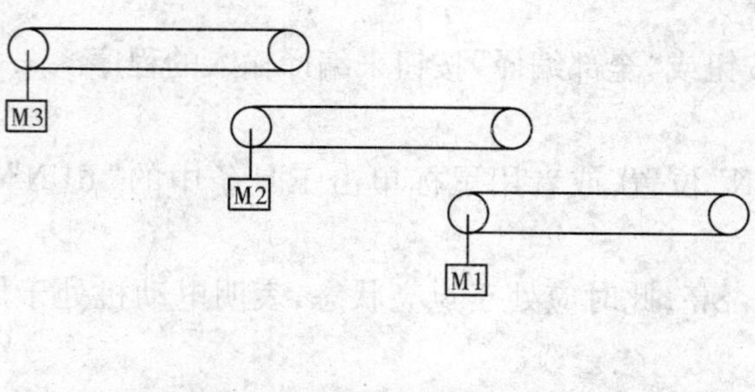

图 4-22　皮带运输机工作示意图

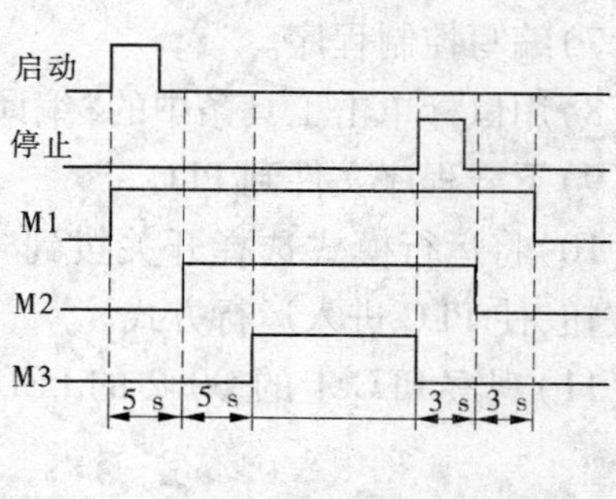

图 4-23　顺序控制时序图

(二)编程元件的地址分配

(1)输入/输出继电器地址分配如表 4-9 所示。

表 4-9　输入/输出继电器地址分配

编程元件	I/O 端子	电路器件	作 用
输入继电器	I0.0	SB1	启动按钮
	I0.1	SB2	停止按钮
输出继电器	Q0.0	KM1	M1 接触器
	Q0.1	KM2	M2 接触器
	Q0.2	KM3	M3 接触器

(2)其他编程元件地址分配如表 4-10 所示。

表 4-10　其他编程元件的地址分配

编程元件	编程地址	PT 值	作 用
定时器	T37	50	启动时的第一段延时
	T38	50	启动时的第二段延时
	T39	30	停车时的第一段延时
	T40	30	停车时的第二段延时
辅助继电器	M0.0	—	停车时保持第一段延时
	M0.1	—	停车时保持第二段延时

(三)实验电路

本实验采用 CPU222,其 I/O 接线图如图 4-24 所示。

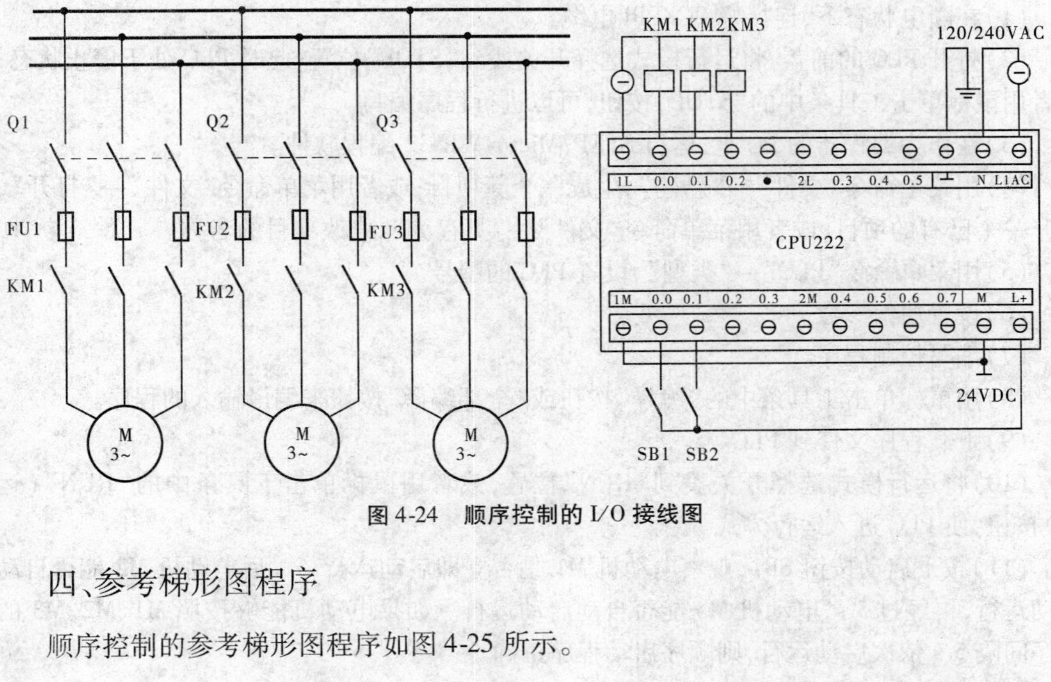

图 4-24　顺序控制的 I/O 接线图

四、参考梯形图程序

顺序控制的参考梯形图程序如图 4-25 所示。

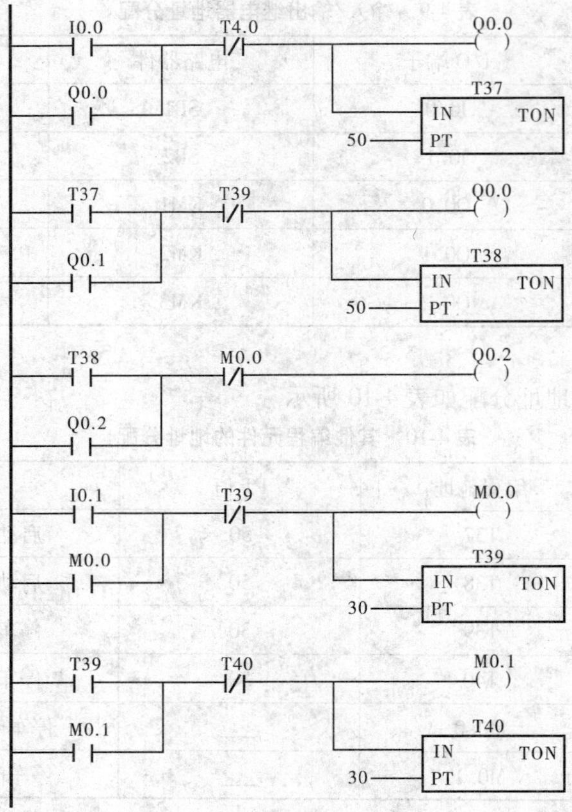

图 4-25　顺序控制的参考梯形图程序

五、程序输入及调试

(1)在断电状态下,连接好 PC/PPI 电缆。

(2)打开 PLC 的前盖,将运行模式选择开关拨到“STOP”位置,此时 PLC 处于停止状态;或者用鼠标单击工具条中的“STOP”按钮,可以进行程序编写。

(3)在作为编程器的 PC 上,运行 STEP7Micro/WIN32 编程软件。

(4)用菜单命令“文件”→“新建”,生成一个新项目;或者用菜单命令“文件”→“打开”,打开一个已有的项目;或者用菜单命令“文件”→“另存为”,修改项目的名称。

(5)用菜单命令“PLC”→“类型”,设置 PLC 的型号。

(6)设置通信参数。

(7)编写控制程序。

(8)用鼠标单击工具条中的“编译”按钮或“全部编译”按钮来编译输入的程序。

(9)下载程序文件到 PLC。

(10)将运行模式选择开关拨到“RUN”位置,或者用鼠标单击工具条中的“RUN”(运行)按钮,使 PLC 进入运行方式。

(11)按下启动按钮 SB1,观察电动机 M1 是否立即启动运行,5 s 后电动机 M2 能否自动启动运行,再经过 5 s,电动机 M3 能否自动启动运行。如果电动机能够按照 M1、M2、M3 的顺序间隔 5 s 依次启动运行,则顺序启动程序正确。

(12)按下启动按钮 SB2,观察电动机 M3 是否立即停车,3 s 后电动机 M2 能否自动停车,再经过 3 s 后,电动机 M1 能否自动停车。如果电动机能够按照 M3、M2、M1 的顺序依次停车,则停止程序正确。

(13)再次按下启动按钮 SB1,如果系统能够重新按照 M1、M2、M3 的顺序依次启动运行,并能在按下停止按钮后按照 M3、M2、M1 的顺序依次停车,则程序调试结束。

第二节　功能图与顺序控制指令

S7－200 系列 PLC 除使用梯形图外,还使用语句表和顺序功能图语言,顺序功能图语言用于复杂的顺序控制程序。在运用 PLC 进行顺序控制中,常采用顺序控制指令,这是一种由功能图设计梯形图的步进型指令。在工业控制领域,许多的控制过程都可用顺序控制的方式来实现,使用顺序控制指令实现顺序控制既方便实现,又便于阅读修改。

一、功能图

顺序功能图 SFC(Sequential Function Chart)又叫做功能流程图或功能图,它是描述控制系统的控制过程、功能和特性的一种图形,同时也是设计 PLC 的顺序控制程序的一种有力工具。它具有简单、直观等特点,是一种通用语言,是 IEC(国际电工委员会)首选的编程语言。

功能图的基本思想是:设计者按照生产要求,将被控设备的一个工作周期划分成若干个工作阶段(简称步),并明确表示每一步要执行的输出,步与步之间通过特定的条件进行转换。在程序中,只要通过正确连接进行步与步之间的转换,就可以完成被控设备的全部动作。

(一)功能图的产生

20 世纪 80 年代初,法国科技人员根据 PETRI NET 理论,提出了可编程控制器设计的 Grafacet 法。Grafacet 法是用于工业顺序控制程序设计的一种功能说明语言,现在已成为法国国家标准(NFC03190)。IEC 于 1988 年公布了类似的“控制系统功能图准备”标准(IEC848)。我国在 1986 年颁布了顺序功能图的国家标准(GB 6988.6—86),1994 年5月公布的 IEC 标准(IEC1131)中,顺序功能图被确定为 PLC 位居首位的编程语言。

(二)顺序功能图的基本概念

顺序功能图主要由步、转移及有向线段等元素组成。如果适当运用组成元素,就可得到控制系统的静态表示方法,再根据转移触发规则模拟系统的运行,就可以得到控制系统的动态过程。

1.步

将控制系统的一个周期划分为若干个顺序相连的阶段,这些阶段称为步,并用编程元件来代表各步。步的图形符号如图 4-26 所示。矩形框中可写上该步的编号或代码。

初始步:与系统初始状态相对应的步称为初始步,初始状态一般是系统等待启动命令的相对静止的状态,一个控制系统至少要有一个初始步。初始步的图形符号为双线的矩形框,如图 4-27 所示。在实际使用时,有时也画成单线框,有时画一条横线表示功能图的开始。

活动步:当控制系统正处于某一步所在的阶段时,该步处于活动状态,称该步为活动步。

步处于活动状态时，相应的动作被执行；处于不活动状态时，相应的非存储型的动作被停止执行。

与步对应的动作或命令：在每个稳定的步下，可能会有相应的动作。动作的表示方法如图 4-28 所示。

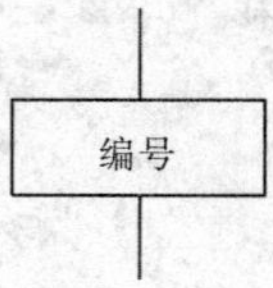

图 4-26　步的图形符号

图 4-27　初始步的图形符号

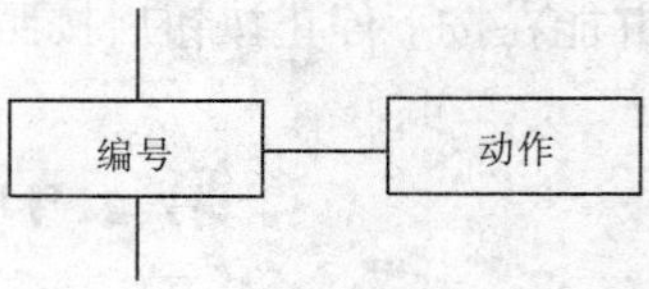

图 4-28　动作的表示方法

2. 转移

为了说明从一个步到另一个步的变化，要用转移概念，即用一个有向线段来表示转移的方向。两个步之间的有向线段上再用一段横线表示这一转移。转移的符号如图 4-29 所示。

转移是一种条件，当此条件成立，即为转移使能。该转移如果能够使步发生转移，则称为触发。一个转移能够触发必须满足：步为活动步及转移使能。转移条件是指使系统从一个步向另一个步转移的必要条件，通常用文字、逻辑方程及符号来表示。

（三）功能图的构成规则

控制系统功能图的绘制必须满足以下规则：

（1）步与步不能相连，必须用转移分开。

（2）转移与转移不能相连，必须用步分开。

（3）步与转移、转移与步之间的连接采用有向线段，从上向下画时，可以省略箭头；当有向线段从下向上画时，必须画上箭头，以表示方向。

（4）一个功能图至少要有一个初始步。

下面通过冲压机的运动控制说明功能图的绘制。某一冲压机的初始位置是冲头抬起，处于高位；当操作者按动启动按钮时，冲头向工件冲击；到最低位置时，触动低位行程开关；然后冲头抬起，回到高位，触动高位行程开关，停止运行。图 4-30 所示为功能图表示的冲压机运行过程。冲压机的工作顺序可分为三个步：初始步、下冲步和返回步。从初始步到下冲步的转移必须满足启动信号和高位行程开关信号同时为 ON 才能发生；从下冲步到返回步的转移，必须满足行程开关为 ON 才能发生。

（四）功能图的结构分类

根据步与步之间的进展情况，功能图分为以下三种结构。

1. 单一顺序

单一顺序动作是一个接一个地完成，每步只连接一个转移，每个转移只连接一个步，如图 4-31（a）所示。根据流程图很容易写出逻辑表达式，代数逻辑表达式和梯形图有对应关系，由代数逻辑表达式可写出梯形图，如图 4-31（b）所示。图 4-31（c）和图 4-31（b）的逻辑是等价的，但图 4-31（c）更加简洁（程序的容量要小些），因此经过 3 次转化，最终的梯形图是图 4-31（c）。

2. 选择顺序

选择顺序是指某一步后有若干个单一顺序等待选择，称为分支，一般只允许选择进入一

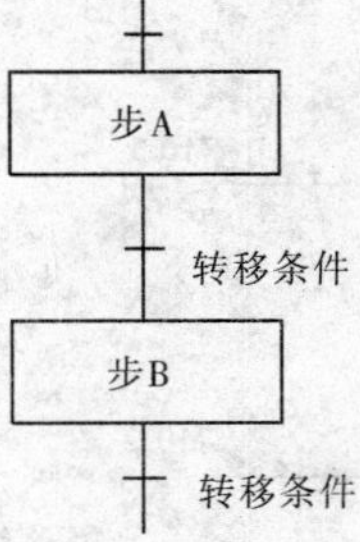

图 4-29　转移的条件

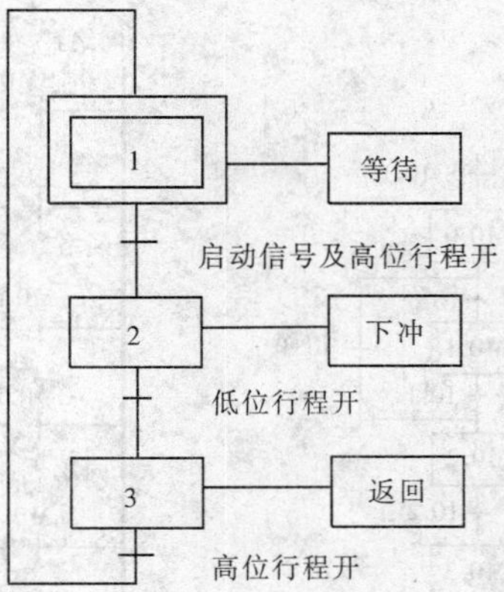

图 4-30　冲压机运行过程

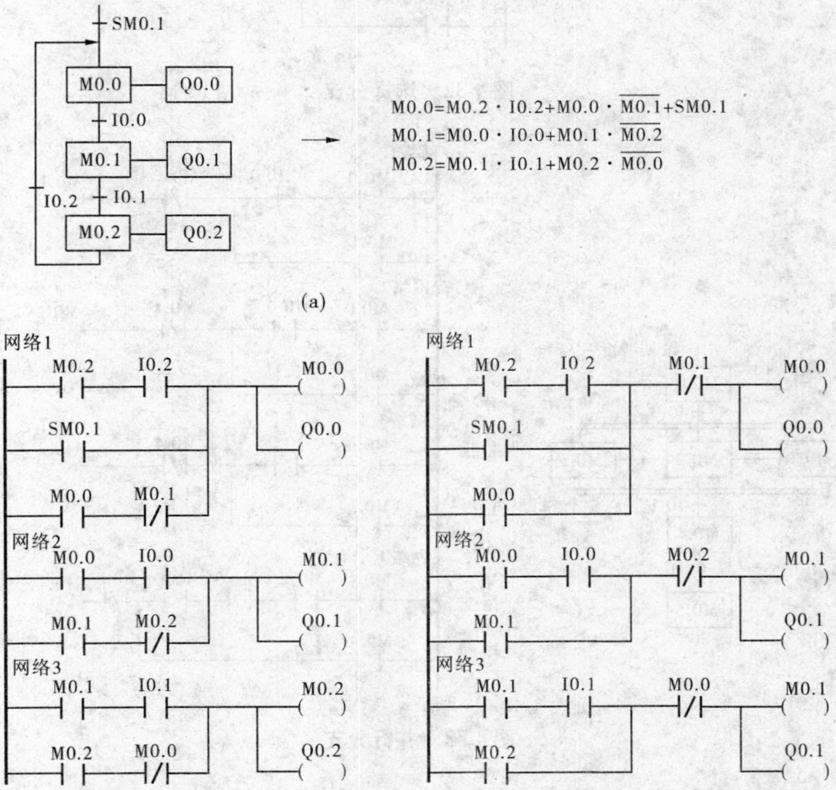

图 4-31　单一顺序

个顺序，转换条件只能标在水平线之下。选择顺序的结束称为合并，用一条水平线表示，水平线以下不允许有转换条件，如图 4-32 所示。

3. 并行顺序

并行顺序是指在某一转换条件下同时启动若干个顺序，也就是说转换条件实现导致几个分支同时激活。并行顺序的开始和结束都用双水平线表示，如图 4-33 所示。

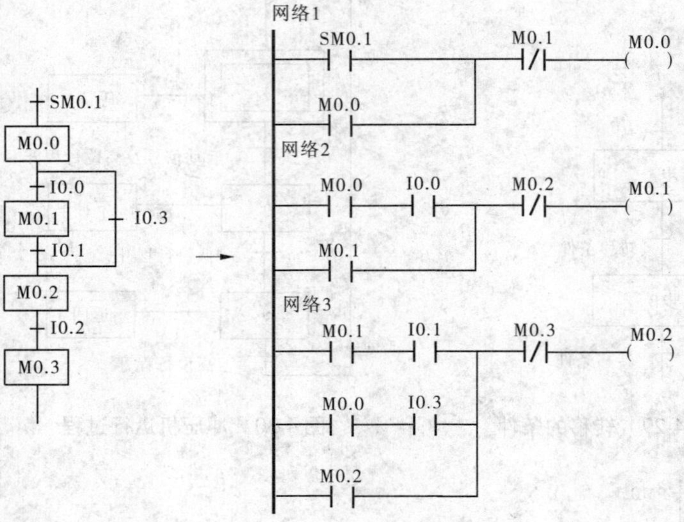

图 4-32　选择分支

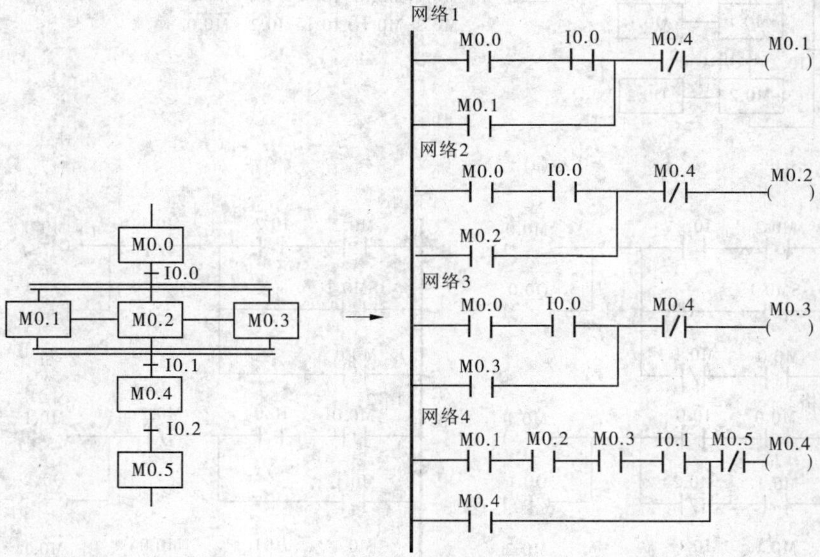

图 4-33　并行分支

二、顺序控制指令

顺序控制指令又称 SCR，S7－200 PLC 提供了三条顺序控制指令，它的指令格式和功能描述见表 4-11。从表中可以看出，顺序控制指令的操作对象为状态继电器 S，S 的每一位都表示功能图中的一步。S 的范围为 S0.0～S31.7。

从 LSCR 指令开始到 SCRE 指令结束的所有指令组成一个顺序控制（SCR）段，对应功能图中的一步。LSCR 指令标记一个 SCR 步的开始，当该步的状态继电器置位时，允许该 SCR 步工作。SCR 步必须用 SCRE 指令结束。当 SCRT 指令的输入端有效时，一方面置位下一个 SCR 步的状态继电器 S，使下一个 SCR 步工作；另一方面又同时使该步的状态继电

器复位,使该步停止工作。由此可以总结出每一个 SCR 程序步一般有以下三种功能:

表 4-11 顺序控制指令格式和功能描述

STL	LAD	功能	操作对象
LSCR bit (Load Sequential Control Relay)	bit ├──[LSCR]	顺序状态转移	S
SCRT bit (Sequential Control Relay Transition)	bit ──(SCRT)	顺序状态开始	S
SCRE (Sequential Control Relay End)	bit ──(SCRE)	顺序状态结束	无

(1)驱动处理。即在该步状态继电器有效时,要做什么工作;有时也可能不做任何工作。

(2)指定转移条件和目标。即满足什么条件后活动步移到何处。

(3)转移源自动复位功能。步发生转移后,使下一步变为活动步的同时,自动复位原步。

三、顺序控制指令应用

在使用功能图编程时,应先画出功能图,然后对应于功能图画出梯形图,如图 4-34 所示为顺序控制指令使用的例子。

在该例中,初始化脉冲 SM0.1 用来置位 S0.1,即把 S0.1(步 1)步激活;在步 1 的 SCR 段要做的工作是置位 Q0.4、复位 Q0.5 和 Q0.6。T37 同时计时,1 s 计时到后,步发生转移,T37 即为步转移条件,T37 的常开触点将 S0.2(步 2)置位(复活)的同时,自动使原步 S0.1 复位。

在步 2 的 SCR 段,要做的工作是置位 Q0.2,同时 T38 计时,20 s 计时到后,程序从步 2(S0.2)转移到步 3(S0.3),同时步 2 复位 。

在 SCR 段输出时,常用特殊中间继电器是 SM0.0(常开继电器)执行 SCR 段的输出操作。因为线圈不能直接和母线相连,所以必须借助于一个常开的 SM0.0 来完成任务。

顺序控制指令编程时应注意以下几点:

(1)顺序控制指令仅对元件 S 有效,状态继电器 S 也具有一般继电器的功能,能够使用于其他指令。

(2)SCR 段程序能否执行取决于该步(S)是否被置位,SCRE 与下一个 LSCR 之间的指令逻辑不影响下一个 SCR 段程序的执行。

(3)不能把同一个 S 位用于不同的程序中。例如,如果在主程序中用了 S0.1,则在子程序中就不能再使用它。

(4)在 SCR 段中不能使用 JMP 和 LBL 指令,就是说不允许跳入、跳出或在内部跳转,但可以在 SCR 段附近使用跳转和标号指令。

(5)在 SCR 段中不能使用 FOR、NEXT 和 END 指令。

(6)在步发生转移后,所有的 SCR 段的元器件一般也要复位,如果希望继续输出,可使用置位/复位指令,如图 4-34 中 Q0.4。

(7)在使用功能图时,状态继电器的编号可以不按顺序安排。

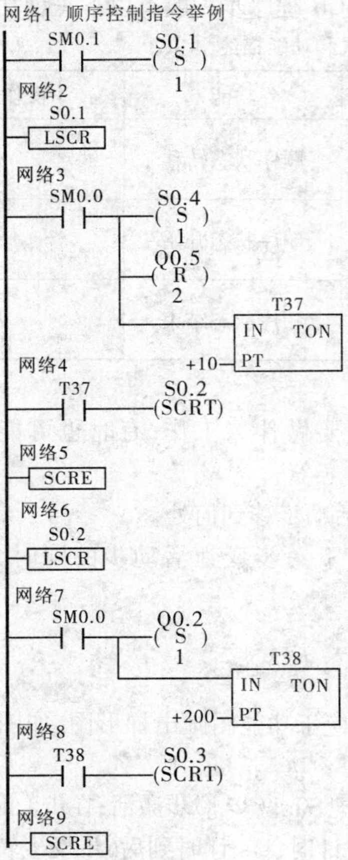

(a)梯形图

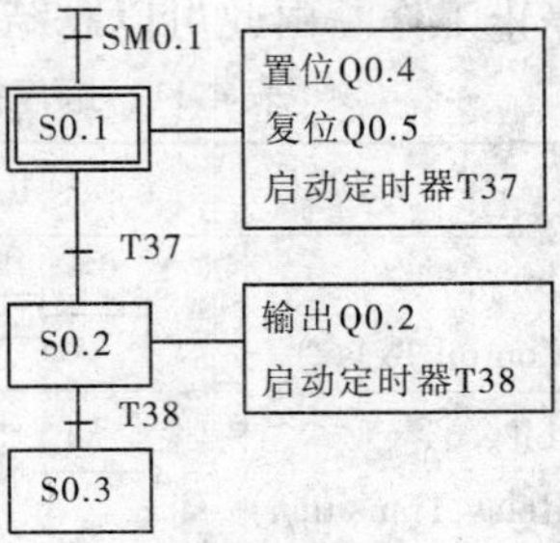

(b)功能图

```
LD      SM0.1
S       S0.1,1
LSCR    S0.1
LD      SM0.0
S       Q0.4,1
R       Q0.5,2
TON     T37,+10
LD      T37
SCRT    S0.2
SCRE
LSCR    S0.2
LD      SM0.0
=       Q0.2
TON     T38,+200
LD      T38
SCRT    S0.3
SCRE
```

(c)语句表

图 4-34　顺序控制指令应用程序

第三节　程序控制指令

程序控制类指令主要用于程序结构的优化,增强程序功能。程序控制类指令主要包括暂停指令、结束指令、跳转指令、循环指令、子程序调用指令、中断指令等。

一、暂停指令、结束指令

(一)暂停指令

STOP:暂停指令。执行条件成立时,停止执行用户程序,令 CPU 工作方式由 RUN 转到 STOP。在中断程序中执行 STOP 指令,该中断立即终止,并且忽略所有挂起的中断,继续扫描程序的剩余部分,在本次扫描的最后,将 CPU 由 RUN 切换到 STOP。

(二)结束指令 END/MEND

END:条件结束指令。执行条件成立(左侧逻辑值为 1)时结束主程序,返回主程序的第一条指令执行。在梯形图中该指令不连在左侧母线。END 指令只能用于主程序,不能在子程序和中断程序中使用。END 指令无操作数。

MEND:无条件结束指令。结束主程序,返回主程序的第一条指令执行。在梯形图中无条件结束指令连接在左侧母线。用户必须以无条件结束指令结束主程序。条件结束指令用在无条件结束指令前结束主程序。在编程结束时一定要写上该指令,否则出错;在调试程序时,在程序的适当位置插入 MEND 指令可以实现程序的分段调试。

必须指出,STEP7 Micro/WIN32 编程软件,在主程序的结尾自动生成无条件结束指令(MEND),用户不得输入,否则编译出错。

结束、暂停指令格式如表 4-12 所示。

表 4-12 结束、暂停指令格式

LAD	STL	功能
—(STOP)	STOP	暂停
—(END)	END/MEND	条件/无条件结束

二、跳转指令

跳转指令(JMP)和跳转地址标号(LBL)配合实现程序的跳转。使能端输入有效时,程序跳转到指定标号 n 处(同一程序内),跳转标号 n = 0 ~ 255;使能端输入无效时,程序顺序执行。跳转指令格式见表 4-13。

表 4-13 跳转指令格式

LAD	STL	功能
n ——(JMP)	JMP n	跳转
n ——[LBL]	LBL n	跳转标号

跳转指令的使用说明如下:

(1)跳转指令和标号指令必须配合使用,而且只能使用在同一程序块中,如主程序、同一个子程序或同一个中断程序。不能在不同的程序块中互相跳转。

(2)允许多个跳转指令使用同一标号,但不允许一个跳转指令对应两个标号,同一个指令中不能有两个相同的标号。

(3)跳转指令具有程序选择功能,类似于 BASIC 语言的 GOTO 指令。

(4)若跳转指令中使用上升沿或者下降沿脉冲指令,跳转只执行一个周期。若使用 SM0.0 作为跳转条件,跳转则称为无条件跳转。

跳转指令程序示例如图 4-35 所示。

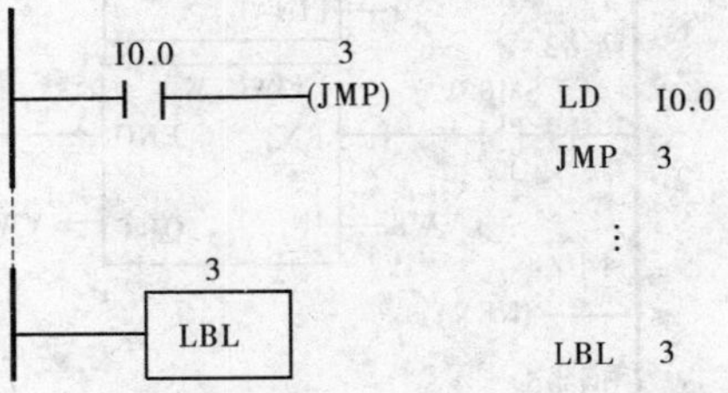

(a)梯形图 (b)语句表

图 4-35 跳转指令程序示例

三、循环指令

循环指令(FOR/NEXT)用于描述一段程序的重复循环执行。由 FOR 和 NEXT 指令构成程序的循环体。FOR 指令标记循环的开始,NEXT 指令为循环体的结束指令,无操作数。指令格式见表 4-14。指令为指令盒格式,主要参数有使能输入 EN、当前值计时器 INDX、循环次数初始值 INIT 和循环计数终止值 FINAL。

表 4-14　循环指令(FOR/NEXT)指令格式

LAD	STL	功能
FOR 指令盒:EN、ENO、INDX、INIT、FINAL	FOR　IN1,IN2,IN3	循环开始
——(NEXT)	NEXT	循环返回

循环指令工作原理:使能输入 EN 有效时,循环体开始执行,执行到 NEXT 指令时返回。每执行一次循环体,当前值计数器 INDX 增 1,达到终止值 FINAL 时,循环结束。使能输入无效时,循环体程序不执行。每次使能输入重新有效时,指令自动将各参数复位。FOR/NEXT指令必须成对使用,循环可以嵌套,最多为 8 层。如图 4-36 所示的循环指令程序示例中有两层嵌套。

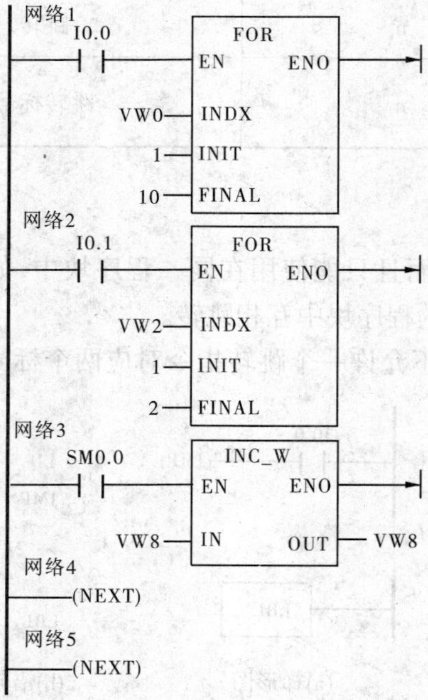


```
网络1
//I0.0接通，外循环执行10次
LD   I0.0
FOR  VW0,1,10
网络2
//I0.0接通，内循环执行2次
LD   I0.1
FOR  VW2,1,2
网络3
//每次执行VW中加1
LD   SM0.0
INC_W  VW8
网络4
//回路2结束
NEXT
网络5
//回路1结束
NEXT
```

图 4-36　循环指令程序示例

四、子程序调用指令

子程序在结构化程序设计中是一种方便有效的工具。S7－200 的指令系统具有简单、方便、灵活的子程序调用功能。与子程序有关的操作是建立子程序、子程序的调用和返回。子程序返回又分为条件返回和无条件返回。

(一)建立子程序

在编程软件的程序数据窗口下方有主程序(OB1)、子程序(SUB0)和中断服务程序(INT0)的标签，单击子程序标签即可进入 SUB0 子程序显示区，也可以通过指令树的项目进入子程序 SUB0 显示区。添加一个子程序时，可以用菜单栏中的“编辑”→“插入”命令增加一个子程序，子程序编号 n 从 0 开始自动向上生成。建立子程序最简单方法是在程序编辑器中的空白处单击鼠标右键，再选择“插入”→“中断程序”命令插入即可，如图 4-37 所示。

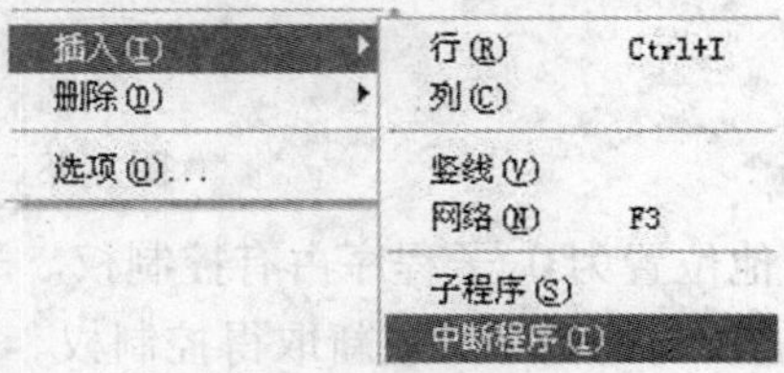

图 4-37 “插入”→“中断程序”命令

(二)子程序调用和返回

1. 子程序调用指令 CALL

在使能输入有效时，主程序把程序控制权交给子程序。子程序的调用可以带参数，也可以不带参数。它在梯形图中以指令盒的形式编程。指令格式见表 4-15。

2. 子程序条件返回指令 CRET

在使能输入有效时，结束子程序的执行，返回主程序中。它在梯形图中以线圈的形式编程，指令不带参数。指令格式见表 4-15。

表 4-15 子程序调用和返回指令格式

LAD	STL	功能
——EN [SBR_0]	CALL SBRO	子程序调用
——(RET)	CRET	子程序条件返回

(三)应用举例

图 4-38 为子程序调用和返回指令应用。当首次扫描时，调用子程序，若条件满足(M0.0＝1)则返回，否则执行 FILL 指令。

使用说明：

(1)CRET 多用于子程序的内部，由判断条件决定是否结束子程序调用，RET 用于子程序的结束。用 STEP－Micro/WIN32 编程时，编程人员不需要手工输入 RET 指令，而是由软件自动加在每个子程序结尾。

(2)子程序嵌套。如果在子程序的内部又对另一子程序执行调用指令，则这种调用称为子程序的嵌套。子程序的嵌套深度最多为 8 级。

(3)当一个子程序被调用时，系统自动保存当前的堆栈数据，并把栈顶置 1，堆栈中的其

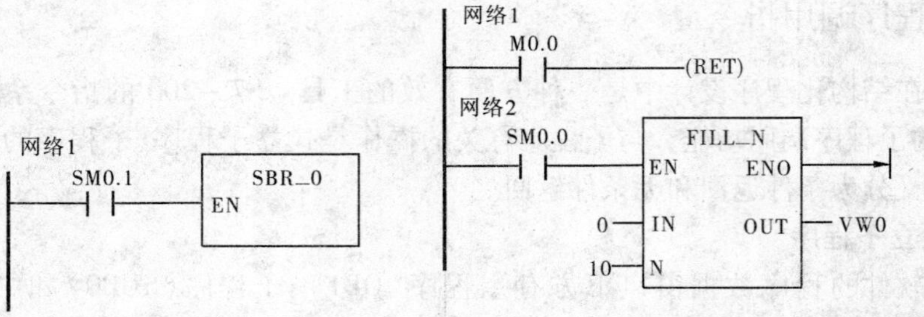

(a)主程序　　(b)子程序

图 4-38　子程序的调用和返回指令程序示例

他位置为 0,子程序占有控制权。子程序执行结束,通过返回指令自动恢复原来的逻辑堆栈值,调用程序又重新取得控制权。

五、程序控制指令的应用

【例 4-2】 某系统测量温度,当温度超过一定数值(保存在 VW10 中)时,报警灯以 1 s 为周期闪光,警铃鸣叫,使用 S7－200 PLC 和模块 EM231,编写此程序。

解: 温度是一个变化较慢的量,可每 100 ms 从模块 EM231 的通道 0 中采样 1 次,并将数值保存在 VW10 中。梯形图如图 4-39 所示。

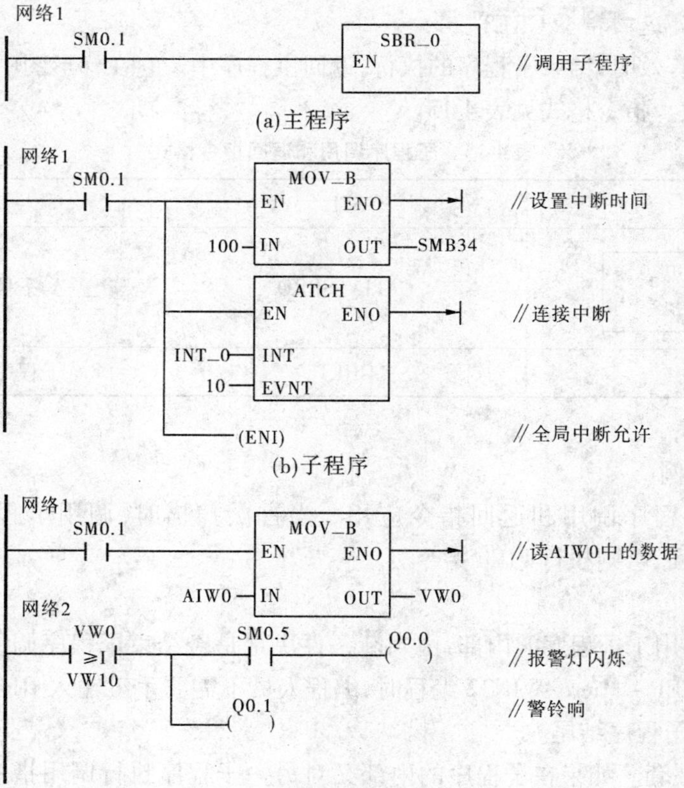

(c)中断程序

图 4-39　程序控制指令应用梯形图

第四节　可编程控制器的编程原则和方法

一、梯形图的编程原则

梯形图在结构形式、元件符号及逻辑控制功能等方面与继电器电路图相类似，但它们又有许多不同之处，梯形图有自己的编程原则。

(1)每一逻辑行总是起于左母线，然后是触点的连接，最后终止于线圈或右母线(右母线可以不画出)。S7－200 PLC 的左母线与线圈之间一定要有触点，而线圈与右母线之间则不能有任何触点，如图 4-40 所示。

(a)错误　　(b)正确

图 4-40　梯形图示例一

(2)无论选用哪种机型的 PLC，所用元件的编号必须在该机型的有效范围内。例如 S7－200系列的 PLC 的辅助继电器没有 M100.0，若使用就会出错。

(3)梯形图中的触点可以任意串联或并联，但继电器线圈只能并联不能串联。

(4)触点的使用次数不受限制。例如，只要需要，辅助继电器 M0 就可以在梯形图中出现无限制的次数，而实物继电器的触点一般少于 8 对，只能用有限次。

(5)在梯形图中同一线圈只能出现一次。如果在程序中，同一线圈使用了两次或多次，称为双线圈输出。对于双线圈输出，有些 PLC 将视为语法错误，绝对不允许；有些 PLC 则将前面的输出视为无效，只有最后一次输出有效；而有些 PLC 在含有跳转指令或步进指令的梯形图中允许双线圈输出。

(6)对于不可编程梯形图必须经过等效变换，变成可编程梯形图，如图 4-41 所示。

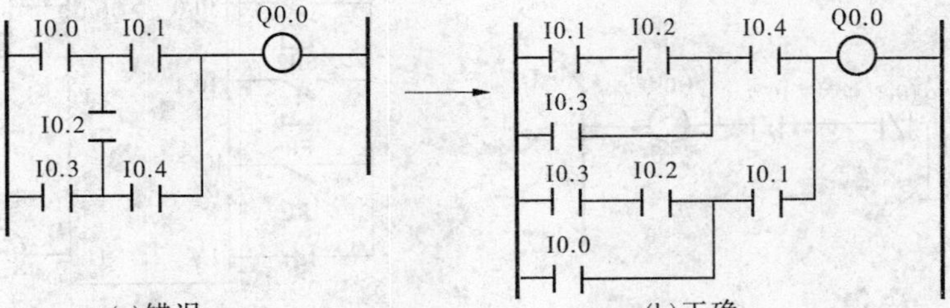

(a)错误　　(b)正确

图 4-41　梯形图示例二

(7)有几个串联电路相并联时，应将串联触点多的回路放在上方，归纳为“多上少下”的原则，如图 4-42 所示。在有几个并联电路相串联时，应将并联触点多的回路放在左方，归纳为“多左少右”原则，如图 4-43 所示。这样编制的程序简洁明了，语句较少。

(8)PLC 的输入端所连的电器元件通常使用常开触点，即使与 PLC 对应的继电器－接触

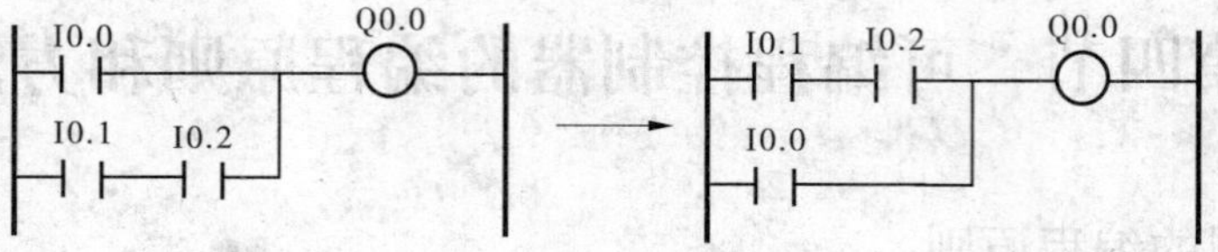

(a)不合理　　　　　　　　　　(b)合理

图 4-42　梯形图示例三

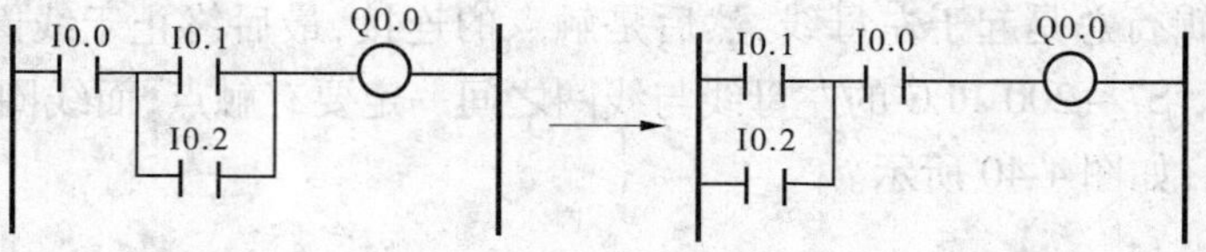

(a)不合理　　　　　　　　　　(b)合理

图 4-43　梯形图示例四

器系统原来使用常闭触点。如图 4-44 所示为继电器 - 接触器系统控制的电动机的启/停控制,图 4-45 所示为电动机的启/停控制的梯形图,图 4-46 所示为电动机启/停控制的接线图。

继电器 - 接触器系统原来使用常闭触点 SB1 和 FR,改用 PLC 控制时,则在 PLC 的输入端变成了常开触点。

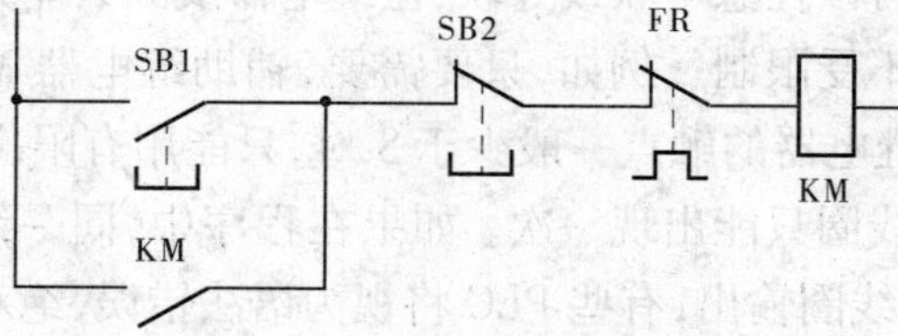

图 4-44　电动机启/停控制

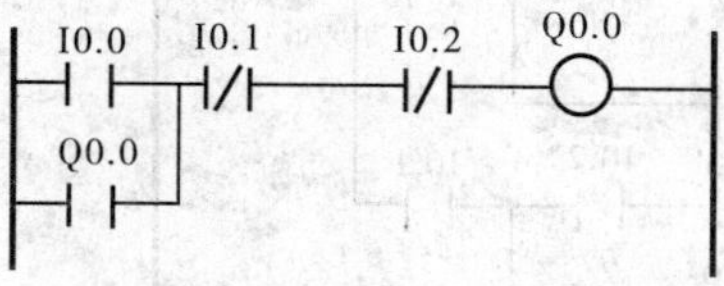

图 4-45　电动机启/停控制的梯形图

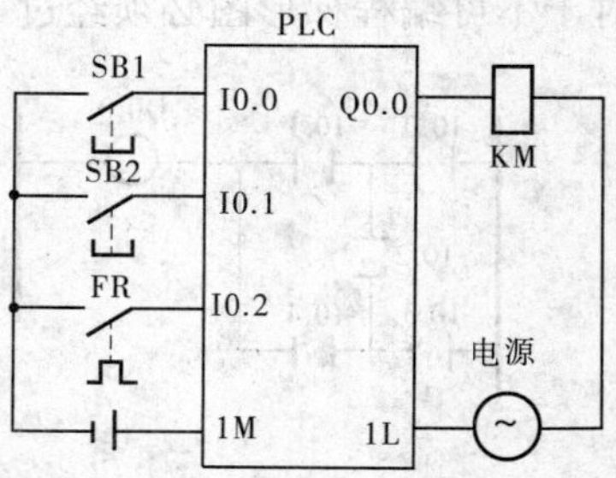

图 4-46　电动机的启/停控制的接线图

注意:图 4-45 的梯形图中 I0.1 和 I0.2 用常闭触点,否则控制逻辑不正确。若一定要让 PLC 的输入端为常闭触点输入也可以,但梯形图中 I0.1 和 I0.2 最好用常开触点(对于急停按钮都使用常闭触点),一般不建议这样使用。另外,一般不推荐将热继电器的常开触点接在 PLC 的输入端,因为这样会占用输入点,最好将热继电器的常闭触点接在 PLC 的输入端。

二、可编程控制器的编程方法

相同的硬件系统,如果由不同的人设计,可能设计出不同的程序。有的程序设计简洁而且工作可靠,而有的程序设计虽然能完成任务,但较复杂。PLC 程序设计是有规律可循的。下面介绍 PLC 的两种设计方法:流程图设计法和经验设计法。

(一)流程图设计法

流程图就是顺序功能图,流程图设计法就是先根据系统的控制要求画出流程图,再根据流程图画梯形图。梯形图可以是基本指令梯形图,也可以是步进梯形图和功能指令梯形图。因此,设计流程图是整个过程的关键。

1. 根据流程图画基本指令梯形图的方法

先根据控制要求设计正确的流程图,再写出正确的布尔表达式,最后画基本指令梯形图。

2. 根据流程图画步进梯形图的方法

顺序流程图和步进梯形图有一一对应的关系。

3. 根据流程图用功能指令画梯形图的方法

功能指令中的移位指令"SFTL"和"SFTR"非常适合顺序控制。

(二)经验设计法

经验设计法就是在一些典型的梯形图的基础上,根据具体的对象对控制系统的具体要求,对原有的梯形图进行修改和完善。这种方法适合有一定工作经验的人,这些人手头有现成的资料,特别在产品更新换代时,使用这种方法比较节省时间。

实训十一　步进控制

一、实训目的

(1)进一步熟悉和掌握 STEP7 Micro/WIN32 的编程软件的使用。

(2)进一步掌握编程元件定时器 T 和辅助继电器 M 的应用。

(3)学习并掌握编程元件状态继电器 S 的使用。

二、实训设备

(1)可编程控制器 1 台;

(2)Y112M-4 三相异步电动机 1 台;

(3)刀开关 1 个;

(4)熔断器 1 个;

(5)接触器 4 个;

(6)计算机 1 台;

(7)连接导线若干。

三、实验原理和实验电路

(一)实验原理

在S7 - 200中,编程元件状态继电器S是专门用于编写顺序控制(常称为步进控制)程序的。一个步进控制程序是由若干个SCR段组成的,每个SCR段对应步进控制中的一个功能控制步,简称步。每个SCR都是一个相对稳定的状态,都有段开始、段结束、段转移。在S7 - 200中,有3条简单的SCR指令与之对应。

在语句表中,SCR的指令格式为:LSCR Sx. y

SCRT Sx. y

SCRE

(1)段(步)开始指令LSCR(Load Sequence Control Relay)。

段(步)开始指令的功能是标记一个SCR段(或一个步)的开始,它的操作数是状态继电器Sx. y(如S0.0),Sx. y是当前SCR段的标志位,当Sx. y为1时,允许该SCR段工作。

(2)段(步)转移指令SCRT(Sequence Control Relay Transition)。

段(步)转移指令的功能是将当前的SCR段切换到下一个SCR段,它的操作数是下一个SCR段的标志位Sx. y(如S0.1)。当允许输入有效时,进行切换,即停止当前SCR段工作,启动下一个SCR段工作。

(3)段(步)结束指令SCRE(Sequence Control Relay End)。

段(步)结束指令的功能是标记一个SCR段(或一个步)的结束。每个SCR必须使用段结束指令来表示该SCR段的结束。

图4-47是一个装料/卸料小车的行程控制系统示意图。

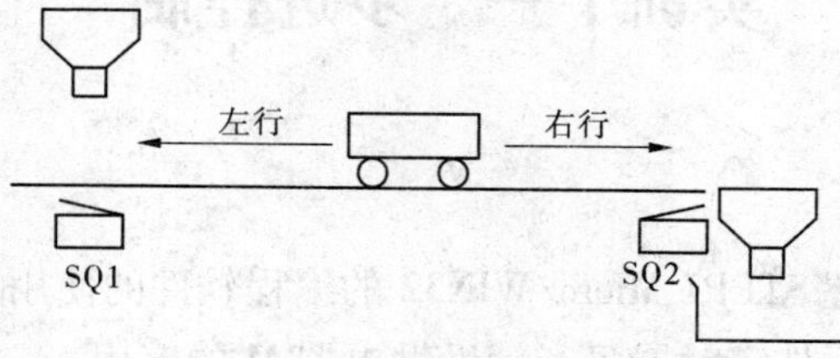

图4-47 小车的行程控制系统示意图

(二)控制要求

(1)初始位置,小车在左端,左限位开关SQ1被压下。

(2)按下起动按钮SB1,小车开始装料。

(3)8 s后装料结束,小车自动开始右行,碰到右限位开关SQ2时,停止右行,小车开始卸料。

(4)5 s后卸料结束,小车自动左行,碰到左限位开关SQ1后,停止左行,开始装料。

(5)延时8 s后,装料结束,小车自动右行……如此循环,直到按下停止按钮SB2,在当前循环完成后,小车结束工作。

(三)编程元件地址分配

(1)输入/输出继电器地址分配如表 4-16 所示。

表 4-16　输入/输出继电器地址分配

编程元件	I/O 端子	电路器件	作用
输入继电器	I0.0	SB1	启动按钮
	I0.1	SB2	停止按钮
	I0.2	SQ2	右限位开关
	I0.3	SQ1	左限位开关
输出继电器	Q0.0	KM1	装料接触器
	Q0.1	KM2	右行接触器
	Q0.2	KM3	卸料接触器
	Q0.3	KM4	左行接触器

(2)其他编程元件地址分配如表 4-17 所示。

表 4-17　其他编程元件地址分配

编程元件	编程地址	PT 值	作用
定时器(0.1 s)	T37	80	左端装料延时
	T38	50	右端卸料延时
辅助继电器	M0.0		记忆停止信号
状态继电器 S	S0.0		初始步
	S0.1		第一步,装料
	S0.2		第二步,右行
	S0.3		第三步,卸料
	S0.4		第三步,左行

(四)实验电路

本实验采用 S7－200 CPU222,I/O 接线图如图 4-48 所示。

四、参考梯形图程序

步进控制程序可借助于状态流程图来编程,装料/卸料小车的状态流程图如图 4-49 所示,参考梯形图程序如图 4-50 所示。

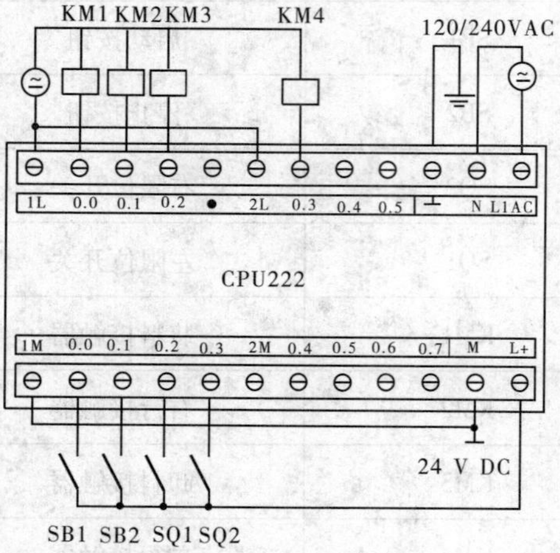

图 4-48　装料/卸料小车的 I/O 接线图

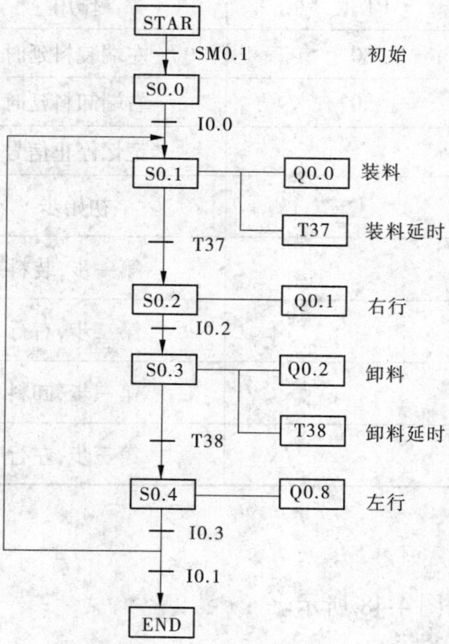

图 4-49　装料/卸料小车的状态流程图

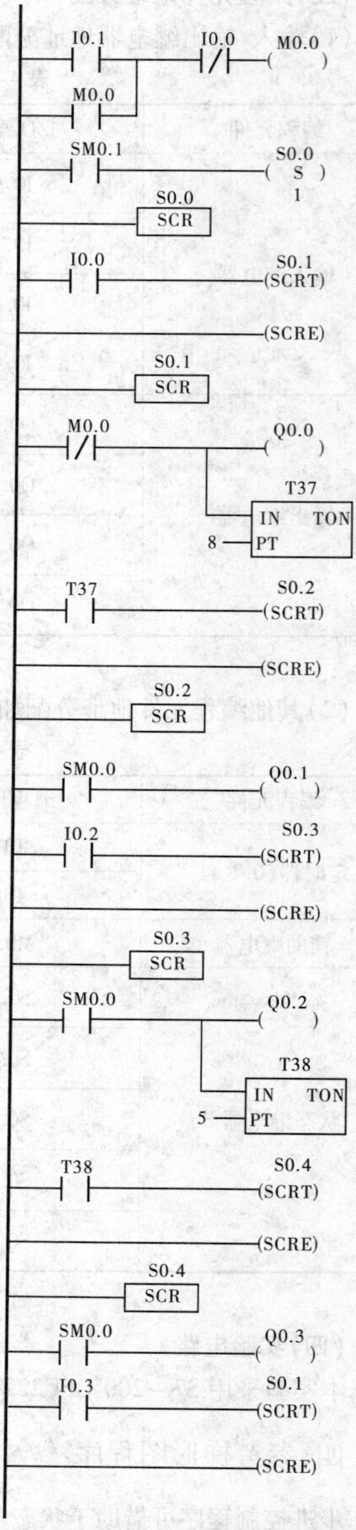

图 4-50　装料/卸料小车的梯形图程序

五、程序输入和调试

(1)在断电状态下,连接好 PC/PPI 电缆。

(2)打开 PLC 的前盖,将运行模式选择开关拨到"STOP"位置,此时 PLC 处于停止状态;或者用鼠标单击工具条中的"STOP"按钮,可以进行程序编写。

(3)在作为编程器的 PC 上,运行 STEP7 Micro/WIN32 编程软件。

(4)用菜单命令"文件"→"新建",生成一个新项目;或者用菜单命令"文件"→"打开",打开一个已有的项目;或者用菜单命令"文件"→"另存为",修改项目的名称。

(5)用菜单命令"PLC"→"类型",设置 PLC 的型号。

(6)设置通信参数。

(7)编写控制程序。

(8)用鼠标单击工具条中的"编译"按钮或"全部编译"按钮来编译输入的程序。

(9)下载程序文件到 PLC。

(10)将运行模式选择开关拨到"RUN"位置,或者用鼠标单击工具条中的"RUN"(运行)按钮,使 PLC 进入运行方式。

(11)模拟小车停在左端的装料位置,将 I0.3 与 DC 24 V 的 L+端短接。

(12)按 SB1 键或模拟启动操作,将 I0.0 与 DC 24 V的 L+端点接一下,观察 Q0.0 是否有输出(LED 亮),此时模拟小车的装料过程。

(13)8 s 后,Q0.0 停止输出,Q0.0 的 LED 由亮变灭,而 Q0.1 的 LED 亮,此时模拟小车装料向右行。

(14)因为小车右行后势必要离开左端装料位置,因此要将 I0.3 与 DC 24 V 断开。

(15)将 I0.2 与 DC 24 V 的 L+端短接,此时模拟小车已经到达右端的卸料位置,观察 Q0.1 是否停止输出,而 Q0.2 是否有输出(LED 亮),此时模拟小车开始卸料。

(16)5 s 后,Q0.2 停止输出,Q0.2 的 LED 由亮变灭,而 Q0.3 的 LED 亮,此时模拟小车卸料后向左行。

(17)因为小车左行后势必要离开右端的卸料位置,因此要将 I0.2 与 DC 24 V 断开。

(18)观察 Q0.3 是否停止输出,Q0.0 是否产生输出,是否能自动开始下一个循环。

(19)按停止按钮 SB2 或者将 I0.1 与 DC 24 V 的L+端连接一下并随即断开,按下停止按钮,观察小车是否立即停止,何时停止。

(20)重新将 I0.3 与 DC 24 V 的 L+端短接,模拟小车停止在左端装料位置,按下启动按钮 SB1,观察能否重复上述的调试过程。

思考题与习题

4-1　写出图 4-51 所示梯形图所对应的语句表指令。

4-2　根据下列语句表程序,画出梯形图。

```
LD     I0.0
LDN    I0.2
O      I0.3
```

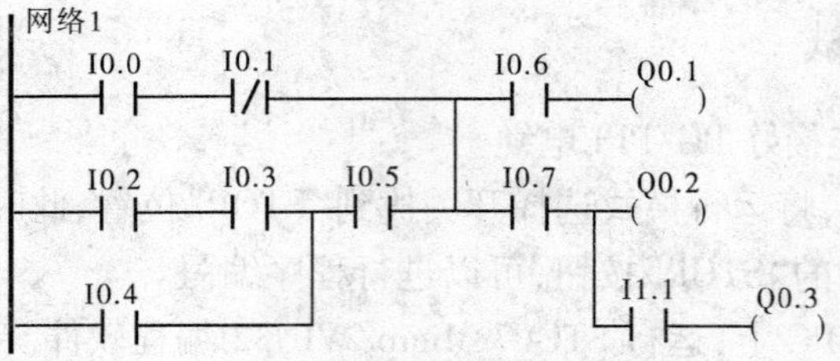

图 4-51　题 4-1 梯形图

A	I0.4
OLD	
AN	I0.5
LD	I0.6
O	I0.4
ALD	
=	Q0.1
LD	I1.1
LPS	
AN	I1.2
=	Q0.1
LPP	
A	I1.3
A	I1.4
=	Q0.1

4-3　用 PLC 设计一个闹钟,每天早上 6:30 响闹铃。

4-4　用 PLC 的置位/复位指令实现彩灯的自动控制。控制过程为:按下启动按钮,第一组花样绿灯亮;10 s 后第二组花样蓝灯亮,20 s 后第三组花样红灯亮,30 s 后返回第一组花样绿灯亮,如此循环,并且仅在第三组花样红灯亮后方可停止循环。

4-5　如图 4-52 所示为一台电动机启动的工作时序图,试画出梯形图。

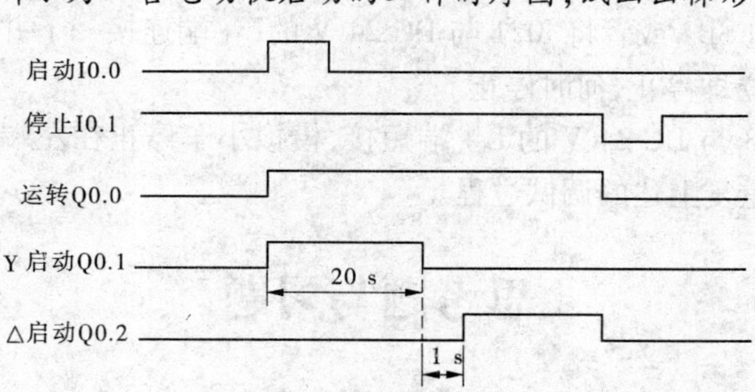

图 4-52　题 4-5 附图

4-6　3 台电动机相隔 5 s 启动,各运行 20 s,循环往复。使用移位指令和比较指令完成控制要求。

第五章　S7－200 系列 PLC 功能指令

本章主要内容

本章主要介绍 SIMATIC 指令集功能指令的指令格式、原理和使用方法。

1. 运算指令包括算术运算和逻辑运算两大类：算术运算有加、减、乘、除和常用的数学函数变换，逻辑运算包括逻辑与、或、异或和取反指令等。

2. 数据处理指令包括数据的传送、交换、填充和移位等指令。

3. 功能指令包括表处理类、转换类、高速处理类和中断类指令。

第一节　数据处理指令

数据处理指令是可以进行复杂的数据处理和实现特殊用处的指令，包括数据的传送、移位、交换、填充指令等。

一、数据传送指令

数据传送指令有字节、字、双字和实数的单个传送指令，还有以字节、字、双字为单位的数据块的成组传送指令，用来实现各存储器单元之间数据的传送和复制。

（一）单个传送指令

单个传送指令一次完成一个字节、字或双字的传送，指令格式见表 5-1。

表 5-1　单个传送指令格式

LAD	STL	功能
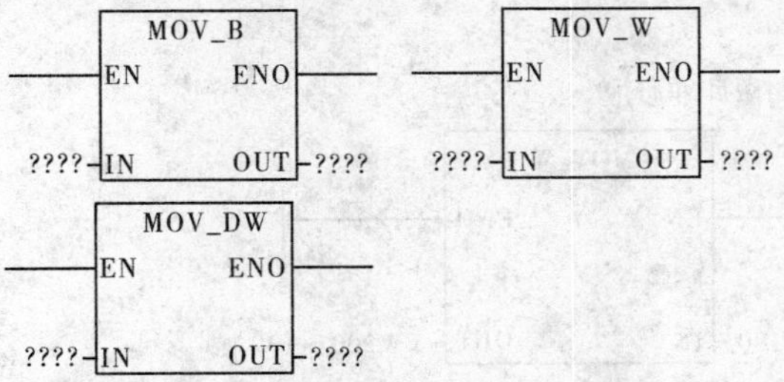 	MOV IN,OUT	IN = OUT

功能：使能输入 EN 有效时，把一个输入 IN 的单字节无符号数、单字长或双字长符号数送到 OUT 指定的存储器单元输出。

数据类型分别为 B、W、DW。

使能量流输出 ENO＝0 断开的出错条件是：SM4.3（运行时间），0006（间接寻址错误）。

（二）数据块传送指令

数据块传送指令一次可完成 N 个数据的成组传送。指令类型有字节、字或双字等 3

种,指令格式见表5-2。

表5-2　数据块传送指令格式

LAD	功能
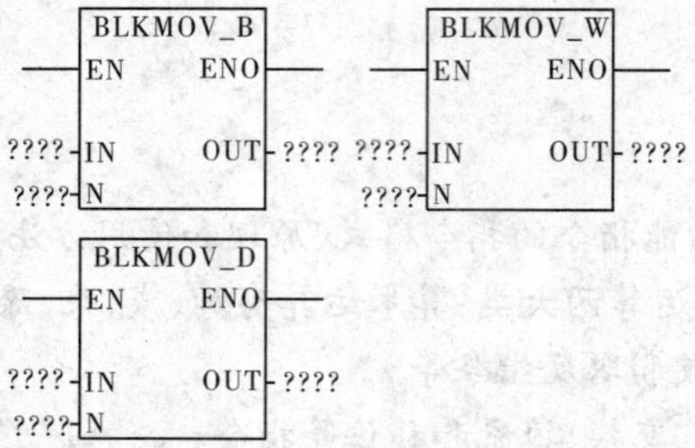	字节、字和双字传送

功能如下:

(1)字节的数据块传送指令,使能输入EN有效时,把从输入字节IN开始的N个字节数据传送到以输出字节OUT开始的N个字节中。

(2)字的数据块传送指令,使能输入EN有效时,把从输入字IN开始的N个字的数据传送到以输出字OUT开始的N个字的存储区中。

(3)双字的数据块传送指令,使能输入EN的有效时,把从输入双字IN开始的N个双字的数据传送到以输出双字OUT开始的N个双字的存储区中。

(三)传送指令的数据类型和断开条件

IN、OUT操作数的数据类型分别为B、W、DW,N(BYTE)的数据范围为0~255,IN、OUT操作数的寻址范围见S7-200系统手册。

使能量流输出ENO断开的出错条件是:SM4.3(运行时间),0006(间接寻址错误),0091(操作数超界)。

【例5-1】　将变量存储器VW100中内容送到VW200中。

程序见图5-1。

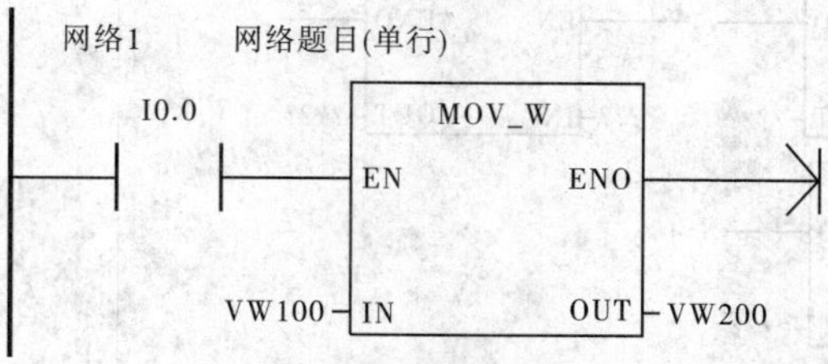

图5-1　例5-1图

二、移位指令

移位指令是使字节数据、位组合的字数据向指定方向循环、移位的指令,分为左、右移位指令和循环左、右移位指令及寄存器移位指令三大类。移位指令最大移位位数N≤数据类型(B、W、DW)对应的位数,移位位数(次数)N为字节型数据。

(一)左、右移位指令

左、右移位指令数据存储单元与SM1.1(溢出)端相连,移出位被放到特殊标志存储器

SM1.1 位。移位数据存储单元的另一端补 0。移位指令格式见表 5-3。

表 5-3　移位指令格式

LAD	STL	功能
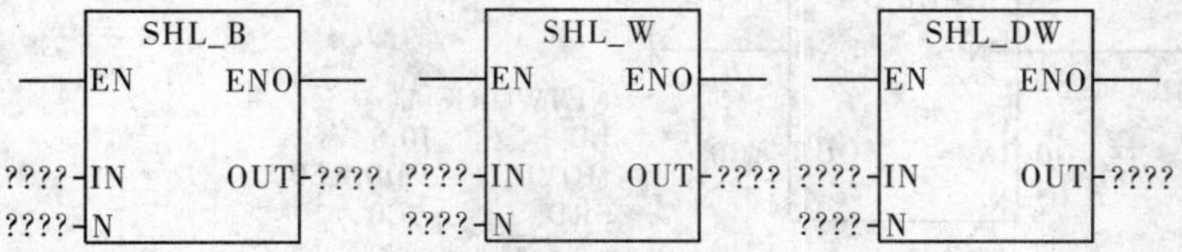	SLB OUT,N SLW OUT,N SLD OUT,N	字节左移位 字左移位 双字左移位
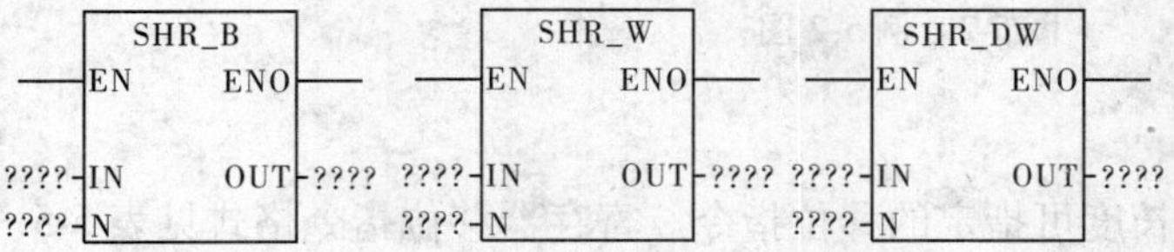	SRB OUT,N SRW OUT,N SRD OUT,N	字节右移位 字右移位 双字右移位

1. *左移位指令*(SHL)

使能输入有效时,将输入的字节、字或双字 IN 左移 N 位后(右端补 0),将结果输出到 OUT 所指定的存储单元中,最后一次移出位保存在 SM1.1。

2. *右移位指令*(SHR)

使能输入有效时,将输入的字节、字或双字 IN 右移 N 位后,将结果输出到 OUT 所指定的存储单元中,最后一次移出位保存在 SM1.1。

(二)循环左、右移位

循环移位是将移位数据存储单元的首尾相连,同时又与溢出标志 SM1.1 连接,SM1.1 用来存放被移出的位,指令格式见表 5-4。

1. *循环左移位指令*(ROL)

使能输入有效时,字节、字或双字 IN 数据循环左移 N 位后,将结果输出到 OUT 所指定的存储单元中,并将最后一次移出位送 SM1.1。

2. *循环右移位指令*(ROR)

使能输入有效时,字节、字或双字 IN 数据循环右移 N 位后,将结果输出到 OUT 所指定的存储单元中,并将最后一次移出位送 SM1.1。

表 5-4　循环移位指令格式

LAD	功能
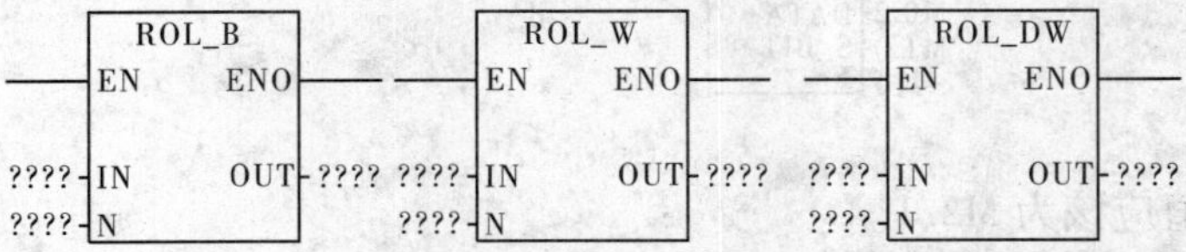	字节、字、 双字循环左移位
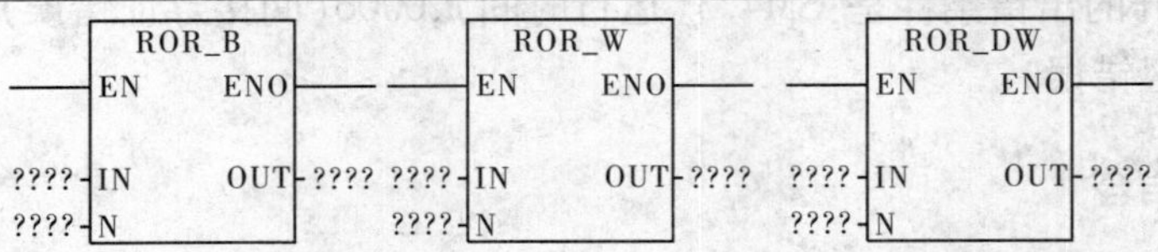	字节、字、 双字循环右移位

【例 5-2】 将 VD0 右移 2 位送 AC0。

程序见图 5-2。

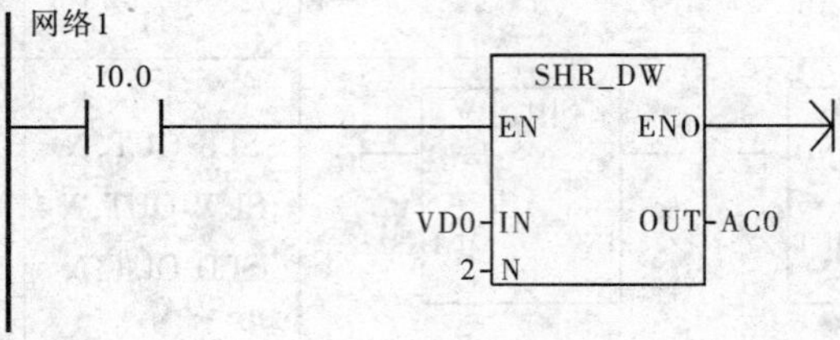


```
NETWORK 1
LD      I0.0
MOVD    VD0,AC0
SRD     AC0, 2
```

图 5-2 例 5-2 图

(三)寄存器移位指令

寄存器移位指令是一个移位长度可指定的移位指令。寄存器移位指令格式见表 5-5。

表 5-5 寄存器移位指令格式

LAD	STL	功能
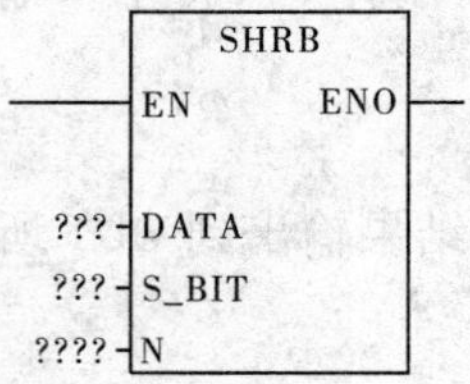	SHRB DATA,S_BIT,N	寄存器移位

梯形图中 DATA 为数值输入,指令执行时将该位的值移入寄存器。S_BIT 为寄存器的最低位。N 为移位寄存器的长度(1 ~ 64)。N 为正值时左移位(由低位到高位),DATA 值从 S_BIT 位移入,移出位进入 SM1. 1;N 为负值时右移位(由高位到低位),S_BIT 移出到 SM1. 1,另一端补充 DATA 移入位的值。

每次使能有效时,整个移位寄存器移动一位。最高位的计算方法为:[N 的绝对值 - 1 + (S_BIT 的位号)]/8,余数即是最高位的位号,商与 S_BIT 字节号之和即是最高位的字节号。如:

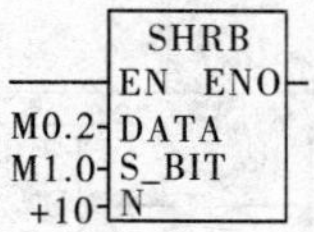

经计算,它的最高位的值应该为 M2. 1。

使能量流输出 ENO 断开的出错条件是:SM4. 3(运行时间),0006(间接寻址错误),0091(操作数超界),0092(计数区错误)。

三、字节交换/填充指令

字节交换/填充指令格式见表 5-6。

表 5-6　字节交换/填充指令格式

LAD	STL	功能
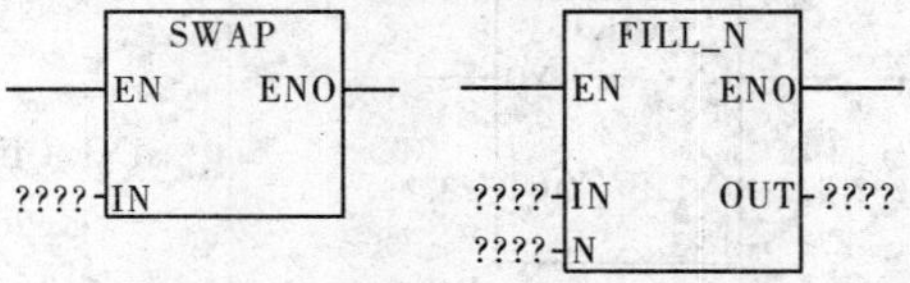	SWAP　IN FILL　IN,OUT,N	字节交换、 字节填充

(一)字节交换指令(SWAP)

字节交换指令用来实现字的高、低字节内容交换的功能。

使能输入 EN 有效时,将输入 IN 的高、低字节交换的结果输出到 OUT 指定的存储器单元。

IN、OUT 操作数的数据类型为 INT(WORD)。

使能量流输出 ENO =0 断开的出错条件是:SM4.3(运行时间),0006(间接寻址错误)。

(二)字节填充指令(FILL)

使能输入 EN 有效时,用输入字 IN 填充从输出 OUT 指定单元开始的 N 个字节存储单元。N(BYTE)的数据范围为 0~255。

IN、OUT 操作数的数据类型为 INT(WORD)。

使能量流输出 ENO 断开的出错条件是:SM4.3(运行时间),0006(间接寻址错误),0091(操作数超界)。

【例 5-3】　将从 VW100 开始的 256 个字节(128 个字)存储单元清 0。

程序见图 5-3。

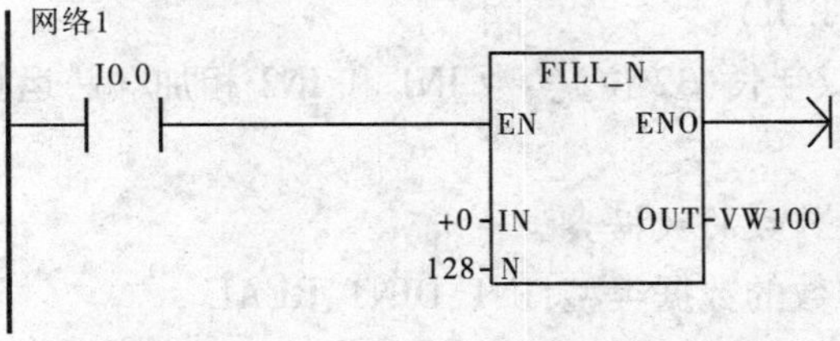


```
NETWORK  1
LD       I0.0
FILL     +0,VW100,128
```

图 5-3　例 5-3 图

第二节　算术与逻辑运算指令

算术运算指令包括加、减、乘、除运算和常用的数学函数变换,逻辑运算指令包括逻辑与、或和取反等。

一、算术运算指令

(一)加/减运算指令

加/减运算指令用来实现符号数的加/减运算、双整数的加/减运算和实数的加/减运算。

1. 加/减运算指令格式

加/减运算 6 种指令的梯形图指令格式如表 5-7 所示。

表 5-7　加/减运算指令格式

LAD	功能
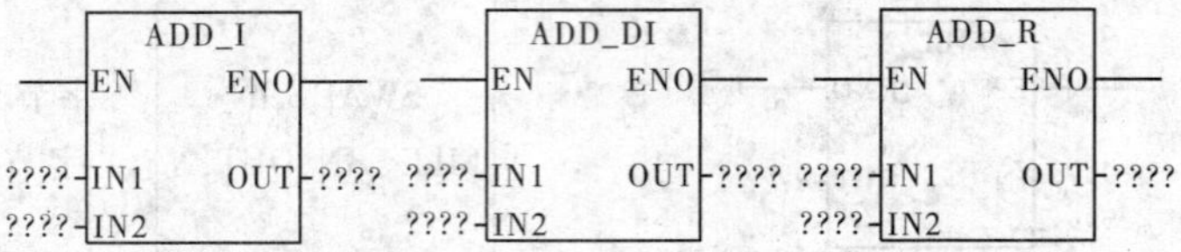	IN1 + IN2 = OUT
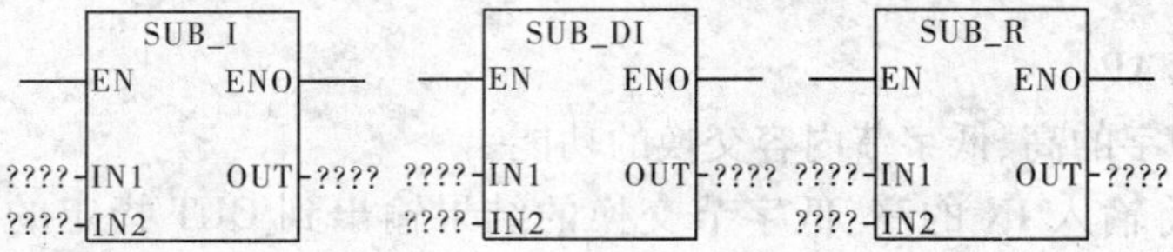	IN1 − IN2 = OUT

梯形图加/减运算指令采用指令盒格式，指令盒由指令类型、使能端 EN，操作数（IN1、IN2）输入端、运算结果输出端 OUT、逻辑结果输出端 ENO 等组成。

2. 指令类型和运算关系

1）整数加/减运算（ADD I/SUB I）

使能 EN 输入有效时，将两个单字长（16 位）带符号整数（IN1 和 IN2）相加/减，然后将运算结果送 OUT 指定的存储器单元输出。

2）双整数加/减运算（ADD DI/SUB DI）

使能 EN 输入有效时，将两个双字长（32 位）带符号整数（IN1 和 IN2）相加/减，运算结果送 OUT 指定的存储器单元输出。

3）实数加/减运算（ADD R/SUB R）

使能 EN 输入有效时，将两个双字长(32 位)实数 IN1 和 IN2 相加/减，运算结果送 OUT 指定的存储器单元输出。

3. 加/减运算 IN1、IN2、OUT 操作数的数据类型

加/减运算 IN1、IN2、OUT 操作数的数据类型：INT、DINT、REAL。

4. 对标志位的影响

加/减运算指令影响特殊标志的算术状态位 SM1.0 ~ SM1.2，也影响指令盒能量流输出位 ENO。

1）算术状态位（特殊标志位）SM1.0（零），SM1.1（溢出），SM1.2（负）

SM1.1 用来指示溢出错误和非法值。如果 SM1.0 和 SM1.2 的状态无效，原始操作数不变。如果 SM1.1 不置位，SM1.0 和 SM1.2 的状态反映算术运算的结果。

2）ENO（能量流输出位）

当输入使能 EN 有效，运算结果有效时，ENO = 1，否则 ENO = 0（出错或无效）。使能量流输出 ENO 断开的出错条件是：SM1.1 = 1（溢出），0006（间接寻址错误），SM4.3（运行时间）。

5. 加法运算应用举例

【例 5-4】　求 2 000 加 100 的和，2 000 在数据存储器 VW100 中，结果存入 VW200。

程序见图 5-4。

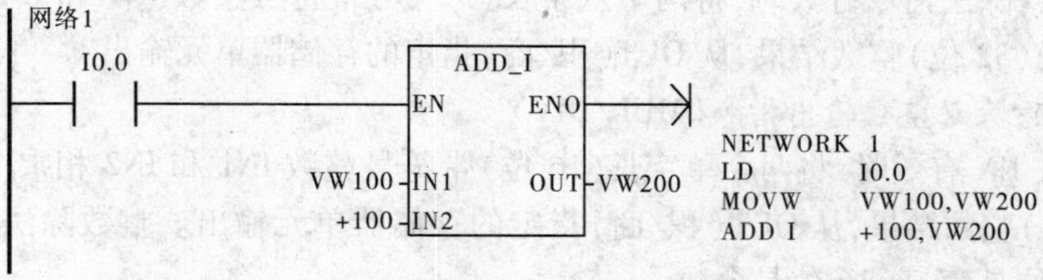

图 5-4　例 5-4 图

(二)乘/除运算指令

乘/除运算指令是对符号数的乘法运算和除法运算，包括整数乘/除运算、双整数乘/除运算、整数乘/除双整数输出运算和实数乘/除运算等。

1. 乘/除运算指令格式

乘/除运算指令格式见表 5-8。

表 5-8　乘/除运算指令格式

LAD	功能
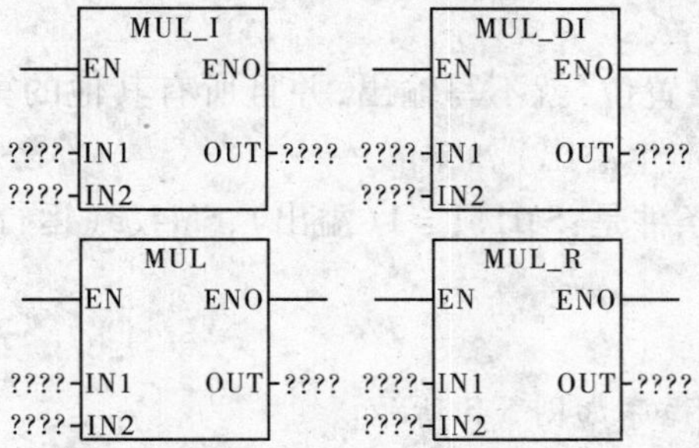	乘法运算
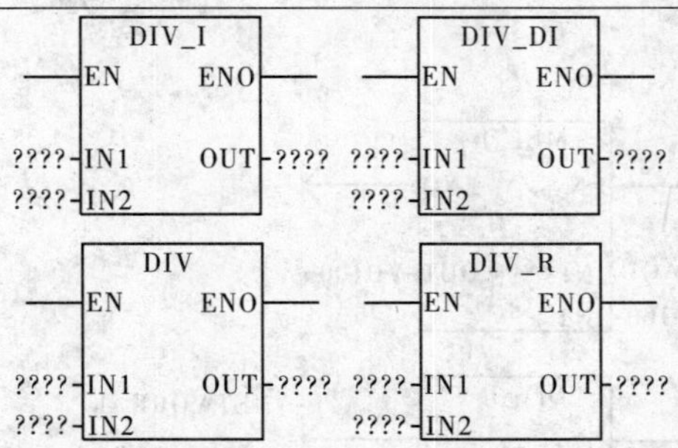	除法运算

乘/除运算指令采用同加减运算类似的指令盒格式。指令分为 MUL I/DIV I(整数乘/除运算)、MUL DI/DIV DI(双整数乘/除运算)、MUL /DIV(整数乘/除双整数输出)、MUL R/DIV R(实数乘/除运算)等 8 种类型。

LAD 指令执行的结果:乘法 IN1 * IN2 = OUT,除法 IN1/IN2 = OUT。

2. 指令功能分析

1)整数乘/除法指令(MUL I/DIV I)

使能 EN 输入有效时,将两个单字长(16 位)带符号整数 IN1 和 IN2 相乘/除,产生一个双字节长(16 位)整数结果,从 OUT(积/商)指定的存储器单元输出。

2)双整数乘/除法指令(MUL DI/DIV DI)

双整数乘/除法指令有效时,将两个双字长(32 位)带符号整数 IN1 和 IN2 相乘/除,产生一个双字长(32 位)整数结果,从 OUT(积/商)指定的存储器单元输出。

3)整数乘/除双整数输出指令(MUL/DIV)

使能输入 EN 有效时,将两个单字长(16 位)带符号整数 IN1 和 IN2 相乘/除,产生一个双字长(32 位)整数结果,从 OUT(积/商)指定的存储器单元输出。整数除法产生的 32 位结果中低 16 位是商,高 16 位是余数。

4)实数乘/除法指令(MUL R/DIV R)

使能输入 EN 有效时,将两个双字节(32 位)带符号实数 IN1 和 IN2 相乘/除,产生一个双字长(32 位)实数结果,从 OUT(积/商)指定的存储器单元输出。

3. 操作数数据类型

IN1、IN2、OUT 操作数的数据类型根据乘/除法运算指令功能分为 INT(WORD)、DINT、REAL。

4. 乘/除运算对标志位的影响

乘/除运算指令的结果影响算术状态位(特殊标志位):SM1.0(零),SM1.1(溢出),SM1.2(负),SM1.3(被 0 除)。

乘法运算过程中 SM1.1(溢出)被置位,就不写输出,并且所有其他的算术状态位为 0。(整数乘法产生双整数指令输出不会产生溢出)。

使能量流输出 ENO 断开的出错条件是:SM1.1 = 1(溢出),SM4.3(运行时间),0006(间接寻址错误)。

5. 乘/除运算应用举例

【例 5-5】 乘/除法指令的应用,程序如图 5-5 所示。

程序见图 5-5。

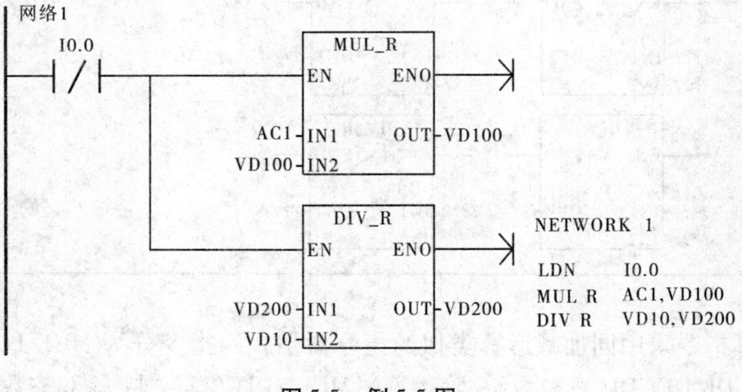

图 5-5 例 5-5 图

二、数学函数变换指令

数学函数变换指令包括平方根、自然对数、指数、三角函数等几个常用的函数指令。

(一)平方根/自然对数/指数指令

平方根/自然对数/指数指令格式及功能见表 5-9。

表 5-9　平方根/自然对数/指数指令格式及功能

LAD	STL	功能
	SQRT　IN,OUT	求平方根指令 SQRT(IN) = OUT
	LN　IN,OUT	求 IN 的自然对数指令 LN(IN) = OUT
	EXP　IN,OUT	求 IN 的指数指令 EXP(IN) = OUT

1. 平方根指令(SQRT)

平方根指令是把一个双字长(32 位)的实数开平方,得到 32 位的实数运算结果,通过 OUT 指定的存储器单元输出。

2. 自然对数指令(LN)

自然对数指令是将输入的一个双字长(32 位)实数的值取自然对数,得到 32 位的实数运算结果,通过 OUT 指定的存储器单元输出。

当求解以 10 为底的常用对数时,用实数除法指令将自然对数除以 2.302 585 即可($\ln 10 \approx 2.302\ 585$)。

【例 5-6】 求以 10 为底,150 的常用对数,150 存于 VD100,结果放到 AC1(应用对数的换底公式求解:$\lg_{10}150 = \ln 150 / \ln 10$),如图 5-6 所示。

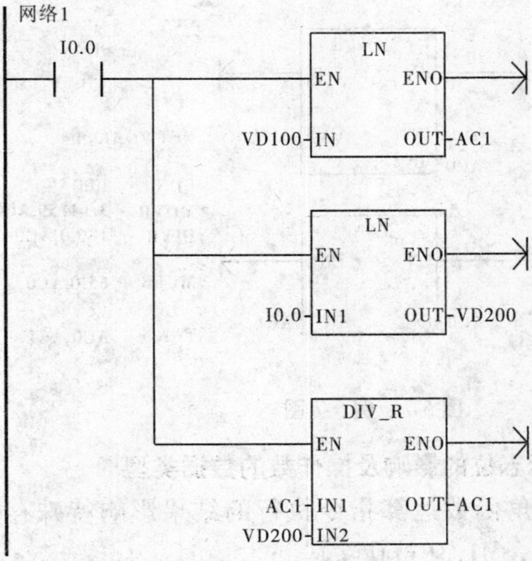


```
NETWORK 1
LD      I0.0
LN      VD100,AC1
LN      I0.0,VD200
/R      VD200,AC1
```

图 5-6　例 5-6 图

3. 指数指令(EXP)

指数指令将一个双字长(32 位)实数 IN 的值取以 e 为底的指数,得到 32 位的实数运算结果，通过 OUT 指定的存储器单元输出。

该指令可与自然对数指令配合，完成以任意数为底，任意数为指数的计算。可以利用指数函数求解任意函数的 x 次方（$y^x = e^{x\ln y}$）。

例如：7 的 4 次方 = EXP[4 * LN(7)] = 2 401。

8 的 3 次方根 = $8^{1/3}$ = EXP[LN(8) * (1/3)] = 2。

（二）三角函数

三角函数运算指令包括正弦（SIN）、余弦（COS）和正切（TAN）指令。三角函数指令运行时把一个双字长（32 位）的实数弧度值 IN 分别取正弦、余弦、正切，得到 32 位的实数运算结果，通过 OUT 指定存储器单元输出。三角函数运算指令格式见表 5-10。

表 5-10　三角函数运算指令格式

LAD	STL	功能
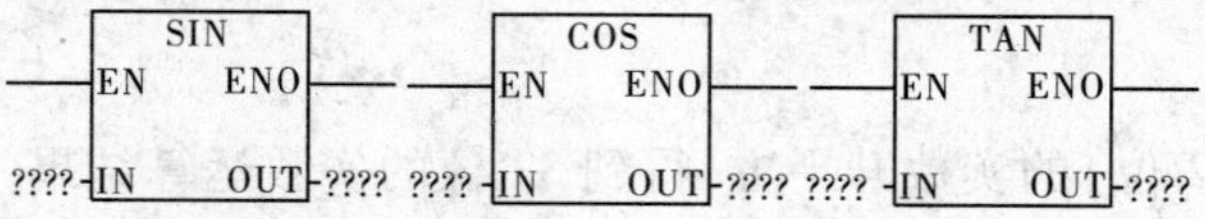	SIN IN,OUT COS IN,OUT TAN IN,OUT	SIN(IN) = OUT COS(IN) = OUT TAN (IN) = OUT

【例 5-7】 求 65°的正切值。

程序见图 5-7。

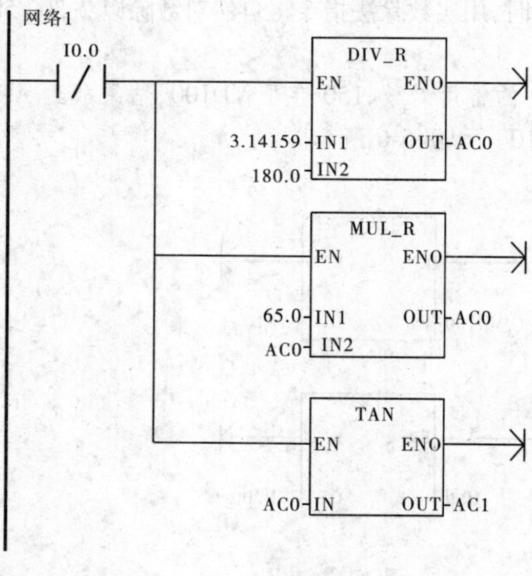


```
NETWORK 1
LDN     I0.0
MOVR    3.14159,AC0
DIVR    180.0,AC0
MULR    65.0,AC0
TAN     AC0,AC1
```

图 5-7　例 5-7 图

（三）数学函数变换指令对标志位的影响及操作数的数据类型

平方根、自然对数、指数、三角函数运算指令执行的结果影响特殊存储器位：SM1.0（零），SM1.1（溢出），SM1.2（负），SM1.3（被 0 除）。

使能量流输出 ENO 的错误条件是：SM1.1 = 1（溢出），SM4.3（运行时间），0006（间接寻址错误）。

IN、OUT 操作数的数据类型为 REAL。

三、增 1/减 1 计数器

增 1/减 1 计数器用于自增、自减操作，以实现累加计数和循环控制等程序的编制。梯形图为指令盒格式，增 1/减 1 指令操作数长度可以是字节（无符号数）、字或双字（有符号数）。增 1/减 1 计数器指令格式见表 5-11。

表 5-11 增 1/减 1 计数器指令格式

LAD	功能
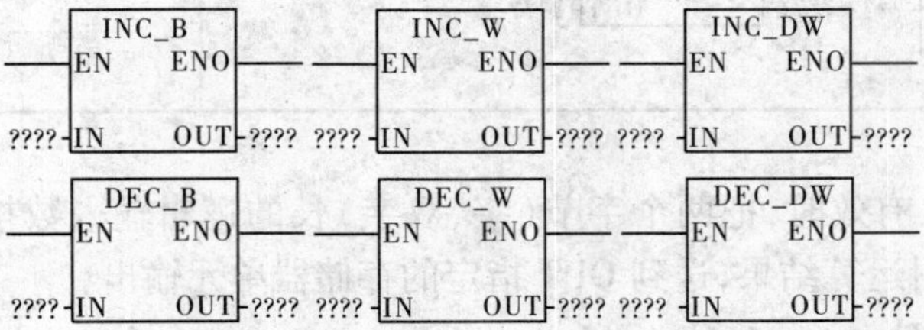	字节、字、双字增 1 字节、字、双字减 1 IN1 + 1 = OUT IN1 − 1 = OUT

（一）字节增 1/减 1（INC B/DEC B）

字节增 1/减 1 指令（INC B/ DEC B）用于使能输入有效时，把一个字节的无符号输入数 IN 加 1/减 1，得到一个字节的运算结果，通过 OUT 指定的存储器单元输出。

（二）字增 1/减 1（INC W/DEC W）

字增 1（INC W）/减 1（DEC W）指令，用于使能输入有效时，将单字长有符号输入数 IN 端加 1/减 1，得到一个字的运算结果，通过 OUT 指定的存储器单元输出。

（三）双字增 1/减 1（INC DW/DEC DW）

双字增 1/减 1（INC DW/DEC DW）指令用于使能输入有效时，将双字长有符号输入数 IN 加 1/减 1，得到双字的运算结果，通过 OUT 指定的存储器单元输出。

IN、OUT 操作数的数据类型为 DINT。

四、逻辑运算指令

逻辑运算是对无符号数进行的逻辑处理，包括逻辑与、逻辑或、逻辑异或和取反等运算指令。按操作数长度可分为字节、字和双字逻辑运算。

IN1、IN2、OUT 操作数的数据类型为 B、W、DW。下面以字节操作逻辑运算指令格式为例讲解，其他的字和双字同字节相似，见表 5-12。

（一）逻辑与指令（WAND）

逻辑与操作指令包括字节（B）、字（W）、双字（DW）等 3 种数据长度的与操作指令。

逻辑与指令功能：使能输入有效时，把两个字节（字、双字）长的逻辑输入数按位相与，得到的一个字节（字、双字）逻辑运算结果，送到 OUT 指定的存储器单元输出。

（二）逻辑或指令（WOR）

逻辑或操作指令包括字节（B）、字（W）、双字（DW）等 3 种数据长度的或操作指令。

表 5-12　逻辑运算指令格式

LAD	功能
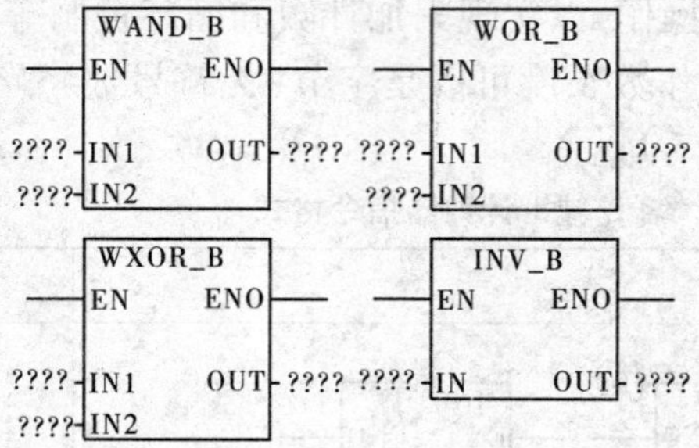	与、或、异或、取反

逻辑或指令功能:使能输入有效时,把两个字节(字、双字)长的逻辑输入数按位相或,得到的一个字节(字、双字)逻辑运算结果,送到 OUT 指定的存储器单元输出。

(三)逻辑异或指令(WXOR)

逻辑异或操作指令包括字节(B)、字(W)、双字(DW)等 3 种数据长度的异或操作指令。

逻辑异或指令功能:使能输入有效时,把两个字节(字、双字)长的逻辑输入数按位相异或,得到的一个字节(字、双字)逻辑运算结果,送到 OUT 指定的存储器单元输出。

(四)取反指令(INV)

取反指令包括字节(B)、字(W)、双字(DW)等 3 种数据长度的取反操作指令。

取反指令功能:使能输入有效时,将一个字节(字、双字)长的逻辑数按位取反,得到的一个字节(字、双字)逻辑运算结果,送到 OUT 指定的存储器单元输出。

【例 5-8】　字或、双字异或、字求反、字节与操作编程举例,如图 5-8 所示。

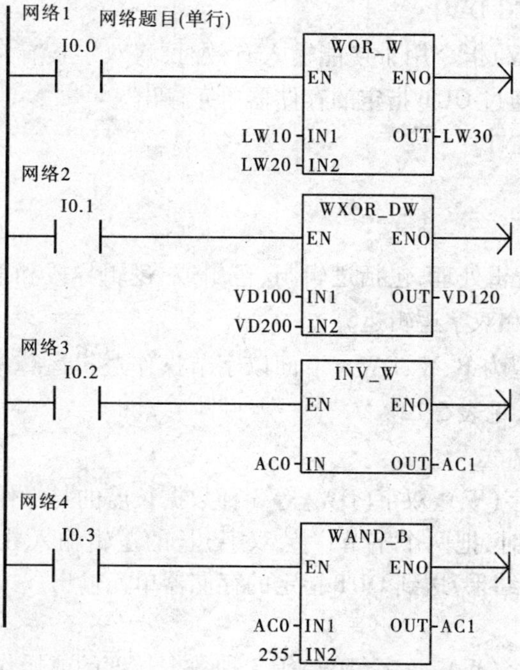


```
NETWORK 1

LD       I0.0
MOVD     LW10,LW30
WORW     LW20,LW30

NETWORK 2

LD       I0.1
MOVD     VD100,VD120
WXORD    VD200,VD120

NETWORK 3

LD       I0.2
MOVW     AC0,AC1
INVW     AC1

NETWORK 4

LD       I0.3
MOVB     AC0,AC1
WANDB    255,AC1
```

图 5-8　例 5-8 图

第三节　表功能指令

系统的表格存储格式为：一个表由表地址（表的首地址）指明，表地址和第二个字地址所对应的单元分别存放两个表参数（最大填表数 TL 和实际填表数 EC），之后是最多 100 个存表数据。

表只对字型数据存储，数据表格式如表 5-13 所示。

表 5-13　数据表格式

单元地址	单元内容	说明
VW100	0006	TL = 6，最多可填 6 个数，VW 为表地址
VW102	0004	EC = 4，实际在表中存有 4 个数据
VW104	1203	数据 0
VW106	4467	数据 1
VW108	9086	数据 2
VW110	3592	数据 3
VW112	****	无效数据
VW114	****	无效数据

一、填表指令（表存数指令）

ATT 为表存数指令。

该指令在梯形图中有 2 个数据输入端（见图 5-9）：DATA 为数值输入，指出将被存储的字型数据或地址；TBL 为表格的首地址，用以指明被访问的表格。当使能输入有效时，将输入的字型数据添加到指定的表格中。

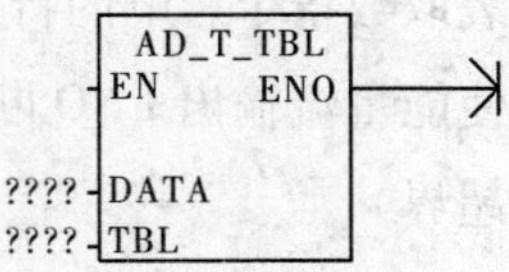

图 5-9　表存数指令

表存数时，新存的数据添加在表中最后一个数据的后面。每向表中存一个数据，实际填表数 EC 会自动加 1。

表存数指令影响的特殊存储器位：SM1.4（溢出）。

使能量流输出 ENO 断开的出错条件为：SM4.3（运行时间），0006（间接寻址），0091（操作数超界）。

指令格式：ATT　DATA，TBL

例如：ATT　VW200，VW100

如果仍是对表 5-13 所示数据表进行存取，指令执行前 VW200 中的内容为 2222，则指令执行结果如表 5-14 所示。

表 5-14　指令 ATT 执行结果

操作数	单元地址	执行前内容	执行后内容	说明
DATA	VW200	2222	2222	被填表数据及地址
TBL	VW100	0006	0006	TL=6,最大填表数为6,不变化
	VW102	0004	0005	EC 实际填表数由4加1变为5
	VW104	1203	1203	数据0
	VW106	4467	4467	数据1
	VW108	9086	9086	数据2
	VW110	3592	3592	数据3
	VW112	****	2222	将 VW200 中的数据填入表中
	VW114	****	****	无效数据

二、表取数指令

从表中移出一个字型数据可有两种方式:先进先出指令和后进先出指令。一个数据从表中取出之后,表的实际填表数 EC 值减 1。两种方式指令在梯形图中有 2 个数据端:输入端 TBL 指明表格的首地址,用以指明被访问的表格;输出端 DATA 指明数值取出后要存放的目标单元。

如果指令试图从空表中取走一个数值,则特殊存储器位 SM1.5 置位。

表取数指令影响的特殊存储器位:SM1.5(表空)。

使能量流输出 ENO 断开的出错条件为:SM4.3(运行时间),0006(间接寻址),0091(操作数超界)。

(一)FIFO,先进先出指令

当使能输入有效时,从 TBL 指明的表中移出第一个字型数据并将其输出到 DATA 所指定的字单元,见图 5-10。

取数时,移出的数据总是最先进入表中的数据。每次从表中移出一个数据,剩余数据依次上移一个字单元位置,同时实际填表数 EC 会自动减 1。

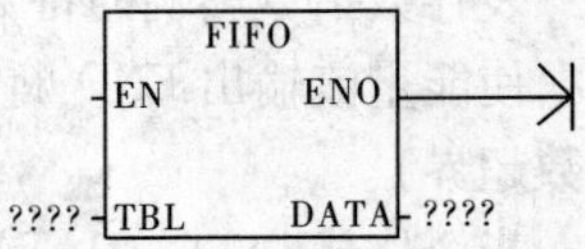

图 5-10　先进先出指令

指令格式:FIFO　TBL,DATA

例如:FIFO　VW100,AC0

如果仍是对表 5-13 所示数据表进行存取,则指令执行情况如表 5-15 所示。

表 5-15　指令 FIFO 执行结果

操作数	单元地址	执行前内容	执行后内容	说明
DATA	AC0	空	1203	从表中取走的数据及输出
TBL	VW100	0006	0006	TL = 6，最大填表数为 6，不变化
	VW102	0004	0003	EC 实际填表数由 4 减 1 变为 3
	VW104	1203	4467	数据 0，剩余数据依次上移一格
	VW106	4467	9086	数据 1
	VW108	9086	3592	数据 2
	VW110	3592	****	无效数据
	VW112	****	****	无效数据
	VW114	****	****	无效数据

(二) LIFO，后进先出指令

当使能输入有效时，从 TBL 指明的表中移出最后一个字型数据并将其输出到 DATA 所指定的字单元，见图 5-11。

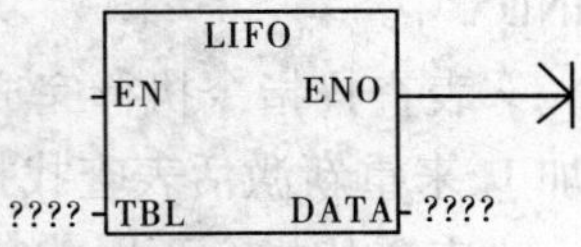

图 5-11　后进先出指令

取数时，移出的数据是最后进入表中的数据。每次从表中取出一个数据，剩余数据位置保持不变，实际填表数 EC 会自动减 1。

指令格式：LIFO　TBL，DATA

例如：LIFO　VW100，AC0

如果仍是对表 5-13 所示数据表进行存取，则指令 LIFO 执行结果如表 5-16 所示。

表 5-16　指令 LIFO 执行结果

操作数	单元地址	执行前内容	执行后内容	说明
DATA	AC0	空	3592	从表中取走的数据输出到 AC0
TBL	VW100	0006	0006	TL = 6，最大填表数为 6，不变化
	VW102	0004	0003	EC 实际填表数由 4 减 1 变为 3
	VW104	1203	1203	数据 0，剩余数据不移动
	VW106	4467	4467	数据 1
	VW108	9086	9086	数据 2
	VW110	3592	****	无效数据
	VW112	****	****	无效数据
	VW114	****	****	无效数据

三、表查找指令

FND 为表查找指令。通过表查找指令可以从字型数表中找出符合条件的数据所在的表中数据编号,编号范围为 0 ~ 99。

该指令在梯形图中有 4 个数据输入端(见图 5-12):TBL 为表格的首地址,用以指明被访问的表格;PTN 是用来描述查表条件时进行比较的数据;CMD 是比较运算符的编码,它是一个 1 ~ 4 的数值,分别代表 =、< >、< 和 > 运算符;INDX 用来指定表中符合查找条件的数据的地址。

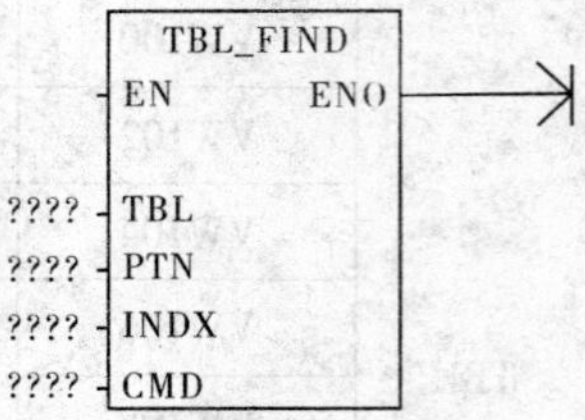

图 5-12　表查找指令

由 PTN 和 CMD 就可以决定对表的查找条件。例如:PTN 为 16 #2555,CMD 为 3,则查找条件为“ < 2555(16 进制)”。

表查找指令执行之前,应先对 INDX 的内容清 0。当使能输入有效时,从 INDX 开始搜索表 TBL,寻找符合由 PTN 和 CMD 所决定的条件的数据。如果没有发现符合条件的数据,则 INDX 的值等于 EC。如果找到一个符合条件的数据,则将该数据的表中地址装入 INDX 中。

表查找指令执行完成,找到一个符合条件的数据,如果想继续向下查找,必须先对 INDX 加 1,来重新激活表查找指令。

表查找指令不影响特殊存储器位。使能量流输出 ENO 断开的出错条件为:SM4.3(运行时间),0006(间接寻址),0091(操作数超界)。

在语句表中运算符直接表示,而不用各自的编码。

指令格式如下:

FND =　TBL,PTN,INDX(查找条件: = PTN)

FND < >　TBL,PTN,INDX(查找条件: < > PTN)

FND <　TBL,PTN,INDX(查找条件: < PTN)

FND >　TBL,PTN,INDX(查找条件: > PTN)

例如:FND >　VW100,VW20, AC0

如果仍是对表 5-13 所示数据表进行操作,表查找指令的执行结果如表 5-17 所示。

表 5-17　表查找指令执行结果

操作数	单元地址	执行前内容	执行后内容	说明
PTN	VW20	2000	5000	用来比较的数据
INDX	AC0	0	5	符合查表条件的单元地址
CMD	无	4	4	4 表示为 >
TBL	VW100	0006	0006	TL = 6,最大填表数,不需要
	VW102	0004	0004	EC 实际填表数
	VW104	1203	1203	数据 0
	VW106	4467	4467	数据 1
	VW108	9086	9086	数据 2
	VW110	3592	3592	数据 3
	VW112	****	****	无效数据
	VW114	****	****	无效数据

第四节　转换指令

转换指令是对操作数的类型进行转换并输出到指定的目标地址中去。转换指令包括数据的类型转换指令、数据的编码和译码指令以及字符串类型转换指令。

一、数据类型转换

数据类型有字节、字整数、双字整数、实数。类型转换指令可将一个固定的数据用到不同类型要求的指令中，而不必对数据进行针对类型的重复输入。

(一)BCD 码与整数之间的转换

BCD 码与整数之间的类型转换是双向的。BCD 码与整数类型转换指令格式见表 5-18。

表 5-18　BCD 码与整数类型转换指令格式

LAD	STL	功能
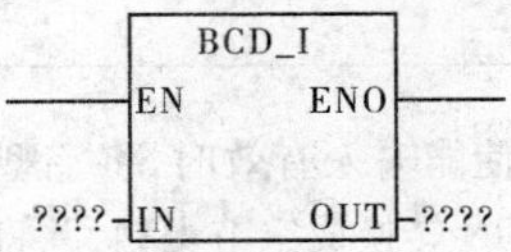	BCDI　OUT	当使能输入有效时，将 BCD 码输入数据 IN 转换成字整数类型，并将结果送到 OUT 输出
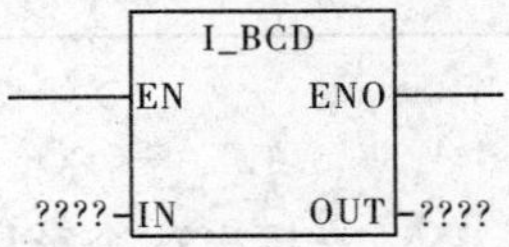	IBCD　OUT	当使能输入有效时，将字整数输入数据 IN 转换成 BCD 码类型，并将结果送到 OUT 输出

说明如下：

(1)IN、OUT 为字型数据。

(2)梯形图中，IN 和 OUT 可指定同一元件，以节省元件。若 IN 和 OUT 操作数地址指的是不同元件，在执行转换指令时，分成两条指令来操作：

MOV　IN,OUT

BCDI　OUT

(3)若 IN 指定的源数据格式不正确，则 SM1.6 置 1。

(4)数据 IN 的范围是 0 ~ 9999。

【例 5-9】　将 54(BCD 码)转化为整数送 VW100。

将 BCD 码转化为整数，可以这样理解：把 BCD 码的数值看成为十进制数，然后把 BCD 码到整数的转化看成是十进制数到十六进制数的转化。如图 5-13 所示，BCD 码为 54，转化为整数后为 36。

整数转化为 BCD 码(I_BCD)则正好相反，看成是十六进制数到十进制数的转化。

(二)字节型数据与字型整数之间的转换

字节型数据是无符号数，字节型数据与字型整数之间转换的指令格式见表 5-19。

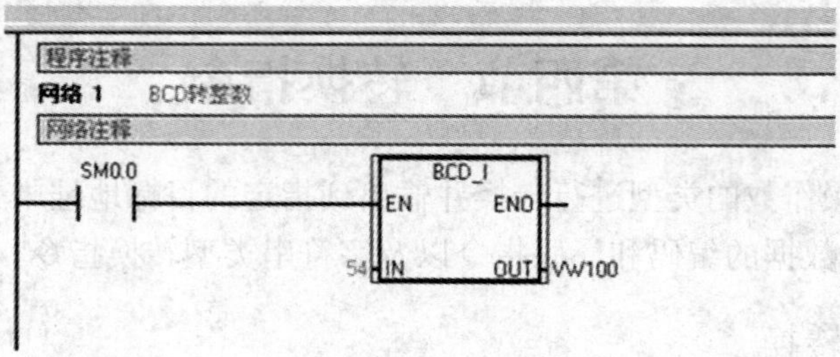

图 5-13　例 5-9 图

表 5-19　字节型数据与字整数之间转换的指令格式

LAD	STL	功能
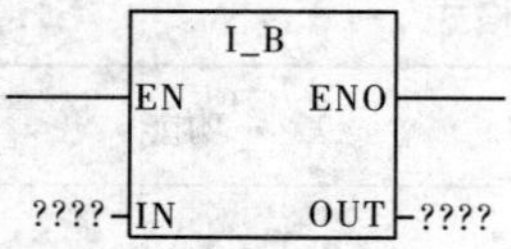	BTI　IN,OUT	当使能输入有效时,将字节输入数据 IN 转换成字型整数类型,并将结果送到 OUT 输出
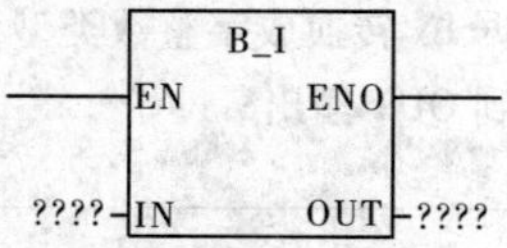	ITB　IN,OUT	当使能输入有效时,将字型整数输入数据 IN 转换成字节类型,并将结果送到 OUT 输出

说明如下:

(1)整数转换到字节指令 ITB 中,输入数据的大小为 0 ~ 255,若超出这个范围,则会造成溢出,使 SM1.1 = 1。

(2)使能量流输出 ENO 断开的出错条件为:SM4.3(运行时间),0006(间接寻址错误)。

(3)IN、OUT 的数据类型一个为双字整数,另一个为字节型数据。

(三)字型整数与双字整数之间的转换

字型整数与双字整数的类型转换指令格式见表 5-20。

表 5-20　字型整数与双字整数的类型转换指令格式

LAD	STL	功能
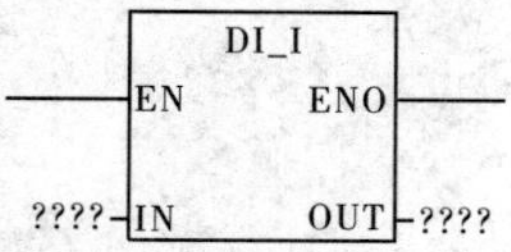	DTI　IN,OUT	当使能输入有效时,将双字整数输入数据 IN 转换成字型整数类型,并将结果送到 OUT 输出
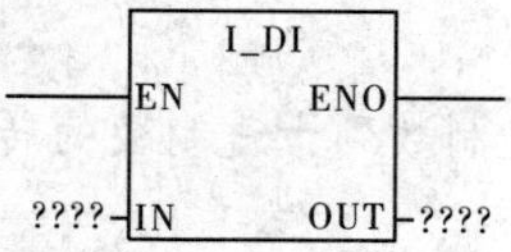	IDT　IN,OUT	当使能输入有效时,将字型整数输入数据 IN 转换成双字整数类型,并将结果送到 OUT 输出

说明如下:

(1)双字整数转换为字型整数时,输入数据超出范围则产生溢出。

(2)使能量流输出 ENO 断开的出错条件为:SM1.1=1(溢出),SM4.3(运行时间),0006(间接寻址错误)。

(3)IN、OUT 的数据类型一个为双字整数,另一个为字型数据。

整数转化为双字整数后,符号位被扩展,因为整数的精度小于双字整数的精度,转化后,双字整数除表示整数的数值所占的位外,其余空位用符号位填充。如整数 45 转化为双字整数后,二进制表示为:2 0000 0000 0000 0000 0000 0000 0010 1101 ,而整数 -45 转化为双字整数后则为:2 1111 1111 1111 1111 1111 1111 1101 0011 。

(四)双字整数与实数之间的转换

双字整数与实数的类型转换指令格式见表 5-21。

表 5-21　双字整数与实数的类型转换指令格式

LAD	STL	功能
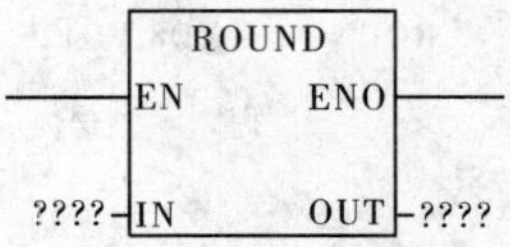	ROUND　IN,OUT	当使能输入有效时,将实数型输入数据 IN 转换成双字整数类型,并将结果送到 OUT 输出
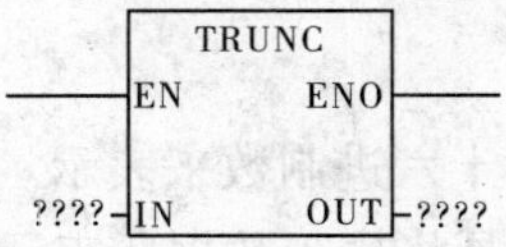	TRUNC　IN,OUT	当使能输入有效时,将 32 实数转换成 32 位有符号整数输出,只有实数的整数部分被转换
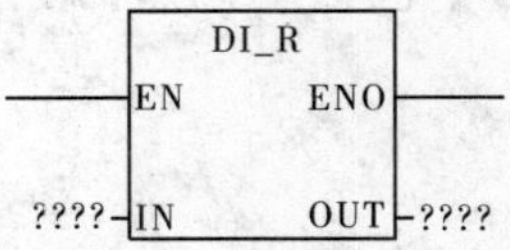	DTR　IN,OUT	当使能输入有效时,将双字整数输入数据 IN 转换成实数类型,并将结果送到 OUT 输出

说明如下:

(1)ROUND 和 TRUNC 都能将实数转换成双字整数。但前者将小数部分四舍五入,转换为整数,而后者将小数部分直接舍去取整。

(2)将实数转换成双字整数的过程中,会出现溢出现象。

(3)IN、OUT 的数据类型都为双字型数据。

(4)使能量流输出 ENO 断开的出错条件为:SM1.1=1(溢出),SM4.3(运行时间),0006(间接寻址错误)。

【例 5-10】　在控制系统中,有时需要进行单位换算,例如把英寸转换成厘米,C10 的值为当前的英寸计数值,1 in=2.54 cm(VD4=2.54)。

程序见图 5-14。

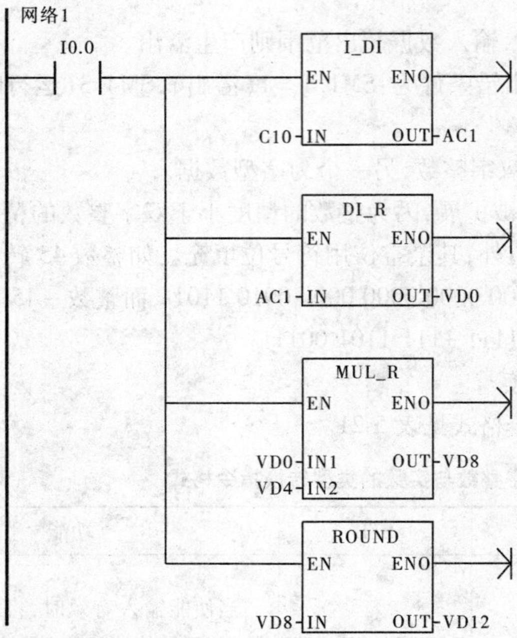


```
NETWORK 1
LD        I0.0
ITD       C10,AC1
DTR       AC1,VD0
MOVR      VD0,VD8
*R        VD8,VD8

ROUND     VD8,VD12
```

图 5-14　例 5-10 图

二、数据的编码和译码指令

在 PLC 中,字型数据可以是 16 位二进制数,也可用 4 位十六进制数来表示。编码过程就是把字型数据中最低有效位的位号进行编码,而译码过程是将执行数据所表示的位号对所指定单元的字型数据的对应位置 1。数据译码和编码指令包括编码、译码、七段显示译码。

(一)编码指令

编码指令的指令格式见表 5-22。

表 5-22　编码指令的指令格式

LAD	STL	功能
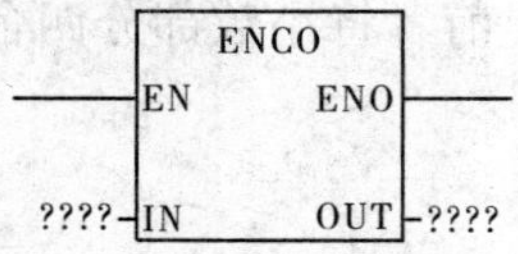	ENCO　IN,OUT	当使能输入有效时,将字型输入数据 IN 的最低有效位(值为 1 的位)的位号输入到 OUT 所指定的字节单元的低 4 位

说明如下:

(1)IN、OUT 的数据类型分别为 W、B。

(2)使能量流输入 ENO 断开的出错条件为:SM4.3(运行时间),0006(间接寻址错误)。

(二)译码指令

译码指令的指令格式见表 5-23。

表 5-23　译码指令的指令格式

LAD	STL	功能
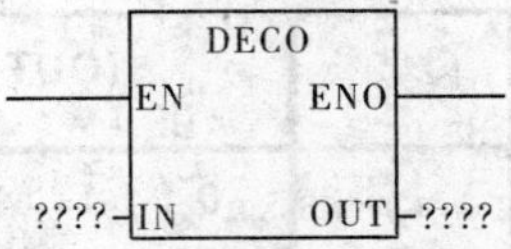	DECO　IN,OUT	当使能输入有效时,将字节型输入数据 IN 的低 4 位所表示的位号对 OUT 所指定的字节单元的对应位置 1,其他位复 0

说明如下:

(1)IN、OUT 的数据类型分别为 B、W。

(2)使能量流输出 ENO 断开的出错条件为:SM4.3(运行时间),0006(间接寻址错误)。

【例 5-11】　译码指令和编码指令应用,如图 5-15 所示。

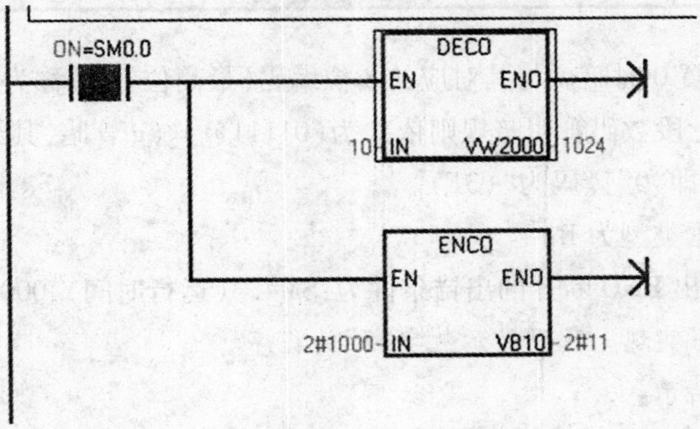

图 5-15　例 5-11 图

DECO 是将 VW2000 的第 10 位置 0(为十进制的 1024), ENCO 输入 IN 最低位为 1 的是第 3 位,把 3 写入 VB10(二进制 11)。

(三)七段显示译码指令

七段显示译码指令的格式见表 5-24。

表 5-24　七段显示译码指令的格式

LAD	STL	功能
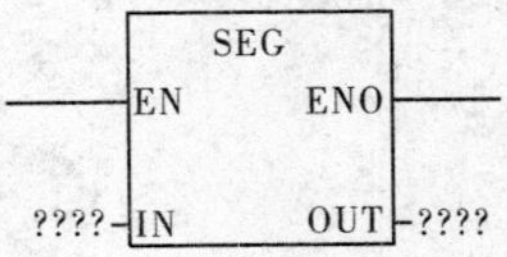	SEG　IN,OUT	当使能输入有效时,根据字节型输入数据 IN 的低 4 位有效数字产生相应的七段显示码,并将其输出到 OUT 指定的单元

说明如下:

(1)七段显示数码管 g、f、e、d、c、b、a 的位置关系和数字 0 ~ 9、字母 A ~ F 与七段显示码的对应关系见表 5-25。

表 5-25　七段显示码的对应关系

(IN) LSD	段显示	(OUT) -gf e dcba	(IN) LSD	段显示	(OUT) -g fe dcba
0	0	0011 1111	8	8	0111 1111
1	1	0000 0110	9	9	0110 0111
2	2	0101 1011	A	A	0111 0111
3	3	0100 1111	B	b	0111 1100
4	4	0110 0110	C	C	0011 1001
5	5	0110 1101	D	d	0101 1110
6	6	0111 1101	E	E	0111 1001
7	7	0000 0111	F	F	0111 0001

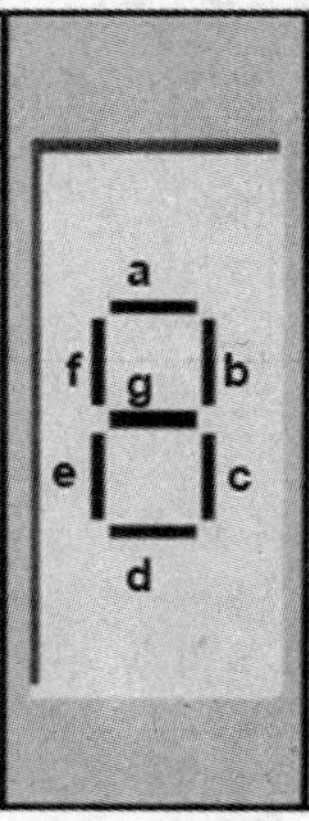

每段置 1 时亮，置 0 时暗。与其对应的 8 位编码(最高位补 0)称为七段显示码。例如：要显示数据“0”时，七段数码管明暗规则依次为$(0111111)_2$(g 管暗，其余各管亮)将高位补 0 后为$(00111111)_2$，即“0”译码为“$(3F)_{16}$”。

(2)IN、OUT 数据类型为 B。

(3)使能量流输出 ENO 断开的出错条件为：SM4.3(运行时间)，0006(间接寻址错误)。

【例 5-12】　编写实现七段码显示数字“5”的程序。

程序如图 5-16 所示。

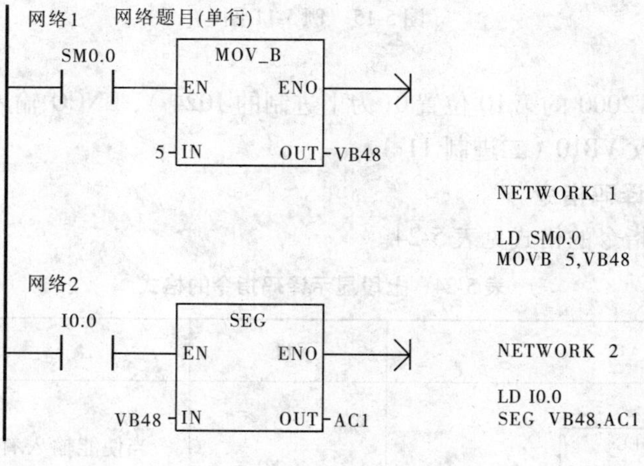

图 5-16　例 5-12 图

(四)字符串转换指令

字符串转换指令是将标准字符编码 ASCII 码字符串与十六进制数、整数、双字整数及实数进行转换。字符串转换的指令格式见表 5-26。

表 5-26　字符串转换的指令格式

LAD	STL	功能
	ATH　IN,OUT,LEN	使能输入有效时,把从 IN 字符开始,长度为 LEN 的 ASCII 码字符串转换成从 OUT 开始的十六进制数
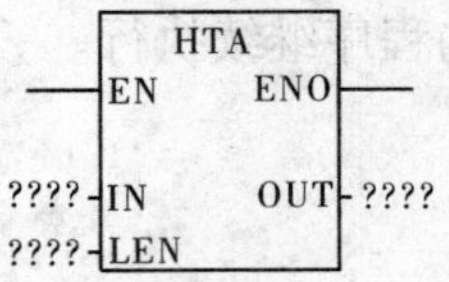	HTA　IN,OUT,LEN	使能输入有效时,把从 IN 字符开始,长度为 LEN 的十六进制数转换成从 OUT 开始的 ASCII 码字符串
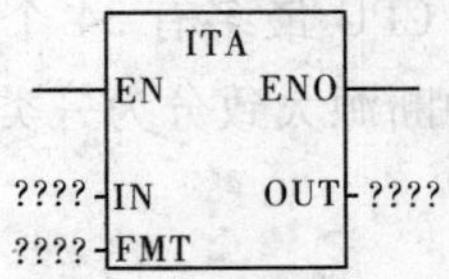	ITA　IN,OUT,FMT	使能输入有效时,把整数型输入数据 IN 转换成一个 ASCII 码字符串
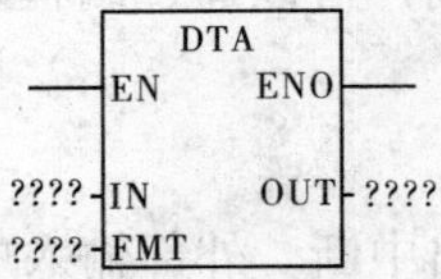	DTA　IN,OUT,FMT	使能输入有效时,把双字整数输入数据 IN 转换成一个 ASCII 码字符串
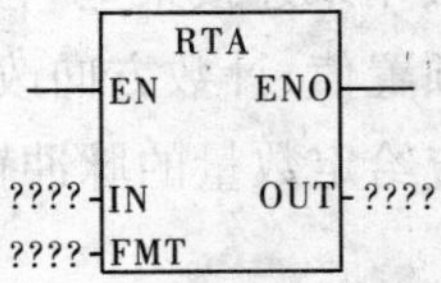	RTA　IN,OUT,FMT	使能输入有效时,把实数型输入数据 IN 转换成一个 ASCII 码字符串

说明:可进行转换的 ASCII 码为 0 ~ 9 及 A ~ F 的编码。

【例 5-13】　编程将 VB100 中存储的 ASCII 代码转换成十六进制数。已知(VB100) = 33,(VB101) = 32,(VB102) = 41,(VB103) = 45。

程序如图 5-17 所示。

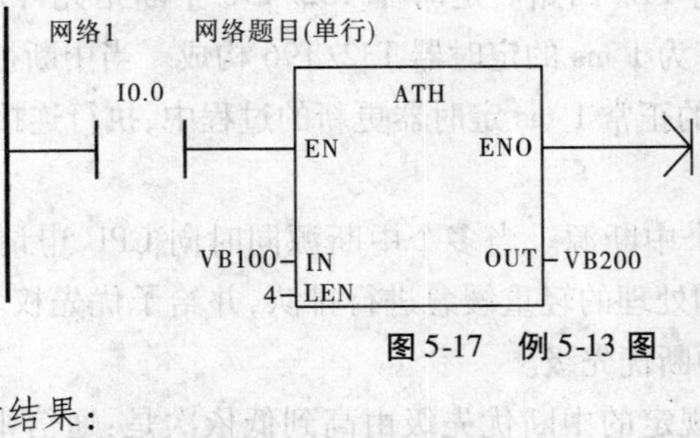


```
NETWORK 1
LD  I0.0
ATH  VB100,VB200,4
```

图 5-17　例 5-13 图

程序运行结果:

执行前:(VB100) = 33,(VB101) = 32,(VB102) = 41,(VB103) = 45。

执行后:(VB200)=32,(VB201)=AE。

第五节　中断指令

S7－200 设置了中断功能,用于实时控制、高速处理、通信与网络等复杂和特殊的控制任务。所谓中断,是当控制系统执行正常程序时,系统中出现了某些急需处理的异常情况或特殊请求。这时系统暂时中断运行程序,转去对随机发生的更紧迫事件进行处理(执行中断服务程序),当该事件处理完毕后,系统自动回到原来被中断的程序继续执行。

一、中断源

(一)中断源类型

中断源是能够向 PLC 发出中断请求的中断事件。S7－200 CPU 最多有 34 个中断源。每个中断源都分配一个编号用于识别,称为中断事件号。这些中断源大致分为三类:通信中断、I/O 中断和时基中断。

1. 通信中断

PLC 的自由通信模式下,通信口的状态可由程序来控制。用户可以通过编程来设置通信协议、波特率和奇偶校验。

2. I/O 中断

I/O 中断包括外部输入中断、高速计数器中断和脉冲串输出中断。外部输入中断是系统利用 I0.0～I0.3 的上升沿或下降沿产生中断,这些输入点可被用来连接某些一旦发生必须引起注意的外部事件;高速计数器中断可以响应当前值等于预置值、计数方向改变、计数器外部复位等事件所引起的中断;脉冲串输出中断可以用来响应给定数量的脉冲输出完成所引起的中断。

3. 时基中断

时基中断包括定时中断和定时器 T32/T96 中断。定时中断用于支持一个周期性的活动。周期时间为 1～255 ms,时基是 1 ms。使用定时中断 0,必须在 SMB34 中写入周期时间;使用定时中断 1,必须在 SMB35 中写入周期时间。将中断程序连接在定时中断事件上,若定时中断被允许,则计时开始,每当达到定时时间值,执行中断程序。定时中断可以用来对模拟量输入进行采样或定期执行 PID 回路。定时器 T32/T96 中断指允许对定时时间间隔产生中断。这类中断只能用时基为 1 ms 的定时器 T32/T96 构成。当中断被启用后,当前值等于预置值时,在 S7－200 执行的正常 1 ms 定时器更新的过程中,执行连接的中断程序。

(二)中断优先级

在 PLC 应用系统中通常有多个中断源。当多个中断源同时向 CPU 申请中断时,要求 CPU 能将全部中断源按中断性质和处理的轻重缓急进行排队,并给予优先权。给中断源指定处理的次序就是给中断源确定中断优先级。

西门子(SIEMENS)公司 CPU 规定的中断优先级由高到低依次是:通信中断、I/O 中断和时基中断。每类中断的不同中断事件又有不同的优先级,如表 5-27 所示。

表 5-27　中断事件及优先级

优先级分组	组内优先级	中断事件号	中断事件说明	中断事件类别
通信中断	0	8	通信口 0:接收字符	通信口 0
	0	9	通信口 0:发送完成	
	0	23	通信口 0:接收信息完成	
	1	24	通信口 1:接收信息完成	通信口 1
	1	25	通信口 1:接收字符	
	1	26	通信口 1:发送完成	
I/O 中断	0	19	PTO 0 脉冲串输出完成中断	脉冲输出
	1	20	PTO 1 脉冲串输出完成中断	
	2	0	I0.0 上升沿中断	外部输入
	3	2	I0.1 上升沿中断	
	4	4	I0.2 上升沿中断	
	5	6	I0.3 上升沿中断	
	6	1	I0.0 下降沿中断	
	7	3	I0.1 下降沿中断	
	8	5	I0.2 下降沿中断	
	9	7	I0.3 下降沿中断	
	10	12	HSC0 当前值 = 预置值中断	高速计数器
	11	27	HSC0 计数方向改变中断	
	12	28	HSC0 外部复位中断	
	13	13	HSC1 当前值 = 预置值中断	
	14	14	HSC1 计数方向改变中断	
	15	15	HSC1 外部复位中断	
	16	16	HSC2 当前值 = 预置值中断	
	17	17	HSC2 计数方向改变中断	
	18	18	HSC2 外部复位中断	
	19	32	HSC3 当前值 = 预置值中断	
	20	29	HSC4 当前值 = 预置值中断	
	21	30	HSC4 计数方向改变	
	22	31	HSC4 外部复位	
	23	33	HSC5 当前值 = 预置值中断	

续表 5-27

优先级分组	组内优先级	中断事件号	中断事件说明	中断事件类别
时基中断	0	10	定时中断 0	定时
	1	11	定时中断 1	
	2	21	定时器 T32 CT = PT 中断	定时器
	3	22	定时器 T96 CT = PT 中断	

(三)CPU 响应中断的顺序

在 PLC 中,CPU 响应中断的顺序可以分为以下三种情况:

(1)当不同优先级的中断源同时申请中断时,CPU 响应中断请求的顺序为从优先级高的中断源到优先级低的中断源。

(2)当相同优先级的中断源申请中断时,CPU 按先来先服务的原则响应中断请求。

(3)当 CPU 正在处理某中断,又有中断源提出中断请求时,新出现的中断请求按优先级排队等候处理,当前中断服务程序不会被其他甚至更高优先级的中断程序打断。任何时刻 CPU 只执行一个中断程序。

二、中断控制

经过中断判优后,将优先级最高的中断请求送给 CPU,CPU 响应中断后自动保存逻辑堆栈、累加器和某些特殊标志寄存器位,即保护现场。中断处理完成后,又自动恢复这些单元保存起来的数据,即恢复现场。常用的中断控制指令有 4 条,指令格式见表 5-28。

表 5-28　中断控制指令的指令格式

LAD	STL	功能
——(ENI)	ENI	开中断指令,使能输入有效时,全局地允许所有中断事件中断
——(DISI)	DISI	关中断指令,使能输入有效时,全局地关闭所有中断事件中断
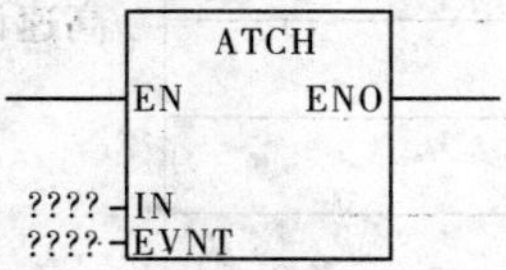	ATCH　INT,EVNT	中断连接指令,使能输入有效时,把一个中断事件(EVNT)和一个中断程序(INT)联系起来,并允许这一中断事件
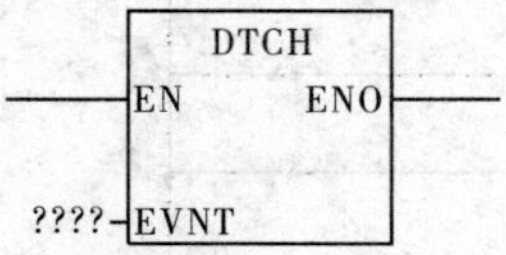	DTCH　EVNT	中断分离指令,使能输入有效时,切断一个中断事件和所有中断程序的联系,并禁止该中断事件

说明如下:

(1)当进入正常运行 RUN 模式时,CPU 禁止所有中断,但可以在 RUN 模式下执行中断允许指令 ENI,允许所有中断。

(2)多个中断事件可以调用一个中断程序,但一个中断事件不能同时连接调用多个中断程序。

(3)中断分离指令 DTCH 禁止中断事件和中断程序之间的联系,它仅禁止某中断事件;全局中断禁止指令 DISI 禁止所有中断。

(4)INT 中断程序号:0 ~ 127(为常数)。EVNT 中断事件号:0 ~ 32(为常数)。

三、中断程序

中断程序亦称中断服务程序,是用户为处理中断事件而事先编制的程序,编程时可以用中断程序入口的中断程序号来识别每一个中断程序。中断服务程序由中断程序号开始,以无条件返回指令结束。在中断程序中,用户亦可根据前面逻辑条件使用条件返回指令,返回主程序。PLC 系统中的中断指令与微机原理中的中断不同,它不允许嵌套。

中断服务程序中禁止使用以下指令:DISI、ENI、CALL、HDEF、FOR/NEXT、LSCR、SCRE、SCRT、END。

【例 5-14】 编写由 I0.1 的上升沿产生的中断事件的初始化程序。

分析:查表 5-27 可知,I0.1 上升沿产生的中断事件号为 2。所以,在主程序中用 ATCH 指令将事件号 2 和中断程序 0 连接起来,并全局开中断。程序如图 5-18 所示。

主程序

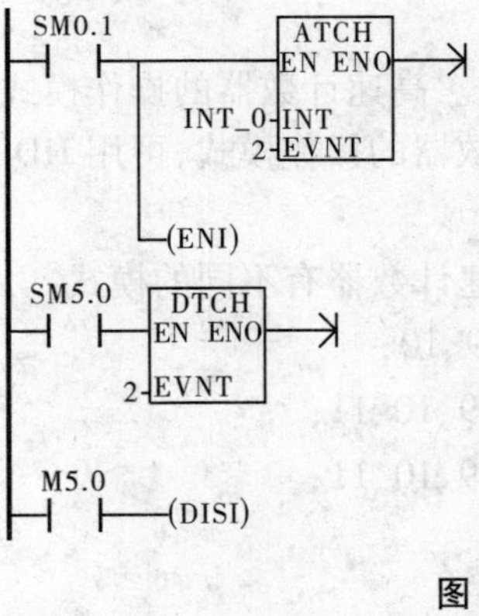


```
LD  SM0.1          //首次扫描时
ATCH  INT_0,2      //将INT_0和EVNT 2连接
ENI                //全局启用中断
LD  SM5.0          //如果检测到I/O错误
DTCH  2            //禁用用于I0.1的上升沿中断
                   (本网络为选项)
LD  M5.0           //当M5.0=1时
DISI               //禁用所有的中断
```

图 5-18 例 5-14 图

第六节 高速处理指令

高速处理类指令有高速计数指令和高速脉冲输出指令。

一、高速计数指令

西门子 S7 - 200 系列 PLC 设计了高速计数功能(HSC),其计数自动进行不受扫描周期的影响。最高计数频率取决于 CPU 的类型,CPU22X 系列最高计数频率为 30 kHz,用于捕捉比 CPU 扫描速度更快的事件,并产生中断,执行中断程序,完成预定的操作。高速计数器最多可设置 12 种不同的操作模式。用高速计数器可实现高速运动的精确控制。

（一）S7－200 系列的高速计数器

不同型号的 PLC 主机，高速计数器的数量不同，使用时每个高速计数器都有地址编号（HC n，非正式程序中有时也用 HSC n）。HC（或 HSC）表示该编程元件是高速计数器，n 为地址编号。每个高速计数器包含两方面的信息：计数器位和计数器当前值。高速计数器的当前值为双字长的带符号整数，且为只读值。

S7－200 系列中 CPU22X 的高速计数器的数量与地址编号见表 5-29。

表 5-29　高速计数器的数量与地址编号

主机	CPU221	CPU222	CPU224	CPU226
可用 HSC 数量	4	4	6	6
HSC 地址	HSC0、HSC3、HSC4、HSC5	HSC0、HSC3、HSC4、HSC5	HSC0 ~ HSC5	HSC0 ~ HSC5

（二）中断事件类型

高速计数器的计数和动作可采用中断方式进行控制。各种型号的 CPU 采用高速计数器的中断事件大致分为三种方式：当前值等于预置值中断、输入方向改变中断和外部复位中断。所有高速计数器都支持当前值等于预置值中断，但并不是所有的高速计数器都支持三种方式。高速计数器产生的中断事件有 14 个。

（三）操作模式和输入线的连接

1. 操作模式

每种高速计数器有多种功能不相同的操作模式。高速计数器的操作模式与中断事件密切相关。使用一个高速计数器，首先要定义高速计数器的操作模式，可用 HDEF 指令来进行设置。

高速计数器最多有 12 种操作模式。不同的高速计数器有不同的模式。

高速计数器 HSC0、HSC4 有模式 0、1、3、4、6、7、9、10；

高速计数器 HSC1 有模式 0、1、2、3、4、5、6、7、8、9、10、11；

高速计数器 HSC2 有模式 0、1、2、3、4、5、6、7、8、9、10、11；

高速计数器 HSC3 只有模式 0。

2. 输入线的连接

在正确地使用一个高速计数器时，除要定义它的操作模式外，还必须注意它的输入端连接。系统为它定义了固定的输入端，高速计数器与输入端的对应关系见表 5-30。

表 5-30　高速计数器与输入端的对应关系

高速计数器	使用的输入端
HSC0	I0.0、I0.1、I0.2
HSC1	I0.6、I0.7、I1.0、I1.1
HSC2	I1.2、I1.3、I1.4、I1.5
HSC3	I0.1
HSC4	I0.3、I0.4、I0.5
HSC5	I0.4

使用时必须注意，高速计数器输入端、输入/输出中断的输入端都包括在一般数字量输入端的编号范围内。同一个输入端只能有一种功能。如果程序定义了某些输入端由高速计数器使用，只有高速计数器不用的输入端才可以用来作为输入/输出中断或一般数字量的输入端。

（四）高速计数器的控制字节和状态字节

1. 控制字节

定义了计数器和工作模式之后，还要设置高速计数器的有关控制字节。每个高速计数器均有一个控制字节，它决定了计数器的计数允许或禁用、方向控制（仅限模式 0、1 和 2）或对所有其他模式的初始化计数方向、装入当前值和预置值。控制字节每个控制位的说明如表 5-31 所示。

表 5-31 HSC 的控制字节每个控制位的说明

HSC0	HSC1	HSC2	HSC3	HSC4	HSC5	说明
SM37.0	SM47.0	SM57.0		SM147.0		复位有效电平控制： 0 = 复位信号高电平有效，1 = 低电平有效
	SM47.1	SM57.1				启动有效电平控制： 0 = 启动信号高电平有效，1 = 低电平有效
SM37.2	SM47.2	SM57.2		SM147.2		正交计数器计数速率选择： 0 = 4 × 计数速率，1 = 1 × 计数速率
SM37.3	SM47.3	SM57.3	SM137.3	SM147.3	SM157.3	计数方向控制位： 0 = 减计数，1 = 加计数
SM37.4	SM47.4	SM57.4	SM137.4	SM147.4	SM157.4	向 HSC 写入计数方向： 0 = 无更新，1 = 更新计数方向
SM37.5	SM47.5	SM57.5	SM137.5	SM147.5	SM157.5	向 HSC 写入新预置值： 0 = 无更新，1 = 更新预置值
SM37.6	SM47.6	SM57.6	SM137.6	SM147.6	SM157.6	向 HSC 写入新当前值： 0 = 无更新，1 = 更新当前值
SM37.7	SM47.7	SM57.7	SM137.7	SM147.7	SM157.7	HSC 允许： 0 = 禁用 HSC，1 = 启用 HSC

2. 状态字节

每个高速计数器都有一个状态字节，状态位表示当前计数方向以及当前值是否大于或等于预置值。每个高速计数器状态字节的状态位如表 5-32 所示。状态字节的 0 ~ 4 位不用。监控高速计数器状态的目的是使外部事件产生中断，以完成重要的操作。

表 5-32　高速计数器状态字节的状态位

HSC0	HSC1	HSC2	HSC3	HSC4	HSC5	说明
SM36.5	SM46.5	SM56.5	SM136.5	SM146.5	SM156.5	当前计数方向状态位：0＝减计数，1＝加计数
SM36.6	SM46.6	SM56.6	SM136.6	SM146.6	SM156.6	当前值等于预置值状态位：0＝不相等，1＝等于
SM36.7	SM46.7	SM56.7	SM136.7	SM146.7	SM156.7	当前值大于预置值状态位：0＝小于或等于，1＝大于

（五）高速计数指令

高速计数指令有两条，即 HDEF 和 HSC。其指令格式见表 5-33。

表 5-33　高速计数指令格式

LAD	STL	功能
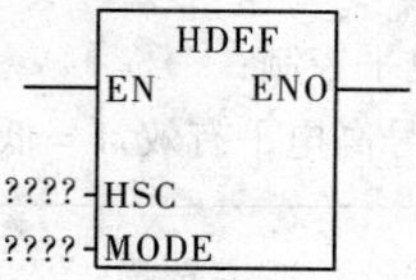	HDEF　HSC，MODE	高速计数器定义指令，使能输入有效时，为指定的高速计数器分配一种工作模式
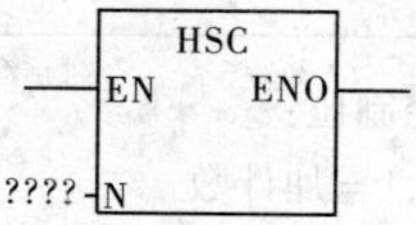	HSC　N	高速计数器指令，使能输入有效时，根据高速计数器特殊存储器位的状态，并根据 HDEF 指令指定的模式，设置高速计数器并控制其工作

说明如下：

（1）操作数类型。

HSC（高速计数器编号）：字节型 0～5 的常数；

MODE（工作模式）：字节型 0～11 的常数；

N（高速计数器编号）：字型 0～5 的常数。

（2）使能量流输出 ENO 断开的出错条件为：SM4.3（运行时间），0003（输入冲突），0004（中断的非法指令），0001（HSC 重复定义），0001（在 HDEF 之前使用 HSC），0005（同时操作 HSC/PLS）。

（3）每个高速计数器都有固定的特殊功能存储器与它配合，完成计数功能。这些特殊功能存储器包括状态字节、控制字节、当前值双字、预置值双字。

【例 5-15】　编写高速计数器初始化的子程序，将 HSC1 定义为工作模式 11，控制字节（SMB47）＝$(9F8)_{16}$，预置值（SMD52）＝50，当前值（CV）等于预置值（PV），响应中断事件。用中断事件 13，连接中断服务程序 INT_0。

初始化程序如图 5-19 所示。

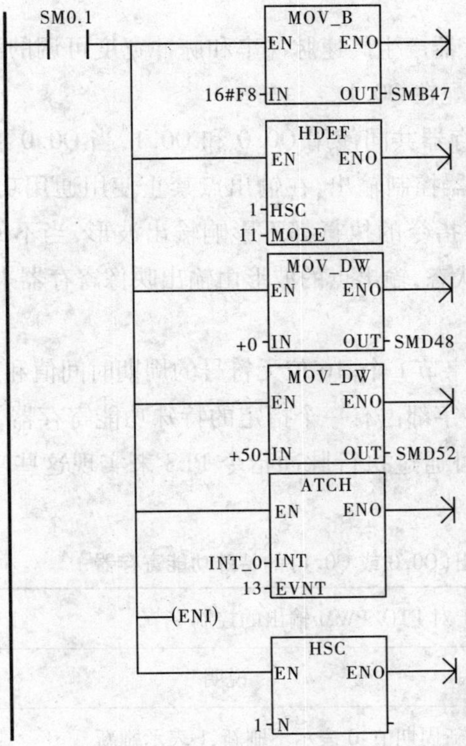


```
NETWORK 1
LD   SM0.1
MOVB 16#F8,SMB47
HDEF  1,11
MOVD  +0,SMD48
MOVD  +50,SMD52
ATCH  INT_0,13
ENI
HSC   1
```

图 5-19　例 5-15 图

二、高速脉冲输出指令

高速脉冲输出功能是指在 PLC 的某些输出端产生高速脉冲，用来驱动负载，实现高速输出和精确控制。

西门子 S7－200 CPU22X 系列 PLC 高速脉冲输出频率可达 20 kHz，用于 PTO（输出一个频率可调、占空比为 50% 的脉冲）和 PWM（输出占空比可调的脉冲）。高速脉冲输出的功能除可用于对电动机进行速度控制和位置控制外，还可通过控制变频器使电机调速。

（一）高速脉冲的输出方式和输出端子的连接

1. 高速脉冲的输出方式

高速脉冲输出有高速脉冲串输出 PTO 和宽度可调脉冲输出 PWM 两种方式。

高速脉冲串输出 PTO 主要是用来输出指定数量的方波（占空比为 50%），用户可以控制方波的周期和脉冲数。

高速脉冲串的周期以 μs 或 ms 为单位，它是一个 16 位无符号数据，周期变化范围为 50～655 535 μs或 2～65 535 ms，编程时周期值一般设置成偶数。脉冲串的个数用双字长无符号数表示，脉冲数取值范围是 1～4 294 967 295。

宽度可调脉冲输出 PWM 主要是用来输出占空比可调的高速脉冲串，用户可以控制脉冲的周期和脉冲宽度。

宽度可调脉冲输出 PWM 的周期或脉冲宽度以 μs 或 ms 为单位，是一个 16 位无符号数据，周期变化范围同高速脉冲串输出 PTO。

2. 输出端子的连接

每个 CPU 有两个 PTO/PWM 发生器产生高速脉冲串和脉冲宽度可调的波形，一个发生器分配在数字输出端 Q0.0，另一个分配在 Q0.1。

PTO/PWM 发生器和输出映像寄存器共同使用 Q0.0 和 Q0.1，当 Q0.0 或 Q0.1 设定为 PTO 或 PWM 功能时，PTO/PWM 发生器控制输出，在输出点禁止使用通用功能。输出映像寄存器的状态、强制输出、立即输出等指令的执行都不影响输出波形，当不使用 PTO/PWM 发生器时，输出点恢复为原通用功能状态，输出点的波形由输出映像寄存器来控制。

（二）相关的特殊功能寄存器

每个 PTO/PWM 发生器都有控制字节 1 个、16 位无符号的周期时间值和脉宽值各 1 个、32 位无符号的脉冲计数值 1 个。这些字都占有一个指定的特殊功能寄存器，一但这些特殊功能寄存器的值被设置成所需操作，可通过执行脉冲指令 PLS 来实现这些功能，如表 5-34 所示。

表 5-34　脉冲输出（Q0.0 或 Q0.1）的特殊功能寄存器

Q0.0 和 Q0.1 对 PTO/PWM 输出的控制字节		
Q0.0	Q0.1	说明
SM67.0	SM77.0	PTO/PWM 刷新周期值：0 表示不刷新，1 表示刷新
SM67.1	SM77.1	PWM 刷新脉宽值：0 表示不刷新，1 表示刷新
SM67.2	SM77.2	PTO 刷新脉冲计数值：0 表示不刷新，1 表示刷新
SM67.3	SM77.3	PTO/PWM 时基选择：0 表示 1 μs，1 表示 1 ms
SM67.4	SM77.4	PWM 更新方法：0 表示异步更新，1 表示同步更新
SM67.5	SM77.5	PTO 操作：0 表示单段操作，1 表示多段操作
SM67.6	SM77.6	PTO/PWM 模式选择：0 表示选择 PTO，1 表示选择 PWM
SM67.7	SM77.7	PTO/PWM 是否允许：0 表示禁止，1 表示允许
Q0.0 和 Q0.1 对 PTO/PWM 输出的周期值		
Q0.0	Q0.1	说明
SMW68	SMW78	PTO/PWM 周期时间值（范围：2 ~ 65 535）
Q0.0 和 Q0.1 对 PTO/PWM 输出的脉宽值		
Q0.0	Q0.1	说明
SMW70	SMW80	PTO/PWM 脉宽值（范围：0 ~ 65 535）

续表 5-34

Q0.0 和 Q0.1 对 PTO 脉冲输出的计数值		
Q0.0	Q0.1	说明
SMD72	SMD82	PTO 脉冲计数值(范围:1 ~4 294 967 295)
Q0.0 和 Q0.1 对 PTO 脉冲输出的多段操作		
Q0.0	Q0.1	说明
SMB166	SMB176	段号(仅用于多段 PTO 操作),即多段流水线 PTO 运行中的段的编号
SMW168	SMW178	表起始位置,用距离 V0 的字节偏移量表示(仅用于多段 PTO 操作)
Q0.0 和 Q0.1 的状态位		
Q0.0	Q0.1	说明
SM66.4	SM76.4	PTO 是否由于增量计算错误异常终止:0 表示无错,1 表示异常终止
SM66.5	SM76.5	PTO 是否由于用户命令异常终止:0 表示无错,1 表示异常终止
SM66.6	SM76.6	PTO 流水线是否溢出:0 表示无溢出,1 表示溢出
SM66.7	SM76.7	PTO 是否空闲;0 表示运行中,1 表示 PTO 空闲

高速脉冲输出指令格式见表 5-35。

表 5-35 高速脉冲输出指令格式

LAD	STL	功能
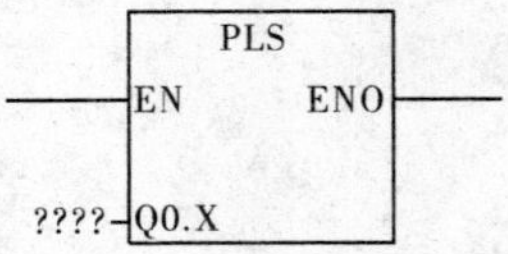	PLS Q	脉冲输出指令,当使能端输入有效时,检测用户程序设置的特殊功能寄存器位,激活由控制位定义的脉冲操作,从 Q0.0 或 Q0.1 输出高速脉冲

说明如下:

(1)高速脉冲串输出 PTO 和宽度可调脉冲输出都由 PLS 指令来激活输出。

(2)操作数 Q 为字型常数 0 或 1。

(3)高速脉冲串输出 PTO 可采用中断方式进行控制,而宽度可调脉冲输出 PWM 只能由指令 PLS 来激活。

【例 5-16】 编写实现脉冲宽度调制 PWM 的程序。根据要求控制字节(SMB67) = $(DB)_{16}$设计程序,从 PLC 的 Q0.0 输出高速脉冲。该串脉冲脉宽的初始值为 0.1 s,周期固定为 1 s。

设计程序如图 5-20 所示。

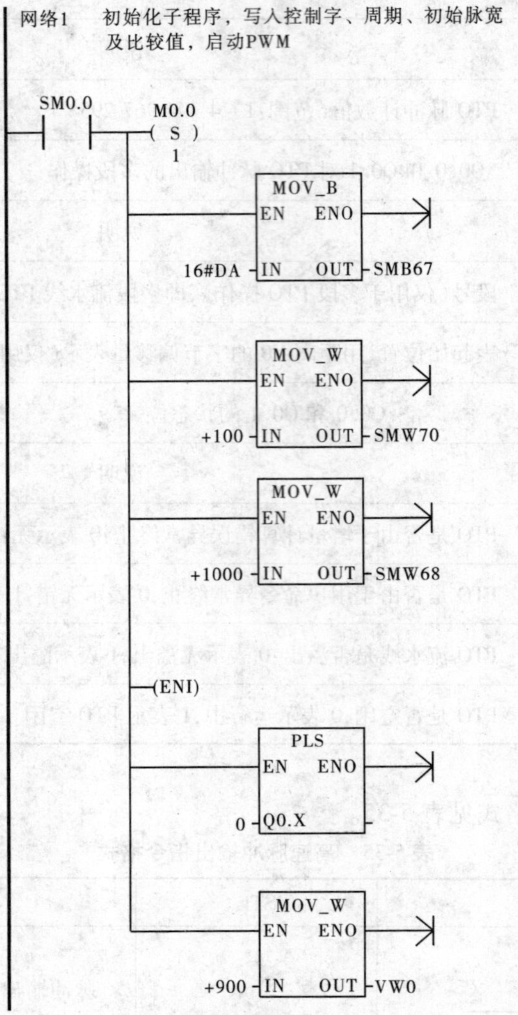

图 5-20　例 5-16 图

实训十二　功能指令实现数码管循环点亮

一、实训目的

(1)掌握 MOV、CMP、INC、DEC、SEGD 指令的使用。

(2)掌握功能指令编程的基本思路和方法。

(3)能运用功能指令编制较复杂的控制程序。

二、实训器材

(1)可编程控制器 1 台。

(2)开关两个(按钮开关 1 个,选择开关 1 个)。

(3)七段数码管 1 只。

(4)计算机 1 台。

(5)导线若干。

三、实训要求

用功能指令设计一个数码管循环点亮的控制系统,控制要求如下:

(1)手动时,每按一次按钮数码管显示数值加 1,由 0 ~9 依次点亮,并实现循环。

(2)自动时,每隔一秒数码管显示数值加 1,由 0 ~9 依次点亮,并实现循环。

四、系统程序

(一)I/O 分配

I0.0:手动按钮。

I0.1:手动/自动开关。

Q0.0 ~ Q0.6:数码管 a、b、c、d、e、f、g。

(二)PLC 接线图

PLC 接线图如图 5-21 所示。

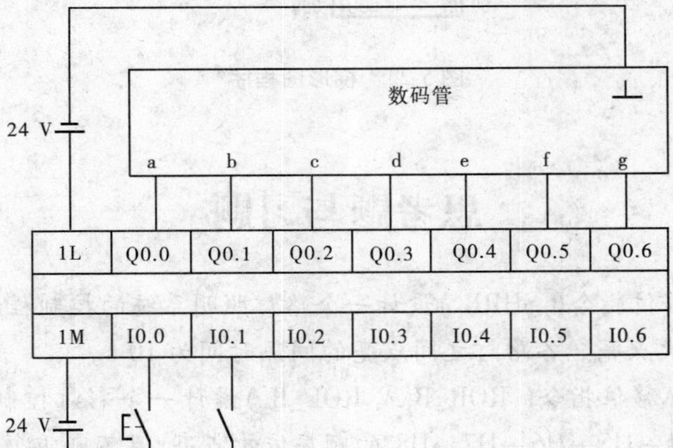

图 5-21　PLC 接线图

(三)梯形图程序

梯形图程序如图 5-22 所示。

五、实训思考

设计一个显示顺序为 9 ~0 的控制系统,其他要求与本实训相同。

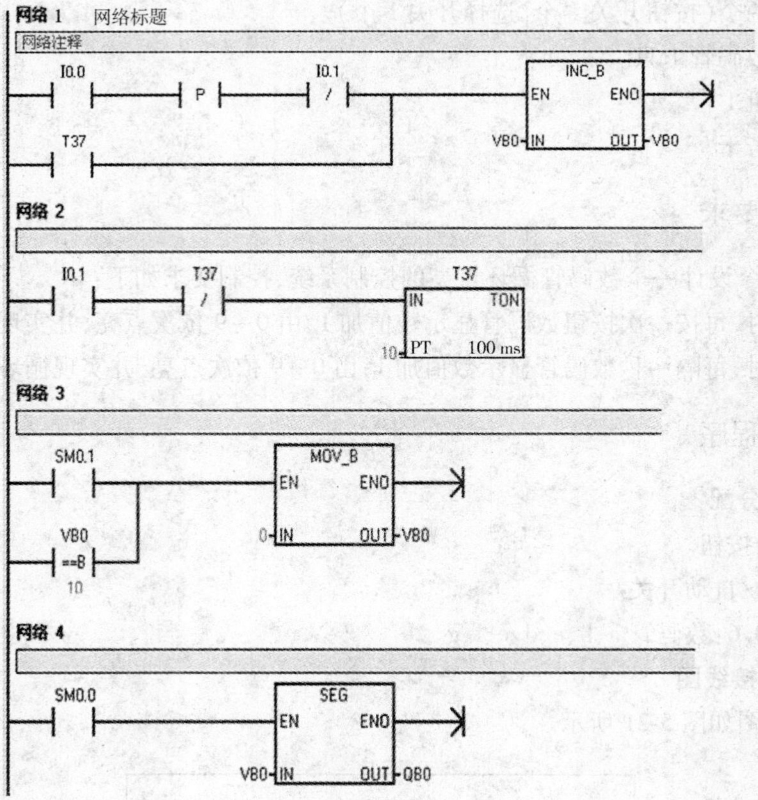

图 5-22 梯形图程序

思考题与习题

5-1 用寄存器移位指令(SHRB)设计一个路灯照明系统的控制程序,三路灯按 H1 → H2 → H3 的顺序依次点亮。各路灯之间点亮的间隔时间为 10 s。

5-2 用字节循环移位指令(ROR_B 或 ROL_B)设计一个彩灯控制程序, 8 路彩灯串按 H1→H2→H3→H4→H5→H6→H7→H8 的顺序依次点亮,且不断重复循环。各路彩灯之间点亮的间隔时间为 0.1s 。

5-3 用整数除法指令将 VW100 中的(240)除以 8 后存放到 AC0 中。

5-4 将 AIW0 中的有符号整数(3400)转换成 0.0~1.0 的实数,结果存入 VD200。

5-5 按模式 6 设计高速计数器 HSC1 的初始化子程序,设控制字节 SMB47 = 16#F8。

5-6 用定时中断设置一个每 0.1 s 采集一次模拟量输入值的控制程序。

第六章　PLC 的通信与网络

本章主要内容

本章介绍了 PLC 的通信及网络的基本知识，S7 系列 PLC 的通信及网络知识，如何实现 S7－200 PLC 的通信及网络，网络通信程序，自由口模式下通信程序的编制。

PLC 通信与网络技术的内容十分丰富，包括 PLC 之间、PLC 与上位计算机之间以及 PLC 与其他智能设备之间的通信。PLC 与计算机可以直接相连或通过通信处理单元、通信转接器相连构成网络，以实现信息的交换，并可以构成“集中管理、分散控制”的分布式控制系统，满足工厂自动化发展的需要。各 PLC 或远程 I/O 模块按功能各自放置在生产现场进行分散控制，然后用网络连接起来，构成集中管理的分布式网络系统。

第一节　PLC 与计算机的通信

在现代化企业中，自动化控制系统一般可分为 3 级：采用中央计算机的数据管理级为最高级，在生产线上使用计算机或可编程控制器的数据控制级为中间级，直接完成设备或生产线顺序控制的逻辑控制级为最低级。PLC 与 PLC，或与不同级的计算机进行数据接收和发送是通过数据通信完成的。数据通信就是数据信息通过适当的传送线路从一台机器传送到另一台机器，这里说的机器可以是计算机、PLC 或具有数据通信功能的数字设备。

PLC 外部的信息交换一般都是通过网络进行的，此外，PLC 内部及与其扩展模块之间也要进行信息交换，这些信息交换也可以叫做通信，本章主要介绍通过网络进行的通信。

一、数据通信的基本概念

（一）数据传送方式

目前采用的数据通信方式主要有并行通信和串行通信两种。

并行通信所传送数据的各位是同时发送或接收的，如图 6-1 所示。并行通信传输速度快，但硬件成本较高，不宜进行远距离传送，在 PLC 中用于内部通信，如多处理器 PLC 中多台处理器之间的通信，以及 PLC 与智能模板之间的通信等。

图 6-1　并行通信

串行通信所传送数据的各位是按顺序一位一位地发送或接收的，如图 6-2 所示，仅需要一条或两条传输线，适于进行长距离且速度要求不高的场合。近年来串行通信发展很快，传输速率达 Mbps 数量级，是分布式工业测控系统中普遍采用的数据通信方式。PLC 网络采用的就是串行通信方式。

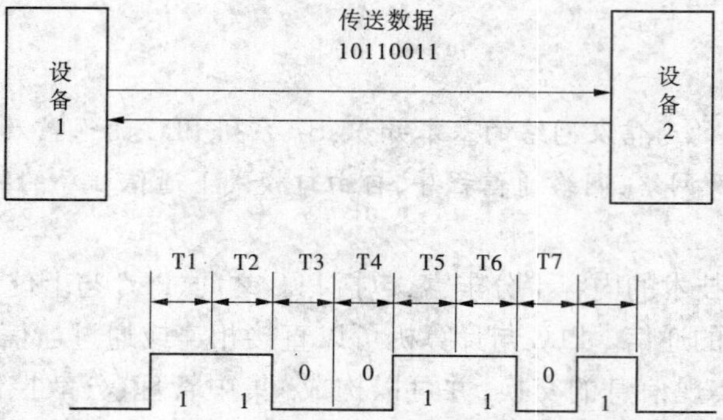

图 6-2　串行通信

（二）串行通信接口标准

采用串行通信方式在设备或网络之间传送数据，常用到的串行通信接口有以下三种。

1. RS－232C 标准串行通信接口

RS－232C 是 1969 年由 EIA（电子工业协会）公布的串行通信接口。RS 是英文"推荐标准"一词的缩写，232 是标示号，C 表示此标准修改的次数。设备间通信的接口与连接电缆的相互兼容是通信得以实现的第一要求。RS－232C 是一种标准接口，标准机构详细地规定了其机械的、电气的、功能的及规程的规范，其常用引脚信号、功能及接线，在此不多作介绍。

RS－232C 已经使用了很多年，是计算机、PLC 上普遍配备的接口，它采用按位串行的方式，采用单端发送、单端接收电路。存在的问题主要有：数据传输速率低，最高不超过 20 Kbit/s（比特率 300～19 200）；传输距离近，最远 15 m；接口电路采用不平衡收/发器，易产生干扰。RS－232C 多用在传送速率和环境要求不高的场合。为此，EIA 推出了 RS－449 标准，可对上述问题加以改进。目前工业环境中广泛应用的 RS－422A 和 RS－485 就是在此标准下派生出来的。

2. RS－422A 串行通信接口

RS－422A 的电气接口电路，采用的是平衡驱动差分接收电路。其收、发不共地，这可以大大减少共地所带来的共模干扰。由于 RS－232C 采用单端驱动非差分接收电路，在收发端必须有公共地线，这样当地线上有干扰信号时，会被当做有用信号接收进来，故不适于在长距离、强干扰的条件下使用。RS－422A 的接口驱动电路相当于两个单端驱动器，它们的输入是同一个信号，而一个输出正好与另一个输出反相，故如有共模信号干扰，接收器只接收差分输入电压，从而大大提高抗共模干扰能力，所以可进行长距离传输。

3. RS－485 串行通信接口

RS－485 实际是 RS－422A 的简化变形。它们的区别是 RS－422A 采用两对信号线，分别用于发送和接收，收、发可同时进行，支持全双工通信；RS－485 分时使用一对信号线发送或接收，仅支持半双工通信。在点对点远程通信时，它们的电路连接如图 6-2 所示。对于每个通信子站来说，在电气性能上它们并没有多大区别。

在采用 RS－485 互联的网络中，某一时刻两个站中只有一个站可以发送数据，而另一个站只能接收数据，因此其发送电路是由使能端来控制的。RS－485 用于多站互联十分方便，可以节省昂贵的信号线，同时，它可以远距离传送。许多智能仪表均配有 RS－485 总线接口，将它们联网构成分布式控制系统十分方便。表 6-1 给出了 RS－232C、RS－422A、RS－485的主要性能参数。

表 6-1　RS－232C、RS－422A、RS－485 的主要性能参数

项目	RS－232C	RS－422A	RS－485
接口电路	单端	差分	差分
可连接的台数	1 台驱动器 1 台接收器	1 台驱动器 10 台接收器	32 台驱动器 32 台接收器
传输距离（m）	15	1 200	1 200
最高传输速率（Mbit/s）	0.02	10	10
接收器输入阻抗（kΩ）	3～7	≥4	>12
驱动器输出阻抗（Ω）	300	100	54
输入电压范围（V）	－25～＋25	－7～＋7	－7～＋12
输入电压阈值（V）	±3	±0.2	±0.2

二、工业局域网基础

在计算机网络中，每个计算机或交换信息的智能设备称为网络的站或节点，根据计算机网络的站间距离，可分为：

全域网——通过卫星通信覆盖世界各地。

广域网——又称远程网，站点分布从几千千米到几千米，一般借用公共电话网和电报网进行通信，各种规程限制很严。

局域网——地理范围有限，站间距离一般在几十米到几千米，数据通信传送速率高，网络拓扑结构规则。PLC 控制网络采用局域网进行数据通信。

（一）工业控制网络结构

工业局域网一般有 3 种结构形式：星形、环形和总线形，如图 6-3 所示。

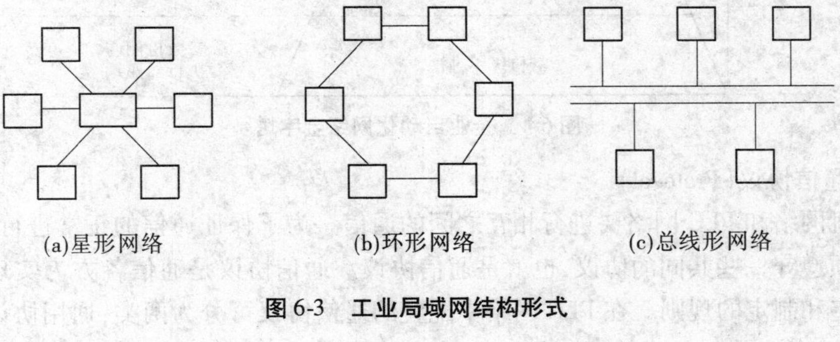

(a)星形网络　(b)环形网络　(c)总线形网络

图 6-3　工业局域网结构形式

1. 星形网络

星形网络的结构特点是以中央节点为中心,网络中任何两个节点不能直接进行通信,数据传送必须经过中央节点的控制。

星形网络即主机通过点对点的方式与各个从机进行通信,它的结构简单,建网容易,便于程序集中开发和资源共享。但是由于主机的负荷较重,线路的利用率低,系统费用高。一旦主机发生故障,整个通信系统将瘫痪。星形网络结构如图 6-3(a)所示

2. 环形网络

环形网络的结构特点是各个节点通过环路接口首尾相连,形成环形,如图 6-3(b)所示。各个节点均可请求发送信息,请求批准后,数据沿环路穿越各个环路接口,单向或者双向发送,直到接收节点,再返回到发送节点。

环形网络结构简单,安装费用低,某个节点发生故障时,可以自动旁路,系统可靠性高。自动化系统经常采用环形网络。

3. 总线形网络

总线形网络是利用总线连接所有的站点,所有的站点对总线有同等的访问权,结构如图 6-3(c)所示。

总线形网络结构简单,易于扩充,可靠性高,灵活性好,网络响应速度快,特别适用于受工业控制的局域网。

(二)工业控制网络模型

国际标准化组织 ISO(International Organization for Standardization)对工业控制网络确定的模型——企业自动化网络金字塔如图 6-4 所示。

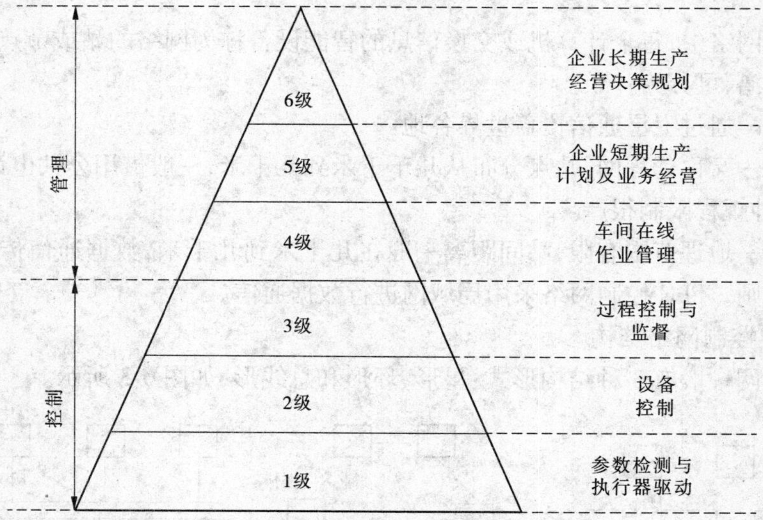

图 6-4　企业自动化网络金字塔

(三)通信协议(Protocol)

计算机网络和 PLC 网络要进行相互之间的通信。为了保证通信的正常进行,参加通信的各方必须遵守一些共同的协议,也就是通信协议。通信协议是通信各方为实现正确通信所作的约定和制定的规则。在 PLC 网络中配置的通信协议可分为两类:通用协议和公司专用协议。

1. 通用协议

国际标准化组织于 1978 年提出了开放系统互联参考模型 OSI(Open System Interconnection/Reference Model)。“开放”的含义是指凡是按“OSI 标准”建立的系统,无论是哪一家的产品,不管位于世界什么地方,都是互相开放的,可以互联通信。它所采用的通信协议一般为 7 层,每一层都有自己的协议,如图 6-5 所示。

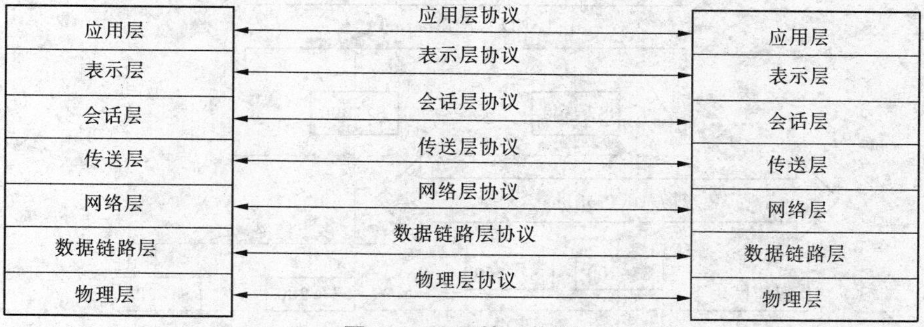

图 6-5　通用协议模型

2. 公司专用协议

公司专用协议一般用于物理层、数据链路层及应用层。使用公司专用协议传送的数据是过程数据和控制命令,信息短、实时性强、传送速度快。

第二节　S7 - 200 系列 PLC 通信

S7 - 200 系列 CPU22X 通信功能可以实现同主机的通信,也可以实现同其他 PLC 的通信。

一、S7 - 200 系列 PLC 通信概述

(一)字符数据形式

S7 - 200 采用异步串行通信方式,可以在通信组态时设置 10 位或 11 位的数据格式传送字符。

10 位字符数据:1 个起始位,8 个数据位,无校验位,1 个停止位。传送速率:一般为 9 600 bps。

11 位字符数据:1 个起始位,8 个数据位,1 个校验位,1 个停止位。传送速率:一般为 9 600 bps或 19 200 bps。

(二)网络层次结构

SIEMENS 公司的 S7 系列网络金字塔模型如图 6-6 所示。

S7 系列的网络金字塔模型分为 4 级,最高级是公司管理级,然后向下依次为工厂及过程管理级、过程监控级,最低级为过程测量及控制级。这 4 级网络通过 3 级工业控制总线连接起来,即工业以太网 Ethernet、现场总线 Profibus 及执行器级总线 AS - I。最高级为工业以太网,使用通用协议,传送生产管理信息;中间级是现场总线 Profibus,完成现场控制和监控的通信;最低级是执行器级总线 AS - I,负责与现场传感器及执行器的通信,也可以是远程 I/O 总线,负责 PLC 主机与分布式 I/O 系统的通信,它只传输简单的二进制编码的传感器和

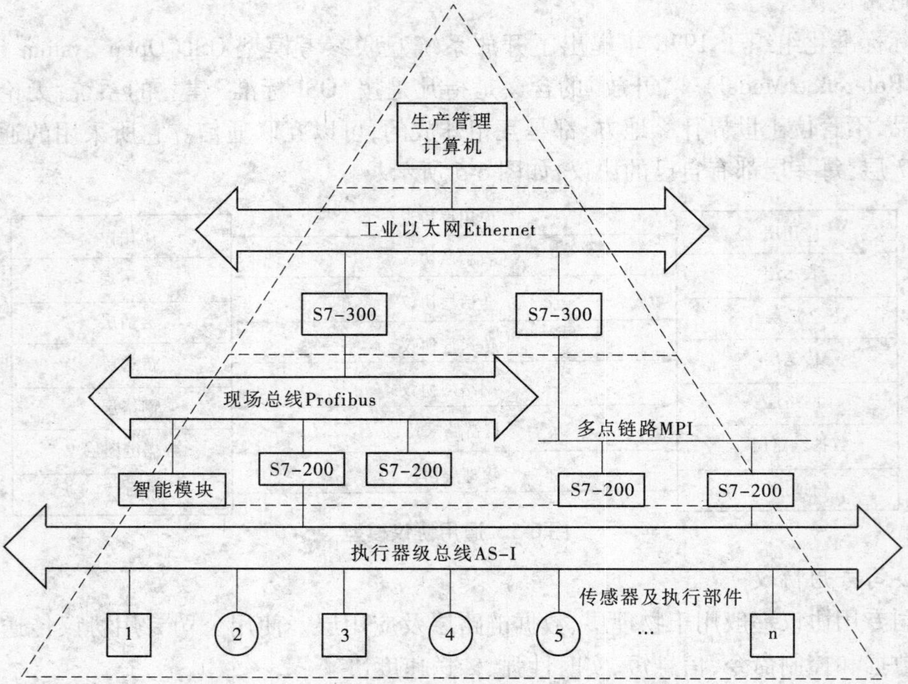

图 6-6　SIEMENS 公司的 S7 系列网络金字塔模型

执行器信号。

(三)通信类型及协议

1. 通信类型与连接

在 S7 - 200 系列 PLC 与主机的通信网络中,可以把主机作为主站,或者把人机界面 HMI 作为主站。主站可以对网络中的其他设备发出初始化请求,从站只是响应来自主站的初始化请求,而不能对网络中的其他设备发出初始化请求。

主站与从站之间有两种连接方式,即单主站和多主站连接方式。单主站:只有一个主站,连接一个或多个从站,如图 6-7 所示;多主站:有两个以上的主站,连接多个从站,如图 6-8所示。

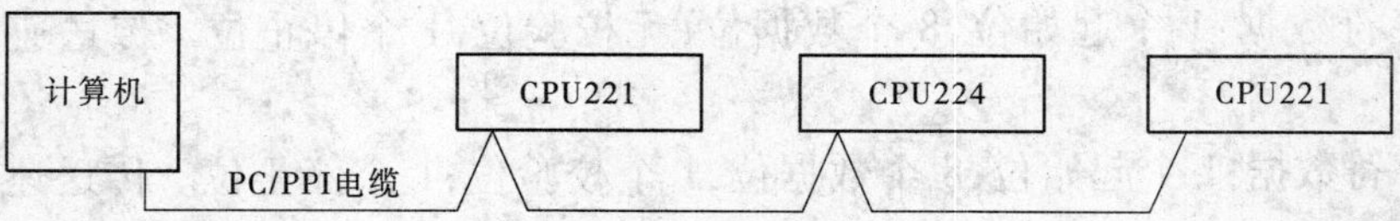

图 6-7　单主站连接

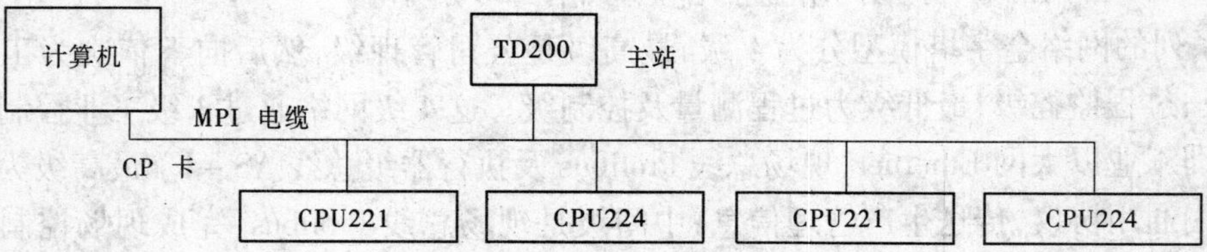

图 6-8　多主站连接

2. 通信协议

S7－200 系列 PLC 主要用在现场控制中，主站和从站之间的通信一般采用公司专用协议，可以采用 3 个标准化协议和 1 个自由口协议。

1）PPI 协议（Point to Point Interface）

PPI 协议（即点对点接口协议）是 SIEMENS 公司专门为 S7－200 系列 PLC 开发的通信协议，是主/从协议，利用 PPI 电缆，将 S7－200 系列 PLC 与装有 STEP7 Micro/WIN32 编程软件的计算机连接起来，组成 PC/PPI（单主站）的主/从网络连接。

在 PC/PPI 网络中，主站可以是其他 PLC 主机（如 S7－300）、编程机器人或人机界面 HMI（如 TD200）等，网络中所有的 S7－200 都默认为从站。

如果程序中指定某个 S7－200 为 PPI 主站模式，则在 RUN 工作方式下，可以作为主站，可使用相关的通信指令对其他的 PLC 主机进行读写操作；同时，它还可以作为从站响应主站的请求或查询。

对于任何一个从站，PPI 不限制与它通信的主站的数量，但是在网络中，最多只能有 32 个主站。

2）MPI 协议（Multi Point Interface）

MPI 协议（多点接口协议）可以是主/主协议或者主/从协议。通过在计算机或编程设备中插入 1 块多点接口卡（MPI 卡，比如 CP5611），组成多主站网络。

如果网络中的 PLC 都是 S7－300，由于 S7－300 都默认为网络主站，则可建立主/主网络连接，如果有 S7－200，则可建立主/从网络连接。由于 S7－200 在 MPI 网络都只默认为从站，则可以作为从站，它们相互之间不能进行通信。

MPI 协议总是在两个相互通信的设备之间建立连接，主站根据需要可以在短时间内建立一个连接，也可以无限期地保持连接或断开。运行时，另一个主站不能干涉两个设备已经建立的连接。

3）Profibus DP 协议

Profibus DP 协议用于分布式 I/O（远程 I/O）的高速通信。在 S7－200 中，CPU222、CPU224 和 CPU226 都可以通过增加 EMM277 PROFIBUS DP 扩展模板，支持 Profibus DP 网络协议。最高传送速率可达 12 Mbps。

Profibus DP 网络通常有 1 个主站和几个 I/O 从站，主站初始化网络，核对网络上的从站设备和组态情况。如果网络中有第 2 个主站，则它只能访问第 1 个主站的各个从站。

4）自由口协议

自由口协议是指通过编写用户程序来控制 CPU 通信接口的操作模式，可以用自定义的通信协议连接多种智能设备。

自由口通信是 S7－200 系列 PLC 一个非常有特色的功能，它可以使 S7－200 与任何通信协议公开的设备、控制器进行通信，即 S7－200 可以由用户自己定义通信协议（ASCII 协议）。波特率最高可达 38.4 Kbps。

S7－200 自由口通信范围：任何具有串行通信接口的设备，如打印机、变频器、条码阅读器、调制解调器、上位计算机等。

S7－200 系列 PLC，用于两个 PLC 间的简单数据交换。用户可以通过编程的方法来编制通信协议和交换数据。

具有 RS－232 接口的设备也可以用 PC/PPI 电缆连接进行自由口通信。

（四）通信设备

1. 通信端口

S7－200 系列 PLC 中，CPU221、CPU222 和 CPU224 有 1 个 RS－485 串行通信端口，定义为端口 0，CPU226 有 2 个 RS－485 端口，分别定义为端口 0 和端口 1。这些通信端口是符合欧洲标准 EN50170 中 Profibus 标准的 RS－485 兼容 9 针 D 型接口，端口引脚与 Profibus 的名称对应关系如表 6-2 所示，引脚图如图 6-9 所示。

表 6-2　RS－485 端口引脚与 Profibus 的名称对应关系

引脚号	端口 0/端口 1	Profibus 名称
1	逻辑地	屏蔽
2	逻辑地	24V 地
3	RS－485 信号 B	RS－485 信号 B
4	RTS(TTL)	发送申请
5	逻辑地	5 V 地
6	+5 V 100 Ω 串联电阻	+5 V
7	+24 V	+24 V
8	RS－485 信号 A	RS－485 信号 A
9	10 位信号选择	不用
外壳	机壳接地	屏蔽

通信端口的作用如下：

（1）PPI 接口，点对点的通信，用于编程器 PG 的功能，人机界面 HMI 功能（TD200，OP），S7－200 系列 CPU/CPU 通信。

传送速率：9.6/19.2/187.5 Kbps。

（2）作为 MPI 从站，用于与主站（S7－300/400CPU，OP，TD，按钮面板）交换数据，在 MPI 网上不能进行 CPU22X 系列的 CPU/CPU 通信。

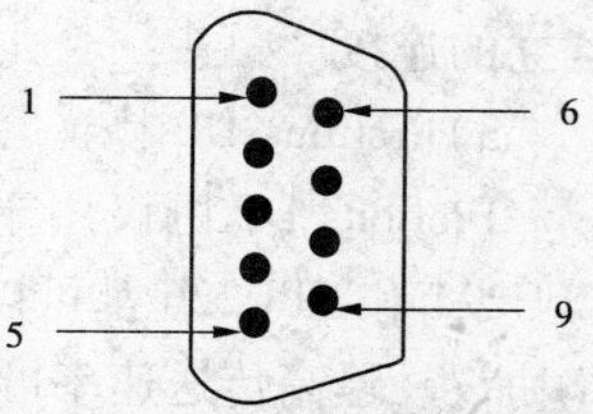

图 6-9　RS－485 引脚图

（3）作为具有中断功能的自由通信方式，用于同其他外部设备进行串行数据交换。

波特率：0.3/0.6/1.2/2.4/4.8/9.6/19.2/38.4 Kbps。

2. 网络连接器

网络连接器用于将多个设备连接到网络中。网络连接器有两种类型：一种是仅提供连接到主机的接口，另一种是在连接器上增加了编程接口。带有编程接口的连接器可以把编程器或操作员面板直接增加到网络中，编程口传递主机信号的同时，为这些设备提供电源，而不需要另加电源。

3. 通信电缆

与 S7－200 通信的电缆主要有网络电缆和 PC/PPI 电缆。

（1）网络电缆：Profibus DP 网络使用 RS－485 标准屏蔽双胶线电缆，它允许在一个网络段上最多连接 32 台设备。根据波特率不同,网络段的最大电缆长度可以达到 1 200 m,见表 6-3。

表 6-3 Profibus DP 网络中的最大电缆长度

波特率	网络中的最大电缆长度(m)
9.6 ~ 93.75 Kbps	1 200
187.5 Kbps	1 000
500 Kbps	400
1 ~ 1.5 Mbps	200
3 ~ 12 Mbps	100

(2)PC/PPI 电缆:S7 - 200 系列 PLC 主机通过 PC/PPI 电缆连接到计算机及其他通信设备上,PLC 主机侧是 RS - 485 接口,计算机侧是 RS - 232 接口。电缆的中部是 RS - 485/RS - 232适配器,在适配器上有 4 个或 5 个 DIP 开关,用于设置波特率、字符数据格式及设备模式。

当数据从 RS - 232 传递到 RS - 485 时,PC/PPI 电缆是发送模式;当数据从 RS - 485 传递到 RS - 232 时,PC/PPI 电缆是接收模式。如果在 RS - 232 检测到有数据发送,电缆立即从接收模式切换到发送模式;如果 RS - 232 的发送线处于闲置的时间超过电缆切换时间,电缆又切换到接收模式。

如果在自由口通信时使用了 PC/PPI 电缆,为保证数据从 RS - 485 传递到 RS - 232,在用户程序中必须考虑从发送模式到接收模式的延迟(电缆切换时间),电缆切换时间见表 6-4。

表 6-4 电缆切换时间

波特率(bps)	切换时间(ms)	波特率(bps)	切换时间(ms)
38 400	0.5	4 800	4
19 200	1	2 400	7
9 600	2	600	28

4. 网络中继器

在 Profibus DP 网络中,一个网络段的最大长度是 1 200 m,用网络中继器可以增加传输距离。一个 Profibus DP 网络中,每个中继器最多可接 32 个设备,最多可以有 9 个中继器,但是网络的最大长度不能超过 9 600 m。

5. 调制解调器

当计算机(或编程器)距离 PLC 主机很远时,可以用调制解调器进行远距离通信。

二、网络通信指令

在 S7 - 200 的 PPI 主站模式下,网络通信指令有两条:NETR 和 NETW。

(一)网络读指令 NETR(Net Read)

在梯形图中,网络读指令 NETR 以功能框形式编程,指令的名称为:NETR。当允许输入 EN 有效时,初始化通信操作,通过指定的端口 PORT,从远程设备接收数据,并形成数据表 TBL,见图 6-10。

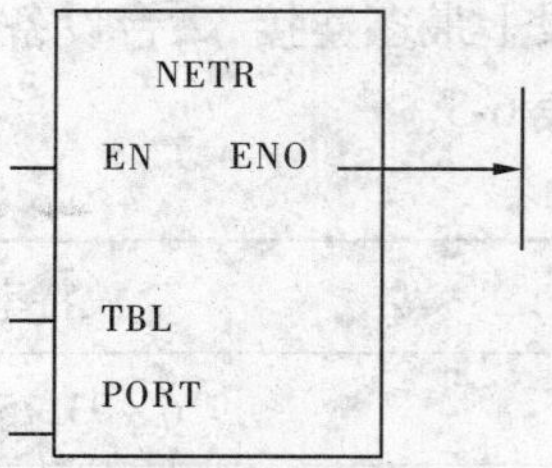

图 6-10　NETR 指令

NETR 指令最多可以从远程设备上接收 16 个字节的信息。

影响允许输出 ENO 正常工作的出错条件为:SM4.3(运行时间),0006(间接寻址)。

在语句表中,NETR 指令的指令格式为:NETR　TBL,PORT。

(二)网络写指令 NETW(Net Write)

在梯形图中,网络写指令 NETW 以功能框形式编程,指令的名称为:NETW。当允许输入 EN 有效时,初始化通信操作,通过指定的端口 PORT,从远程设备接收数据,将数据表 TBL 中的数据发送到远程设备,见图 6-11。

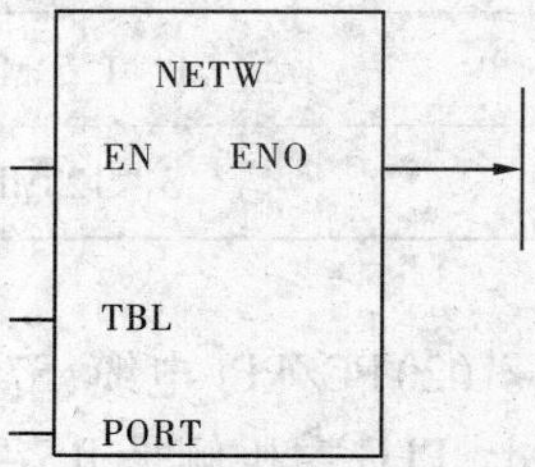

图 6-11　NETW 指令

NETW 指令最多可以向远程设备上发送 16 个字节的信息。

影响允许输出 ENO 正常工作的出错条件为:SM4.3(运行时间),0006(间接寻址)。

在语句表中,NETW 指令的指令格式为:NETW　TBL,PORT。

在一个应用程序中,使用 NETR 和 NETW 指令的数量不受限制,但是不能同时激活 8 条以上的网络读写指令(例如:同时激活 6 条 NETR 和 3 条 NETW 指令)。

三、S7－200 的自由口通信模式

S7－200 系列 PLC 有一种特殊的通信模式:自由口通信模式。在这种通信模式下,用户可以在自定义的通信协议(可以在用户程序中控制通信参数:选择通信协议、设定波特率、设定校验方式、设定字符的有效数据位)下,通过建立通信中断事件,使用通信指令,控制 PLC 的串行通信口与其他设备进行通信。

只有当 CPU 主机处于 RUN 工作方式(此时特殊继电器 SM0.7 为 1)下,才允许自由口通信模式。如果选择了自由口通信模式,S7－200 即失去与标准通信装置进行正常通信的功能。当 CPU 主机处于 STOP 工作方式下时,自由口通信模式被禁止,PLC 的通信协议由自由口通信协议自动切换到正常的 PPI 通信协议。

在自由口通信模式下,可以用自由口通信指令接收和发送数据。

(一)数据接收指令 RCV

在梯形图中,数据接收指令以功能框的形式编程,指令名称为 RCV。当允许输入 EN 有效时,对通信端口 PORT(0 或 1)接收远程设备的数据,并将其存放到首地址为 TBL 的数据接收缓冲区,见图 6-12。

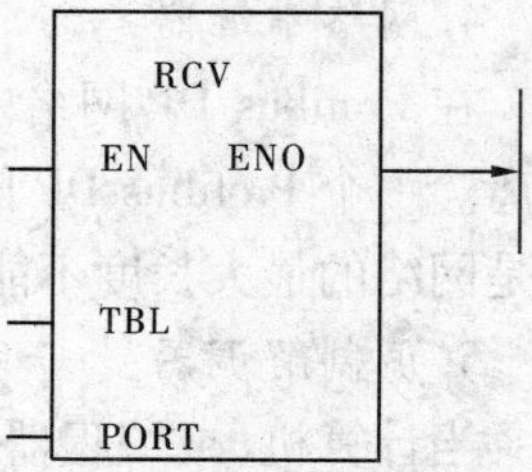

图 6-12　RCV 指令

数据接收缓冲区最多可以接收 255 个字符的信息。

在语句表中,数据接收指令的指令格式为:RCV　TBL, PORT。

影响允许输出 ENO 正常工作的出错条件为:SM4.3(运行时间),0006(间接寻址),0009(同时激活 RCV 和 XMT 指令)。

(二)数据发送指令 XMT

在梯形图中,数据发送指令以功能框的形式编程,指令的名称为 XMT。当允许输入 EN 有效时,对通信操作做初始化处理,通过通信端口 PORT(0 或 1)将数据表首地址 TBL(发送数据缓冲区)中的数据发送到远程设备,见图 6-13。

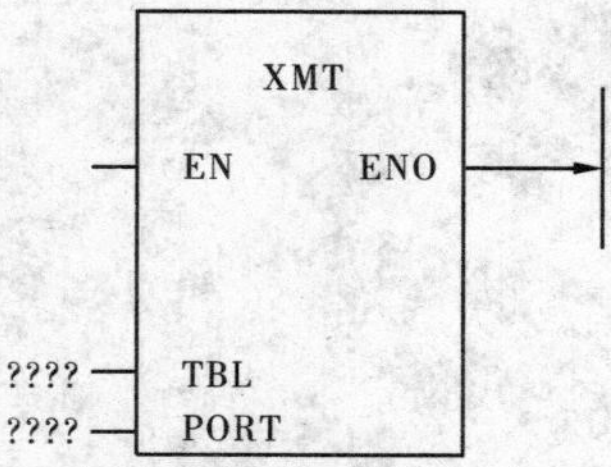

图 6-13　XMT 指令

发送数据缓冲区最多可发送 255 个字符的信息。

当发送完成时,将产生中断事件 9(通信端口 0)或中断事件 26(通信端口 1),如果将一个中断服务程序连接到发送完成中断事件上,则可实现相应的操作。

利用特殊继电器 SM4.5 和 SM4.6,可监控通信端口 0 和通信端口 1 的发送空闲状态,当发送空闲时,SM4.5 或 SM4.6 为 1。

在语句表中,数据接收指令的指令格式为:XMT　TBL,PORT。

影响允许输出 ENO 正常工作的出错条件为:SM4.3(运行时间),0006(间接寻址),0009(同时激活 RCV 和 XMT 指令)。

思考题与习题

6-1　计算机通信时可以采用哪些数据传送方式?

6-2　比较并行通信和串行通信的优缺点。

6-3　请进行通信设置,要求如下:

PPI 主站站号为 0,PPI 从站站号为 2,用 PC/PPI 电缆连接到主站计算机的串行通信口 COM1,传送速率为 9 600 bps,传送字符为默认值。

6-4　S7 - 200 的 PLC 可以采用哪些通信协议?每种通信协议的特点是什么?

6-5　某控制网络如图 6-14 所示,其中 TD200 为主站,在 RUN 的工作方式下,允许站 1:S7 - 200 CPU222 为 PPI 主站模式。通信要求如下:

(1)站 1 要对网络中的站 2 的状态字节(存放在 VB100)和计数器当前值(存放在 VW101)进行读写操作,如果站 2 的计数值达到 100,站 1 将站 2 的计数器清零,重新计数,并使站 1 的指示灯亮 5 s。

(2)站 1 的数据接收缓冲区首地址为 VB300,数据发送缓冲区首地址为 VB320。

(3)用网络读写指令完成通信操作。

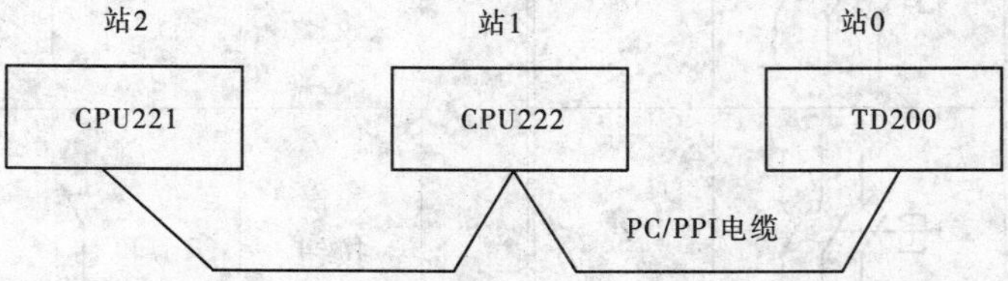

图 6-14

6-6　编写一段采用自由口通信完成的本地 PLC 与远程 PLC 通信的梯形图程序。本地 PLC 为 CPU224,远程 PLC 为 CPU221,由一个外部信号脉冲启动本地 PLC 向远程 PLC 发送 50 个字节的信息,任务完成后,用指示灯进行显示。通信参数为:波特率 4 800 bps,每个字符 8 位,无奇偶校验,不设立超时时间。

附　录

附录 A　常用电气图形符号与文字符号

类别	名称	图形符号	文字符号	类别	名称	图形符号	文字符号
开关	单极控制开关		SA	位置开关	常开触点		SQ
	手动开关一般符号	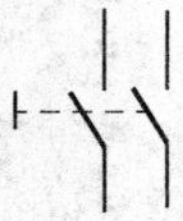	SA		常闭触点		SQ
	三级控制开关	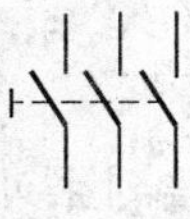	QS		复合触点		SQ
	三极隔离开关	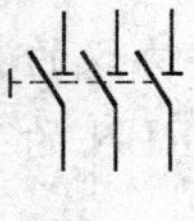	QS	按钮	常开按钮	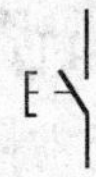	SB
	三级负荷开关	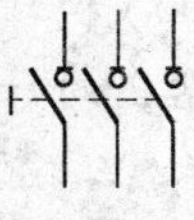	QS		常闭控钮	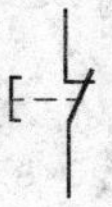	SB
	组合旋钮开关	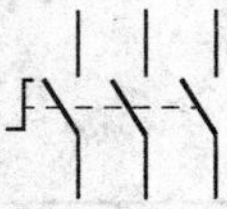	QS		复合按钮	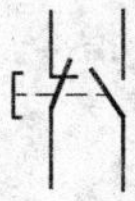	SB
	低压断路器	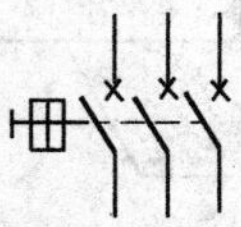	QF		急停按钮	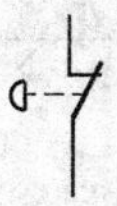	SB
	控制器或操作开关	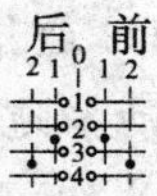	SA		钥匙操作式按钮	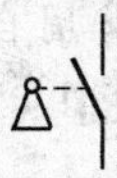	SB

续附录 A

类别	名称	图形符号	文字符号	类别	名称	图形符号	文字符号
接触器	线圈操作器件		KM	热继电器	热元件	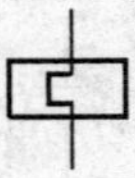	FR
	常开主触头		KM		常闭触头	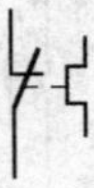	FR
	常开辅助触头	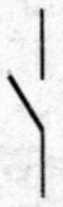	KM	中间继电器	线圈	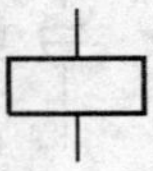	KA
	常闭辅助触头		KM		常开触头		KA
时间继电器	通电延时（缓吸）线圈	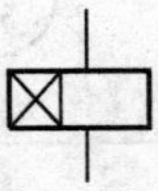	KT		常闭触头		KA
	断电延时（缓放）线圈		KT	电流继电器	过电流线圈	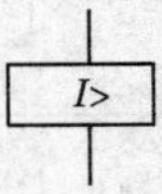	KA
	瞬时闭合的常开触头		KT		欠电流线圈	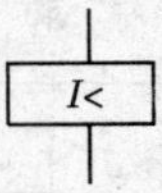	KA
	瞬时断开的常闭触头	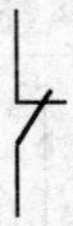	KT		常开触头		KA
	延时闭合的常开触头	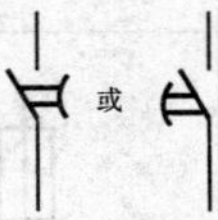	KT		常闭触头	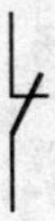	KA

续附录 A

类别	名称	图形符号	文字符号	类别	名称	图形符号	文字符号
时间继电器	延时断开的常闭触头	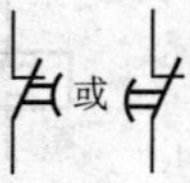	KT	电压继电器	过电压线圈	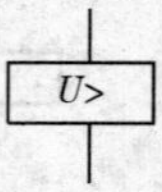	KV
	延时闭合的常闭触头		KT		欠电压线圈		KV
	延时断开的常开触头	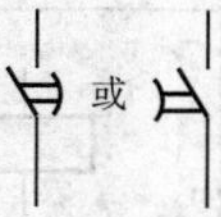	KT		常开触头		KV
电磁操作器	电磁铁的一般符号	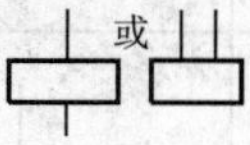	YA		常闭触头	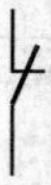	KV
	电磁吸盘	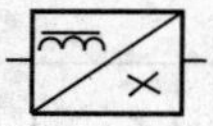	YH	电动机	三相笼型异步电动机		M
	电磁离合器	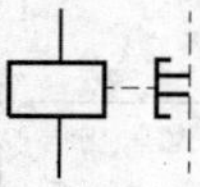	YC		三相绕线转子异步电动机		M
	电磁制动器	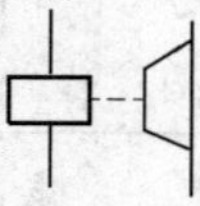	YB		他励直流电动机		M
	电磁阀	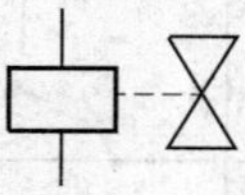	YV		并励直流电动机	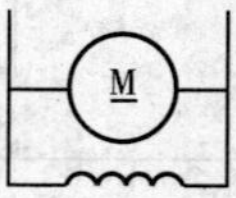	M
非电量控制的继电器	速度继电器常开触头	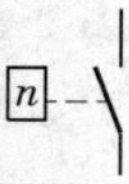	KS		串励直流电动机		M
	压力继电器常开触头	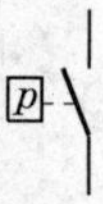	KP	熔断器	熔断器		FU

续附录 A

类别	名称	图形符号	文字符号	类别	名称	图形符号	文字符号
发电机	发电机	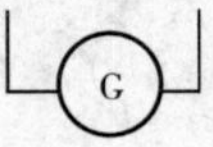	G	变压器	单相交压器	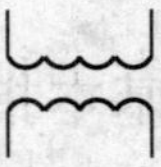	TC
	直流测速发电机	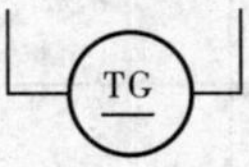	TG		三相交压器	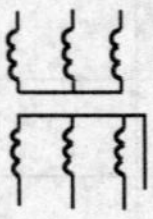	TM
灯	信号灯（指示灯）		HL	互感器	电压互感器	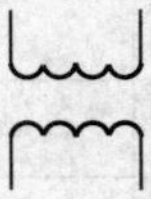	TV
	照明灯		EL		电流互感器	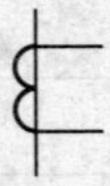	TA
接插器	插头和插座	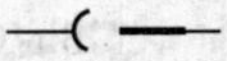 或 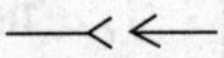	X 插头 XP 插座 XS		电抗器		L

附录B　西门子 S7－200 指令

一、S7－200 基本指令(见附表1、附表2)

附表1　S7－200 系列的基本逻辑指令

指令名称	指令符	功能	操作数
取	LD bit	常开触点逻辑运算的开始	Bit:I,Q,M,SM,T,C,V,S
取反	LDN bit	常闭触点逻辑运算的开始	
与	A bit	串联一个常开触点	
与非	AN bit	串联一个常闭触点	
或	O bit	并联一个常开触点	
或非	ON bit	并联一个常闭触点	
电路块与	ALD	串联一个电路块	无
电路块或	OLD	并联一个电路块	
输出	= bit	输出逻辑行的运算结果	Bit:Q,M,SM,T,C,V,S
置位	S bit,N	置继电器状态为接通	Bit:Q,M,SM,V,S
复位	R bit,N	使继电器复位为断开	

附表2　算术运算指令

名称	指令格式(语句表)	功能	操作数寻址范围
加法指令	ADD I　IN1,OUT	两个16位带符号整数相加,得到一个16位带符号整数。 执行结果:IN1＋OUT＝OUT(在LAD和FBD中为:IN1＋IN2＝OUT)	IN1,IN2,OUT:VW,IW,QW,MW,SW,SMW,LW,T,C,AC,*VD,*AC,*LD。 IN1和IN2还可以是AIW和常数
	ADD DI　IN1,IN2	两个32位带符号整数相加,得到一个32位带符号整数。 执行结果:IN1＋OUT＝OUT(在LAD和FBD中为:IN1＋IN2＝OUT)	IN1,IN2,OUT:VD,ID,QD,MD,SD,SMD,LD,AC,*VD,*AC,*LD。 IN1和IN2还可以是HC和常数
	ADD R　IN1,OUT	两个32位实数相加,得到一个32位实数。 执行结果:IN1＋OUT＝OUT(在LAD和FBD中为:IN1＋IN2＝OUT)	IN1,IN2,OUT:VD,ID,QD,MD,SD,SMD,LD,AC,*VD,*AC,*LD。 IN1和IN2还可以是常数

续附表 2

名称	指令格式（语句表）	功能	操作数寻址范围
减法指令	SUB I IN1, OUT	两个 16 位带符号整数相减，得到一个 16 位带符号整数。 执行结果：OUT－IN1＝OUT（在 LAD 和 FBD 中为：IN1－IN2＝OUT）	IN1, IN2, OUT: VW, IW, QW, MW, SW, SMW, LW, T, C, AC, *VD, *AC, *LD。 IN1 和 IN2 还可以是 AIW 和常数
	SUB DI IN1, OUT	两个 32 位带符号整数相减，得到一个 32 位带符号整数。 执行结果：OUT－IN1＝OUT（在 LAD 和 FBD 中为：IN1－IN2＝OUT）	IN1, IN2, OUT: VD, ID, QD, MD, SD, SMD, LD, AC, *VD, *AC, *LD。 IN1 和 IN2 还可以是 HC 和常数
	SUB R IN1, OUT	两个 32 位实数相减，得到一个 32 位实数。 执行结果：OUT－IN1＝OUT（在 LAD 和 FBD 中为：IN1－IN2＝OUT）	IN1, IN2, OUT: VD, ID, QD, MD, SD, SMD, LD, AC, *VD, *AC, *LD。 IN1 和 IN2 还可以是常数
乘法指令	MUL I IN1, OUT	两个 16 位带符号整数相乘，得到一个 16 位整数。 执行结果：IN1 ∗ OUT＝OUT（在 LAD 和 FBD 中为：IN1 ∗ IN2＝OUT）	IN1, IN2, OUT: VW, IW, QW, MW, SW, SMW, LW, T, C, AC, *VD, *AC, *LD。 IN1 和 IN2 还可以是 AIW 和常数
	MUL IN1, OUT	两个 16 位带符号整数相乘，得到一个 32 位带符号整数。 执行结果：IN1 ∗ OUT＝OUT（在 LAD 和 FBD 中为：IN1 ∗ IN2＝OUT）	IN1, IN2: VW, IW, QW, MW, SW, SMW, LW, AIW, T, C, AC, *VD, *AC, *LD 和常数。 OUT: VD, ID, QD, MD, SD, SMD, LD, AC, *VD, *AC, *LD
	MUL DI IN1, OUT	两个 32 位带符号整数相乘，得到一个 32 位带符号整数。 执行结果：IN1 ∗ OUT＝OUT（在 LAD 和 FBD 中为：IN1 ∗ IN2＝OUT）	IN1, IN2, OUT: VD, ID, QD, MD, SD, SMD, LD, AC, *VD, *AC, *LD。 IN1 和 IN2 还可以是 HC 和常数
	MUL R IN1, OUT	两个 32 位实数相乘，得到一个 32 位实数。 执行结果：IN1 ∗ OUT＝OUT（在 LAD 和 FBD 中为：IN1 ∗ IN2＝OUT）	IN1, IN2, OUT: VD, ID, QD, MD, SD, SMD, LD, AC, *VD, *AC, *LD。 IN1 和 IN2 还可以是常数

续附表 2

名称	指令格式（语句表）	功能	操作数寻址范围
除法指令	DIV I IN1, OUT	两个 16 位带符号整数相除，得到一个 16 位带符号整数商，不保留余数。 执行结果：OUT/IN1 = OUT（在 LAD 和 FBD 中为：IN1/IN2 = OUT）	IN1，IN2，OUT：VW，IW，QW，MW，SW，SMW，LW，T，C，AC，*VD，*AC，*LD。 IN1 和 IN2 还可以是 AIW 和常数
	DIV IN1, OUT	两个 16 位带符号整数相除，得到一个 32 位结果，其中低 16 位为商，高 16 位为余数。 执行结果：OUT/IN1 = OUT（在 LAD 和 FBD 中为：IN1/IN2 = OUT）	IN1，IN2：VW，IW，QW，MW，SW，SMW，LW，AIW，T，C，AC，*VD，*AC，*LD 和常数。 OUT：VD，ID，QD，MD，SD，SMD，LD，AC，*VD，*AC，*LD
	DIV DI IN1, OUT	两个 32 位带符号整数相除，得到一个 32 位整数商，不保留余数。 执行结果：OUT/IN1 = OUT（在 LAD 和 FBD 中为：IN1/IN2 = OUT）	IN1，IN2，OUT：VD，ID，QD，MD，SD，SMD，LD，AC，*VD，*AC，*LD。 IN1 和 IN2 还可以是 HC 和常数
	DIV R IN1, OUT	两个 32 位实数相除，得到一个 32 位实数商。 执行结果：OUT/IN1 = OUT（在 LAD 和 FBD 中为：IN1/IN2 = OUT）	IN1，IN2，OUT：VD，ID，QD，MD，SD，SMD，LD，AC，*VD，*AC，*LD。 IN1 和 IN2 还可以是常数
数学函数指令	SQRT IN, OUT	把一个 32 位实数（IN）开平方，得到 32 位实数结果（OUT）	IN，OUT：VD，ID，QD，MD，SD，SMD，LD，AC，*VD，*AC，*LD。 IN 还可以是常数
	LN IN, OUT	对一个 32 位实数（IN）取自然对数，得到 32 位实数结果（OUT）	
	EXP IN, OUT	对一个 32 位实数（IN）取以 e 为底数的指数，得到 32 位实数结果（OUT）	
	SIN IN,OUT COS IN,OUT TAN IN,OUT	分别对一个 32 位实数弧度值（IN）取正弦、余弦、正切，得到 32 位实数结果（OUT）	

续附表 2

名称	指令格式（语句表）	功能	操作数寻址范围
增减指令	INC B OUT	将字节无符号输入数加 1。 执行结果：OUT + 1 = OUT（在 LAD 和 FBD 中为：IN + 1 = OUT）	IN，OUT：VB，IB，QB，MB，SB，SMB，LB，AC，*VD，*AC，*LD。 IN 还可以是常数
	DEC B OUT	将字节无符号输入数减 1。 执行结果：OUT − 1 = OUT（在 LAD 和 FBD 中为：IN − 1 = OUT）	
	INC W OUT	将字（16 位）有符号输入数加 1。 执行结果：OUT + 1 = OUT（在 LAD 和 FBD 中为：IN + 1 = OUT）	IN，OUT：VW，IW，QW，MW，SW，SMW，LW，T，C，AC，*VD，*AC，*LD。 IN 还可以是 AIW 和常数
	DEC W OUT	将字（16 位）有符号输入数减 1。 执行结果：OUT − 1 = OUT（在 LAD 和 FBD 中为：IN − 1 = OUT）	
	INC DW OUT	将双字（32 位）有符号输入数加 1。 执行结果：OUT + 1 = OUT（在 LAD 和 FBD 中为：IN + 1 = OUT）	IN，OUT：VD，ID，QD，MD，SD，SMD，LD，AC，*VD，*AC，*LD。 IN 还可以是 HC 和常数
	DEC DW OUT	将双字（32 位）有符号输入数减 1。 执行结果：OUT − 1 = OUT（在 LAD 和 FBD 中为：IN − 1 = OUT）	

二、S7－200 PLC 逻辑运算指令

逻辑运算指令如附表 3 所示。

附表3　逻辑运算指令

名称	指令格式（语句表）	功能	操作数
字节逻辑运算指令	WANDB　IN1，OUT	将字节 IN1 和 OUT 按位作逻辑与运算，OUT 输出结果	IN1，IN2，OUT：VB，IB，QB，MB，SB，SMB，LB，AC，*VD，*AC，*LD。IN1 和 IN2 还可以是常数
	WORB　IN1，OUT	将字节 IN1 和 OUT 按位作逻辑或运算，OUT 输出结果	
	WXORB　IN1，OUT	将字节 IN1 和 OUT 按位作逻辑异或运算，OUT 输出结果	
	INVB　OUT	将字节 OUT 按位取反，OUT 输出结果	
字逻辑运算指令	WANDW　IN1，OUT	将字 IN1 和 OUT 按位作逻辑与运算，OUT 输出结果	IN1，IN2，OUT：VW，IW，QW，MW，SW，SMW，LW，T，C，AC，*VD，*AC，*LD。IN1 和 IN2 还可以是 AIW 和常数
	WORW　IN1，OUT	将字 IN1 和 OUT 按位作逻辑或运算，OUT 输出结果	
	WXORW　IN1，OUT	将字 IN1 和 OUT 按位作逻辑异或运算，OUT 输出结果	
	WINVW　OUT	将字 OUT 按位取反，OUT 输出结果	
双字逻辑运算指令	WAND DW　IN1，OUT	将双字 IN1 和 OUT 按位作逻辑与运算，OUT 输出结果	IN1，IN2，OUT：VD，ID，QD，MD，SD，SMD，LD，AC，*VD，*AC，*LD。IN1 和 IN2 还可以是 HC 和常数
	WOR DW　IN1，OUT	将双字 IN1 和 OUT 按位作逻辑或运算，OUT 输出结果	
	WXOR DW IN1，OUT	将双字 IN1 和 OUT 按位作逻辑异或运算，OUT 输出结果	
	INV DW　OUT	将双字 OUT 按位取反，OUT 输出结果	

三、S7－200 PLC 数据传送指令

数据传送指令如附表 4 所示。

附表 4　数据传送指令

名称	指令格式 （语句表）	功能	操作数
单个传送指令	MOVB　IN, OUT	将 IN 的内容拷贝到 OUT 中。 IN 和 OUT 的数据类型应相同，可分别为字，字节，双字，实数	IN,OUT：VB,IB,QB,MB,SB,SMB,LB,AC,*VD,*AC,*LD。 IN 还可以是常数
	MOVW　IN, OUT		IN,OUT：VW,IW,QW,MW,SW,SMW,LW,T,C,AC,*VD,*AC,*LD。 IN 还可以是 AIW 和常数。 OUT 还可以是 AQW
	MOVD　IN, OUT		IN,OUT：VD,ID,QD,MD,SD,SMD,LD,AC,*VD,*AC,*LD。 IN 还可以是 HC，常数，&VB，&IB，&QB，&MB，&T，&C
	MOVR　IN, OUT		IN,OUT：VD,ID,QD,MD,SD,SMD,LD,AC,*VD,*AC,*LD。 IN 还可以是常数
	BIR　IN, OUT	立即读取输入 IN 的值，将结果输出到 OUT	IN：IB。 OUT：VB，IB，QB，MB，SB，SMB，LB，AC，*VD，*AC，*LD
	BIW　IN, OUT	立即将 IN 单元的值写到 OUT 所指的物理输出区	IN：VB，IB，QB，MB，SB，SMB，LB，AC，*VD，*AC，*LD 和常数。 OUT：QB
块传送指令	BMB　IN, OUT,N	将从 IN 开始的连续 N 个字节数据拷贝到从 OUT 开始的数据块。 N 的有效范围是 0～255	IN，OUT：VB，IB，QB，MB，SB，SMB，LB，*VD，*AC，*LD。 N：VB，IB，QB，MB，SB，SMB，LB，AC，*VD，*AC，*LD 和常数
	BMW　IN, OUT,N	将从 IN 开始的连续 N 个字数据拷贝到从 OUT 开始的数据块。 N 的有效范围是 0～255	IN,OUT：VW,IW,QW,MW,SW,SMW,LW,T,C,*VD,*AC,*LD。 IN 还可以是 AIW。 OUT 还可以是 AQW。 N：VB，IB，QB，MB，SB，SMB，LB，AC，*VD，*AC，*LD 和常数
	BMD　IN, OUT,N	将从 IN 开始的连续 N 个双字数据拷贝到从 OUT 开始的数据块。 N 的有效范围是 0～255	IN，OUT：VD，ID，QD，MD，SD，SMD，LD，*VD，*AC，*LD。 N：VB，IB，QB，MB，SB，SMB，LB，AC，*VD，*AC，*LD 和常数

四、S7－200 PLC 移位与循环移位指令

移位与循环移位指令如附表 5 所示。

附表 5　移位与循环移位指令

名称	指令格式（语句表）	功能	操作数
字节移位指令	SRB　OUT,N	将字节 OUT 右移 N 位，最左边的位依次用 0 填充	IN,OUT,N：VB,IB,QB,MB,SB,SMB,LB,AC,*VD,*AC,*LD。IN 和 N 还可以是常数
	SLB　OUT,N	将字节 OUT 左移 N 位，最右边的位依次用 0 填充	
	RRB　OUT,N	将字节 OUT 循环右移 N 位，从最右边移出的位送到 OUT 的最左位	
	RLB　OUT,N	将字节 OUT 循环左移 N 位，从最左边移出的位送到 OUT 的最右位	
字移位指令	SRW　OUT,N	将字 OUT 右移 N 位，最左边的位依次用 0 填充	IN,OUT：VW,IW,QW,MW,SW,SMW,LW,T,C,AC,*VD,*AC,*LD。IN 还可以是 AIW 和常数。N：VB,IB,QB,MB,SB,SMB,LB,AC,*VD,*AC,*LD,常数
	SLW　OUT,N	将字 OUT 左移 N 位，最右边的位依次用 0 填充	
	RRW　OUT,N	将字 OUT 循环右移 N 位，从最右边移出的位送到 OUT 的最左位	
	RLW　OUT,N	将字 OUT 循环左移 N 位，从最左边移出的位送到 OUT 的最右位	
双字移位指令	SRD　OUT,N	将双字 OUT 右移 N 位，最左边的位依次用 0 填充	IN,OUT：VD,ID,QD,MD,SD,SMD,LD,AC,*VD,*AC,*LD。IN 还可以是 HC 和常数。N：VB,IB,QB,MB,SB,SMB,LB,AC,*VD,*AC,*LD,常数
	SLD　OUT,N	将双字 OUT 左移 N 位，最右边的位依次用 0 填充	
	RRD　OUT,N	将双字 OUT 循环右移 N 位，从最右边移出的位送到 OUT 的最左位	
	RLD　OUT,N	将双字 OUT 循环左移 N 位，从最左边移出的位送到 OUT 的最右位	
寄存器移位指令	SHRB　DATA,S_BIT,N	将 DATA 的值（位型）移入移位寄存器；S_BIT 指定移位寄存器的最低位，N 指定移位寄存器的长度（正向移位＝N，反向移位＝－N）	DATA,S_BIT：I,Q,M,SM,T,C,V,S,L。N：VB,IB,QB,MB,SB,SMB,LB,AC,*VD,*AC,*LD,常数

五、S7－200 PLC 交换和填充指令

交换和填充指令如附表 6 所示。

附表 6　交换和填充指令

名称	指令格式（语句表）	功能	操作数
换字节交换指令	SWAP　IN	将输入字 IN 的高位字节与低位字节的内容交换，结果放回 IN 中	IN：VW，IW，QW，MW，SW，SMW，LW，T，C，AC，*VD，*AC，*LD
填充指令	FILL　IN，OUT，N	用输入字 IN 填充从 OUT 开始的 N 个字节存储单元 N 的范围为 1～255	IN，OUT：VW，IW，QW，MW，SW，SMW，LW，T，C，AC，*VD，*AC，*LD。 IN 还可以是 AIW 和常数。 OUT 还可以是 AQW。 N：VB，IB，QB，MB，SB，SMB，LB，AC，*VD，*AC，*LD，常数

六、S7－200 PLC 表操作指令

表操作指令如附表 7 所示。

附表 7　表操作指令

名称	指令格式（语句表）	功能	操作数
表存数指令	ATT　DATA，TAB	将一个字型数据 DATA 添加到表 TAB 的末尾，EC 值加 1	DATA，TAB：VW，IW，QW，MW，SW，SMW，LW，T，C，AC，*VD，*AC，*LD。 DATA 还可以是 AIW，AC 和常数
表取数指令	FIFO　TAB，DATA	将表 TAB 的第一个字型数据删除，并将它送到 DATA 指定的单元。表中其余的数据项都向前移动一个位置，同时实际填表数 EC 值减 1	DATA，TAB：VW，IW，QW，MW，SW，SMW，LW，T，C，*VD，*AC，*LD。 DATA 还可以是 AQW 和 AC
	LIFO　TAB，DATA	将表 TAB 的最后一个字型数据删除，并将它送到 DATA 指定的单元。剩余数据位置保持不变，同时实际填表数 EC 值减 1	
表查找指令	FND =　TBL，PTN，INDX FND < >　TBL，PTN，INDX FND <　TBL，PTN，INDX FND >　TBL，PTN，INDX	搜索表 TBL，从 INDEX 指定的数据项开始，用给定值 PTN 检索出符合条件（=，< >，<，>）的数据项。 如果找到一个符合条件的数据项，则 INDX 指明该数据项在表中的位置。 如果一个也找不到，则 INDX 的值等于数据表的长度。为了搜索下一个符合的值，在再次使用该指令之前，必须先将 INDX 加 1	TBL：VW，IW，QW，MW，SMW，LW，T，C，*VD，*AC，*LD。 PTN，INDX：VW，IW，QW，MW，SW，SMW，LW，T，C，AC，*VD，*AC，*LD。 PTN 还可以是 AIW 和 AC

七、S7 - 200 PLC 数据转换指令

数据转换指令如附表 8 所示。

附表 8　数据转换指令

名称	指令格式（语句表）	功能	操作数
数据类型转换指令	BTI IN, OUT	将字节输入数据 IN 转换成字型整数类型，结果送到 OUT，无符号扩展	IN：VB, IB, QB, MB, SB, SMB, LB, AC, *VD, *AC, *LD，常数。 OUT：VW, IW, QW, MW, SW, SMW, LW, T, C, AC, *VD, *AC, *LD
	ITB IN, OUT	将字型整数输入数据 IN 转换成一个字节，结果送到 OUT。输入数据超出字节范围（0～255）则产生溢出	IN：VW, IW, QW, MW, SW, SMW, LW, T, C, AIW, AC, *VD, *AC, *LD，常数。 OUT：VB, IB, QB, MB, SB, SMB, LB, AC, *VD, *AC, *LD
	DTI IN, OUT	将双字整数输入数据 IN 转换成整数，结果送到 OUT	IN：VD, ID, QD, MD, SD, SMD, LD, HC, AC, *VD, *AC, *LD，常数。 OUT：VW, IW, QW, MW, SW, SMW, LW, T, C, AC, *VD, *AC, *LD
	ITD IN, OUT	将整数输入数据 IN 转换成双字整数（符号进行扩展），结果送到 OUT	IN：VW, IW, QW, MW, SW, SMW, LW, T, C, AIW, AC, *VD, *AC, *LD，常数。 OUT：VD, ID, QD, MD, SD, SMD, LD, AC, *VD, *AC, *LD
	ROUND IN, OUT	将实数输入数据 IN 转换成双字整数，小数部分四舍五入，结果送到 OUT	IN, OUT：VD, ID, QD, MD, SD, SMD, LD, AC, *VD, *AC, *LD。 IN 还可以是常数，在 ROUND 指令中 IN 还可以是 HC
	TRUNC IN, OUT	将实数输入数据 IN 转换成双字整数，小数部分直接舍去，结果送到 OUT	
	DTR IN, OUT	将双字整数输入数据 IN 转换成实数，结果送到 OUT	IN, OUT：VD, ID, QD, MD, SD, SMD, LD, AC, *VD, *AC, *LD。 IN 还可以是 HC 和常数
	BCDI OUT	将 BCD 码输入数据 IN 转换成整数，结果送到 OUT。IN 的范围为 0～9 999	IN, OUT：VW, IW, QW, MW, SW, SMW, LW, T, C, AC, *VD, *AC, *LD。 IN 还可以是 AIW 和常数
	IBCD OUT	将整数输入数据 IN 转换成 BCD 码，结果送到 OUT。IN 的范围为 0～9 999	

续附表 8

名称	指令格式（语句表）	功能	操作数
编码、译码指令	ENCO IN, OUT	将字型输入数据 IN 的最低有效位（值为 1 的位）的位号输出到 OUT 指定的字节单元的低 4 位	IN：VW，IW，QW，MW，SW，SMW，LW，T，C，AIW，AC，*VD，*AC，*LD，常数。 OUT：VB，IB，QB，MB，SB，SMB，LB，AC，*VD，*AC，*LD
	DECO IN, OUT	根据字节型输入数据 IN 的低 4 位所表示的位号将 OUT 所指定的字单元的相应位置 1，其他位置 0	IN：VB，IB，QB，MB，SB，SMB，LB，AC，*VD，*AC，*LD，常数。 IN：VW，IW，QW，MW，SW，SMW，LW，T，C，AQW，AC，*VD，*AC，*LD
七段显示译码指令	SEG IN, OUT	根据字节型输入数据 IN 的低 4 位有效数字产生相应的七段码，结果输出到 OUT，OUT 的最高位恒为 0	IN，OUT：VB，IB，QB，MB，SB，SMB，LB，AC，*VD，*AC，*LD。 IN 还可以是常数
字符串转换指令	ATH IN, OUT，LEN	把从 IN 开始的长度为 LEN 的 ASCII 码字符串转换成十六进制数，并存放在以 OUT 为首地址的存储区中。合法的 ASCII 码字符的十六进制数在 30H ~ 39H、41H ~ 46H，字符串的最大长度为 255 个字符	IN，OUT，LEN：VB，IB，QB，MB，SB，SMB，LB，*VD，*AC，*LD。 LEN 还可以是 AC 和常数

八、S7－200 PLC 特殊指令

特殊指令如附表 9 所示。PLC 中一些实现特殊功能的硬件需要通过特殊指令来使用，可实现特定的复杂的控制目的，同时程序的编制非常简单。

附表 9　特殊指令

名称	指令格式（语句表）	功能	操作数
中断指令	ATCH INT, EVNT	把一个中断事件（EVNT）和一个中断程序联系起来，并允许该中断事件	INT：常数。 EVNT：常数（CPU221/222：0 ~ 12，19 ~ 23，27 ~ 33；CPU224：0 ~ 23，27 ~ 33；CPU226：0 ~ 33）
	DTCH EVNT	切断一个中断事件和所有中断程序的联系，并禁止该中断事件	
	ENI	全局地允许所有被连接的中断事件	无
	DISI	全局地关闭所有被连接的中断事件	
	CRETI	根据逻辑操作的条件从中断程序中返回	
	RETI	位于中断程序结束处，是必选部分，程序编译时软件自动在程序结尾加入该指令	

续附表 9

名称	指令格式（语句表）	功能	操作数
通信指令	NETR　TBL，PORT	初始化通信操作，通过指令端口（PORT）从远程设备上接收数据并形成表（TBL）。可以从远程站点读最多16个字节的信息	TBL：VB，MB，* VD，* AC，* LD；PORT：常数
	NETW　TBL，PORT	初始化通信操作，通过指定端口（PORT）向远程设备写表（TBL）中的数据，可以向远程站点写最多16个字节的信息	
	XMT　TBL，PORT	用于自由端口模式。指定激活发送数据缓冲区（TBL）中的数据，数据缓冲区的第一个数据指明了要发送的字节数，PORT指定用于发送的端口	TBL：VB，IB，QB，MB，SB，SMB，* VD，* AC，* LD；PORT：常数（CPU221/222/224为0；CPU226为0或1）
	RCV　TBL，PORT	激活初始化或结束接收信息的服务。通过指定端口（PORT）接收的信息存储于数据缓冲区（TBL），数据缓冲区的第一个数据指明了接收的字节数	
	GPA　ADDR，PORT	读取PORT指定的CPU口的站地址，将数值放入ADD R指定的地址中	ADD R：VB，IB，QB，MB，SB，SMB，LB，AC，* VD，* AC，* LD；在SPA指令中ADDR还可以是常数。PORT：常数
	SPA　ADDR，PORT	将CPU口的站地址（PORT）设置为ADD R指定的数值	
时钟指令	TODR　T	读当前时间和日期并把它装入一个8字节的缓冲区（起始地址为T）	T：VB，IB，QB，MB，SB，SMB，LB，* VD，* AC，* LD
	TODW　T	将包含当前时间和日期的一个8字节的缓冲区（起始地址是T）装入时钟	
高速计数指令	HDEF　HSC，MODE	为指定的高速计数器分配一种工作模式。每个高速计数器使用之前必须使用HDEF指令，且只能使用一次	HSC：常数（0～5）；MODE：常数（0～11）
	HSC　N	根据高速计数器特殊存储器位的状态，按照HDEF指令指定的工作模式，设置和控制高速计数器。N指定了高速计数器编号	N：常数（0～5）
高速脉冲输出指令	PLS　Q	检测用户程序设置的特殊功能寄存器位，激活由控制位定义的脉冲操作，从Q0.0或Q0.1输出高速脉冲，可用于激活高速脉冲串输出（PTO）或宽度可调脉冲输出（PWM）	Q：常数（0或1）

续附表 9

名称	指令格式（语句表）	功能	操作数
PID 回路指令	PID TBL,LOOP	运用回路表中的输入和组态信息,进行 PID 运算。要执行该指令,逻辑堆栈顶(TOS)必须为 ON 状态。TBL 指定回路表的起始地址,LOOP 指定控制回路号。 回路表包含 9 个用来控制和监视 PID 运算的参数:过程变量当前值(PV n),过程变量前值(PV n－1),给定值(SP n),输出值(M n),增益(Kc),采样时间(Ts),积分时间(Ti),微分时间(Td)和积分项前值(MX)。 为使 PID 计算以所要求的采样时间进行,应在定时中断执行中断服务程序或在由定时器控制的主程序中完成,其中定时时间必须填入回路表中,以作为 PID 指令的一个输入参数	TBL:VB。 LOOP:常数

参 考 文 献

[1] 张运波.工厂电气控制技术[M].北京:高等教育出版社,2001.
[2] 向晓汉.电气控制与PLC技术[M]. 北京:人民邮电出版社,2009.
[3] 廖常初.可编程控制器应用技术[M].重庆:重庆大学出版社,2002.
[4] 马志溪.电气工程设计[M].北京: 机械工业出版社,2002.
[5] 何焕山.工厂电气控制设备[M].北京:高等教育出版社,1998.
[6] 廖常初. PLC编程及应用[M].北京:机械工业出版社,2002.
[7] 李道霖.电气控制与PLC原理及应用[M].北京:电子工业出版社,2004.
[8] 齐占庆,王振臣.电气控制技术[M].北京: 机械工业出版社,2002.
[9] 史国生.电气控制与可编程控制器技术 [M].北京: 化学工业出版社,2003.
[10] 郁汉琪.电气控制与可编程序控制器应用技术 [M].南京: 东南大学出版社,2003.